职业教育机电类专业系列教材

维修电工实训

主　编　解增昆
副主编　仇清海　路晋泰　刘晓东　宋　阳　于　多

电子工业出版社
Publishing House of Electronics Industry
北京·BEIJING

内 容 简 介

本书共分七个项目：项目一介绍了照明线路的安装与调试；项目二介绍了电动机和变压器的拆装与检修；项目三介绍了三相异步电动机的典型控制电路及其安装；项目四介绍了机床电路故障排除；项目五介绍了晶闸管-电动机直流调速系统的测试与检修；项目六介绍了电子电路的安装与调试；项目七介绍了 PLC、变频器及触摸屏的应用。各个项目都包括相关典型工作任务，以期帮助学习者提高知识与技能水平，实现学以致用。

本书可作为高职高专院校自动化类专业教材，也可作为职业培训教材，还可作为拟从事电工工作的技术人员的自学用书。

未经许可，不得以任何方式复制或抄袭本书之部分或全部内容。
版权所有，侵权必究。

图书在版编目（CIP）数据

维修电工实训 / 解增昆主编. —北京：电子工业出版社，2019.5
ISBN 978-7-121-36441-9

Ⅰ. ①维… Ⅱ. ①解… Ⅲ. ①电工—维修—高等学校—教材 Ⅳ. ①TM07

中国版本图书馆 CIP 数据核字（2019）第 083131 号

策划编辑：朱怀永
责任编辑：朱怀永
印　　刷：三河市华成印务有限公司
装　　订：三河市华成印务有限公司
出版发行：电子工业出版社
　　　　　北京市海淀区万寿路 173 信箱　邮编 100036
开　　本：787×1092　1/16　印张：16.75　字数：428 千字
版　　次：2019 年 5 月第 1 版
印　　次：2022 年 1 月第 4 次印刷
定　　价：44.80 元

凡所购买电子工业出版社图书有缺损问题，请向购买书店调换。若书店售缺，请与本社发行部联系，联系及邮购电话：(010) 88254888，88258888。
质量投诉请发邮件至 zlts@phei.com.cn，盗版侵权举报请发邮件至 dbqq@phei.com.cn。
本书咨询联系方式：(010) 88254608，zhy@phei.com.cn。

前　言

本书在编写中坚持"以职业标准为依据，以企业需求为导向，以学生应用为核心"，采用项目化的方式安排全书内容，项目下又进一步细分为若干任务，每个任务包括任务目标、任务资讯、任务计划、任务实施及任务检查，力求体现"教中学""做中学"的教学理念，真正做到学以致用。引导学习者在实践中培养动手能力，在操作中巩固相关理论知识，使学习者循序渐进地掌握维修电工的基本知识和技能。

本书在编写过程中除了注重维修电工基本知识的介绍和基本技能的训练，还加入目前常用的 PLC、变频器、直流调速等模块的操作练习和故障排除等内容。内容的深度、难度、广度与实际需求相匹配，保证实际教学的科学性和规范性。

本书共七个项目、26 个典型工作任务：项目一介绍了照明线路的安装与调试；项目二介绍了电动机和变压器的拆装与检修；项目三介绍了三相异步电动机的典型控制电路及其安装；项目四介绍了机床电路故障排除；项目五介绍了晶闸管-电动机直流调速系统的测试与检修；项目六介绍了电子电路的安装与调试；项目七介绍了 PLC、变频器及触摸屏的应用。各个项目都包含相关的典型工作任务，以期帮助学习者提高知识与技能水平，实现学以致用。

本书由烟台工程职业技术学院解增昆主编，负责全书的组织、统稿工作，并编写了项目一和项目六；烟台工程职业技术学院路晋泰编写了项目二；德州职业技术学院宋阳编写了项目三；烟台工程职业技术学院刘晓东编写了项目四，仇清海编写了项目五和项目七。此外，本书在编写过程中得到烟台工程职业技术学院电气与新能源工程系领导的大力支持及山东理工职业学院冯建雨老师、日照职业学院孙在松老师和烟台信宜电器技术有限公司张宁生高级工程师的多方面帮助，在此一并表示感谢。

在编写过程中，编者参考和引用了不少资料，谨向原编著者致以衷心的谢意。由于编者水平有限，书中难免存在不妥之处，敬请读者批评指正，以便再版修订时改正。

编　者

2019 年 4 月

目 录

项目一 照明线路的安装与调试 ·· 1

    任务一 职业感知与安全用电 ·· 1
    任务二 维修电工基本技能 ·· 6
    任务三 室内线路的安装 ··· 23

项目二 电动机与变压器的拆装与检修 ·· 30

    任务一 三相异步电动机的拆装与检修 ·· 30
    任务二 变压器拆装与检修 ··· 54

项目三 三相异步电动机的典型控制电路及其安装 ·································· 63

    任务一 常见低压电器的选用及检修 ·· 63
    任务二 三相异步电动机单向连续运行控制电路的安装、调试与故障排除 ············ 79
    任务三 三相异步电动机正反转控制电路的安装、调试与故障排除 ·················· 87
    任务四 三相异步电动机降压启动控制电路的安装、调试与故障排除 ················ 93
    任务五 三相异步电动机制动控制电路的安装、调试与故障排除 ··················· 100

项目四 机床电路故障排除 ·· 108

    任务一 CA6140 型车床控制电路的故障排除 ··································· 108
    任务二 Z37 型摇臂钻床控制电路的故障排除 ································· 121
    任务三 X62W 型卧式万能铣床控制电路的故障排除 ····························· 130

项目五 晶闸管-电动机直流调速系统的测试与检修 ································ 144

    任务一 晶闸管-电动机直流调速系统开环控制的检测与调试 ······················ 144
    任务二 晶闸管-电动机直流调速系统单闭环控制的检测与调试 ···················· 156
    任务三 晶闸管-电动机直流调速系统的故障检修 ······························· 162

项目六　电子电路的安装与调试 ·· 168

任务一　电子焊接基本操作与元器件识别 ································· 168
任务二　串联型稳压电源的安装与调试 ···································· 188
任务三　调压恒温电路的安装与调试 ······································· 195
任务四　数字频率计测频电路的安装与调试 ···························· 202

项目七　PLC、变频器及触摸屏的应用 ·· 209

任务一　PLC 的软件操作 ·· 209
任务二　PLC 的接线操作 ·· 221
任务三　变频器的基本操作和参数设置 ··································· 227
任务四　变频器多段速调速控制 ··· 235
任务五　触摸屏组态软件操作 ·· 241
任务六　PLC、触摸屏和变频器控制电动机调速程序设计 ·········· 252

参考文献 ··· 261

项目一　照明线路的安装与调试

任务一　职业感知与安全用电

（1）掌握维修电工基本安全常识。
（2）掌握触电急救知识和方法。

一、维修电工基本安全常识

1. 维修电工必须具备的条件

（1）身体健康，精神正常，凡患有高血压、心脏病、气喘病、神经系统疾病、色盲疾病或者听力障碍、四肢功能有严重障碍者，不得从事维修电工工作。
（2）获得维修电工国家资格证书，并持电工操作证。
（3）掌握触电急救方法。

2. 安全用电常识

（1）严禁用相线和地线连接用电设备。
（2）在一个插座上接入的用电设备的总电流不允许超过插座的设定值。
（3）没有掌握相关专业技能的人员，不得安装和拆卸电气设备及其线路。
（4）严禁用金属丝绑扎电源线。
（5）不可用潮湿的手或者湿布去触碰带电的插座、开关及设备。
（6）搬运物体时，必须远离带电设备和带电体。

3. 维修电工工作注意事项

维修电工必须接受安全教育，在掌握基本安全知识和工作范围内的安全技术规程后，才能进行实际操作。

（1）在进行电气设备维修操作时，必须严格遵守各种安全操作规程，不得玩忽职守。

（2）操作时，要严格遵守停送电操作规定，要切实做好防止突然送电的各种安全措施，如挂上"有人工作，禁止合闸！"的标示牌，锁上闸刀或去掉电源熔断器等。不准临时送电。

（3）在带电设备附近操作时，要保证有可靠的安全间距。

（4）工作时，必须穿工作服和绝缘鞋。操作前，仔细检查操作工具、绝缘鞋及绝缘手套等安全用具的绝缘性能是否良好，有问题及时更换。操作时，电工工具应装入工具袋和工具包，并随身携带。导线和各种电器应放在规定的位置，排列应整齐平稳，便于取放。

（5）登高工具必须安全可靠，未经登高训练的人员，不准进行登高作业。

（6）如发现有人触电，应立即采取正确的措施进行急救。

（7）工作结束后，应清扫场地，清除的废电线和旧电器应堆放在指定地点。

4. 消防常识

在电气设备或其附近发生火灾时，电工应采取正确的灭火措施，指导和组织群众进行灭火。

（1）尽快切断电源，以免火势蔓延和灭火时发生触电事故。

（2）对于电气火灾，不可用水或泡沫灭火器灭火。尤其是油类的火警，应采用二氧化碳或者1211灭火器灭火。

（3）灭火人员不应使身体及所持灭火器材触及带电的导线或电气设备，以防触电。

5. 安全标志

安全标志是保证安全用电的一项重要的防护措施。在有触电危险或容易产生误判断、误操作的地方，以及存在不安全因素的现场，都应设立醒目的文字或图形标志，以便人们识别并引起警惕。

安全标志的设置，要求简明扼要、色彩醒目、图形清晰、便于管理、标准统一或符合传统习惯。

安全标志可分为识别性和警戒性两大类，分别由文字、图形、颜色、编号等构成。

安全色标的意义见表1-1，导体和极性的色标见表1-2。

表1-1 安全色标的意义

色标	含义	举例
红色	停止、禁止、消防	如停止按钮、灭火器、仪表运行极限
黄色	注意、警告	如"当心触电""注意安全"
绿色	安全、通过、允许、工作	如"在此工作""已接地"
黑色	警告	多用于文字、图形、符号
蓝色	强制执行	如"必须戴安全帽"

表1-2 导体和极性的色标

类别	交流电路				直流电路		接地线
	L1	L2	L3	L4	正极	负极	
色标	黄	绿	红	淡蓝	棕	蓝	绿/黄双色线

二、触电急救知识和方法

1. 解救触电者脱离电源的方法

发现有人触电时,首先应以最快的速度设法使其脱离电源,然后根据触电者的具体情况进行施救,直至医护人员到来。

使触电者脱离电源的方法有:如果开关或插座较近,可立即拔掉插头或断开开关;或用干燥的木棒、竹竿将带电体从触电者身上移去;或用绝缘良好的钢丝钳剪断电源线(应一根一根地剪断,不可同时剪断两根线,以免造成短路);或戴上绝缘手套、穿上绝缘鞋将触电者拉离电源。实在没办法时,也可强行将电源短路,以迫使电路上的保护装置动作,从而切断电源。图 1-1 所示为使触电者脱离电源的常用方法。

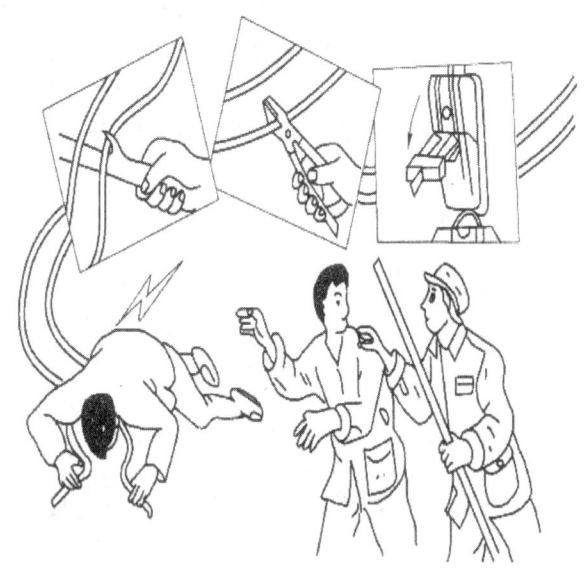

图 1-1　使触电者脱离电源的常用方法

在使触电者脱离电源的过程中,切不可赤手空拳去拉触电者;另外,还应防止身处高空的触电者跌落受伤。

2. 触电急救的方法

使触电者脱离电源后,应立即进行现场紧急救护并及时拨打医院救护电话。

对触电者进行现场救护时,首先应将触电者安放到空气流通、温度适宜的地方,然后视触电者具体状况进行"对症施救"。

当触电者还未失去知觉时,应让其平躺休息,不可乱走、乱动,更不可采取摇晃、捶打、土掩、泼水等行为。

1)口对口人工呼吸法

当触电者出现有心跳但无呼吸的现象时,应采取人工呼吸的方法进行施救,其中口对口人工呼吸法较为常见,如图 1-2 所示。口对口人工呼吸法的要诀是:病人仰卧平地上,鼻孔朝天颈后仰;首先清理口鼻腔,然后松扣解衣裳;捏鼻吹气要适量,排气应让口鼻畅;吹 2 秒来停 3 秒,5 秒一次最恰当。

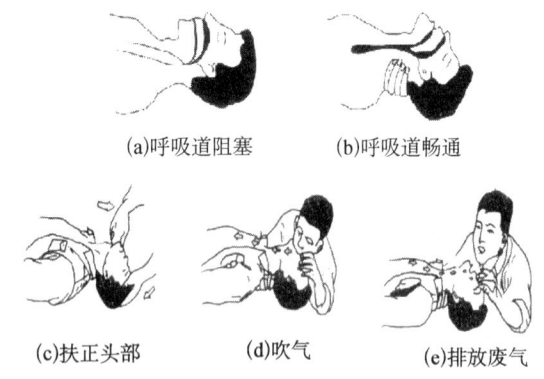

图 1-2 口对口人工呼吸法

在实施口对口人工呼吸法前,应将被施救者口中的假牙、污物等排除,以保证其呼吸道畅通。在实施口对口人工呼吸法时,吹气的力度要适当,以免将肺泡吹坏,尤其是小孩。

2) 胸外心脏挤压法

当触电者出现有呼吸但无心跳的现象时,应采用胸外按压法进行救护,如图 1-3 所示。

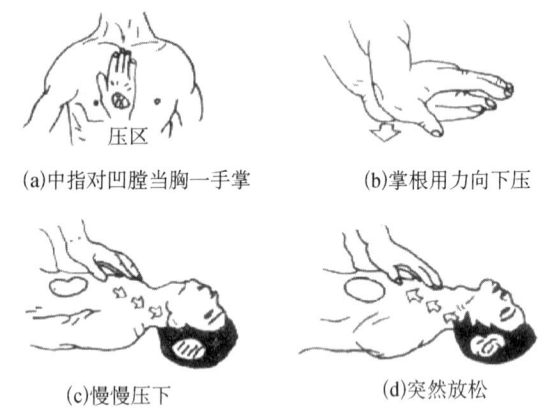

图 1-3 胸外心脏按压法

胸外心脏按压法的要诀是:将病人仰卧在硬地上,松开领扣解衣裳;当胸放掌不鲁莽,中指应该对凹膛;掌根用力向下按,压下一寸至寸半;压力轻重要适当,过分用力会压伤;慢慢压下突然放,一秒一次最恰当。

3) 两种方法交替进行

当触电者既无呼吸又无心跳时,可同时采用人工呼吸法和胸外心脏按压法救护。具体实施时,可单人操作,也可双人操作,如图 1-4 所示。

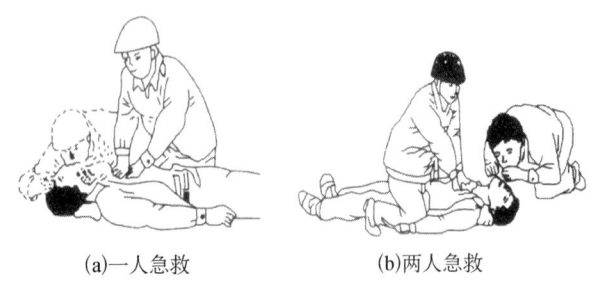

图 1-4 急救方法

在对触电者进行施救的过程中,要做到"迅速、就地、准确、坚持",即使在送往医院的途中也不可中断救护,更不可盲目给假死者注射强心针。

4)牵手人工呼吸法

对于呼吸不规则或呼吸停止,且口鼻受伤的触电者,一般应用此法进行抢救,如图1-5所示。

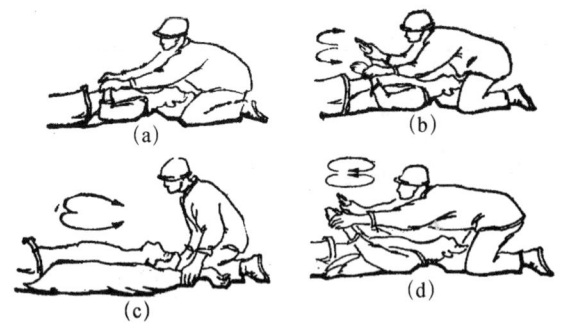

图1-5 牵手人工呼吸法

实训项目:人工呼吸法和胸外心脏按压法的急救练习。
实训要求:能够用正确的方法进行人工呼吸法和胸外心脏按压法的急救练习。
实训器具:模拟橡皮人一具,秒表1块。

1. 选择急救方法

若触电者有呼吸而心脏停搏,应选择胸外心脏按压法。

2. 实施救护

将触电者放在结实坚硬的地板或木板上,使触电者伸直仰卧,救护者两腿跪跨于触电者胸部两侧,先找到正确的按压点,然后两手叠压,迅速开始施救。

触电急救任务的检查与评分见表1-3。

表 1-3 触电急救任务的检查与评分

序号	项目内容	评分标准	配分	扣分	得分
1	急救方法的选用	选用急救方法不正确，每次扣 10 分	40		
2	急救方法的使用	（1）急救方法不熟练，每次扣 20 分 （2）急救方法不正确，每次扣 20 分	60		
3	备注	合计	100		
		教师签字		年　　月　　日	

任务二　维修电工基本技能

（1）掌握常用电工工具的使用方法。
（2）掌握导线连接与绝缘恢复的方法。
（3）掌握常见电工材料及其选用方法。
（4）掌握常用电工仪表的使用方法。

一、常用电工工具的使用

常用电工工具是指一般专业电工都要使用的常备工具。作为一名维修电工，必须掌握常用电工工具的使用方法。

1. 验电器

验电器是检验导体和电气设备是否带电的一种常用电工工具。如图 1-6 所示，低压验电器又称电笔，测电电压多为 60～500V。按其结构分为笔式和旋具式，按其显示方式分为发光式和数显式两种，其中发光式验电器由氖管、电阻、弹簧、笔身和笔尖等组成。

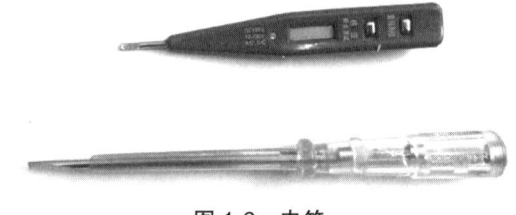

图 1-6　电笔

如图 1-7 所示，在使用电笔时，应采用正确的握法，并使氖管窗口面向自己，便于透窗观察。使用电笔验电时，被测带电体通过电笔、人体与大地之间形成电位差，产生电场，电笔中的氖管在电场作用下便会发出红光。

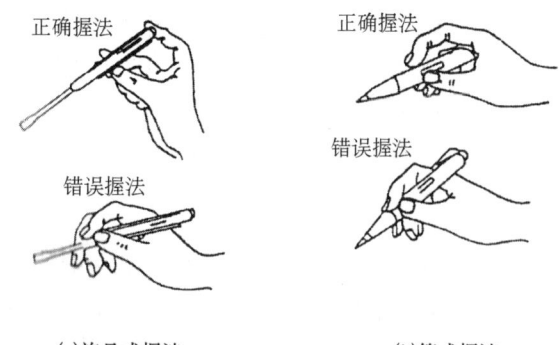

图 1-7　电笔的握法

低压验电器判别规律见表 1-4。

表 1-4　低压验电器判别规律

判别对象	判别规律
判别电压高低	测试时根据氖管发光的强弱来判断电压的高低
判别相线与零线	正常情况下，触及导线发光的为相线，不发光的为零线
判别直流电和交流电	测试时，氖管两端都发光的为交流电，只有一端发光的为直流电
判别直流电的正负极	把验电器接在电源正负极之间，氖管发光的一端为直流电的正极

2. 旋具

旋具又称改锥或者起子，用于紧固或拆卸螺钉。旋具按头部形状分为一字型和十字型旋具，如图 1-8 所示。

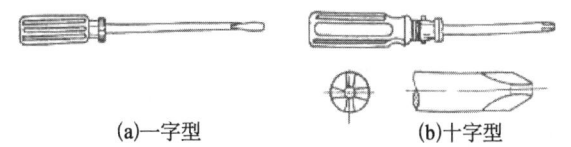

图 1-8　旋具

旋具按握柄材料可分为木质绝缘柄和塑胶绝缘柄。金属杆的杆头端焊有磁性金属材料，可以吸住待拧紧的螺钉，以便准确定位、拧紧，其使用方法见表 1-5。

表 1-5　旋具的使用方法

旋具种类	使用方法
大旋具	紧固较大的螺钉。使用时，除大拇指、食指和中指要夹住握柄，手掌还要顶住柄的末端，这样就可以防止旋转时滑脱，如图 1-9（a）所示
小旋具	紧固电气装置接线柱头上的小螺钉。使用时可用大拇指和中指夹住握柄，用食指顶住柄的末端捻旋，如图 1-9（b）所示
较长的旋具	可用右手压紧并转动手柄，左手握住旋具的中间，使得旋具刀口不致滑落

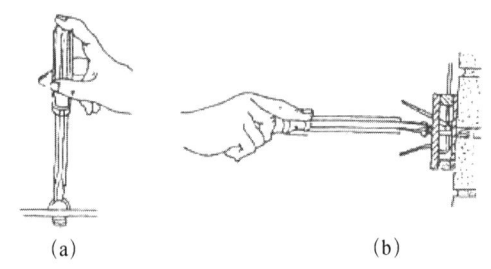

图 1-9 旋具的使用方法

3. 钢丝钳

电工用钢丝钳采用绝缘手柄，常见外形如图 1-10 所示。钢丝钳由钳头和钳柄两部分组成，钳头由钳口、齿口、刀口和铡口 4 部分组成。钳口用来弯绞或钳夹导线线头，齿口用来紧固或起松螺母，刀口用来剪切导线或剖削软导线绝缘层，铡口用来铡切电线线芯、钢丝或铁丝等较硬金属。

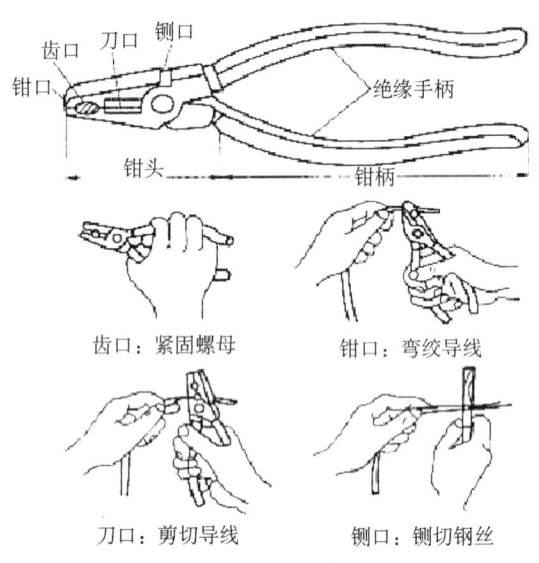

图 1-10 钢丝钳

使用钢丝钳时应注意：
（1）使用前应检查绝缘柄是否完好，以防带电作业时触电。
（2）当剪切带电导线时，绝不可同时剪切相线和零线，或两根相线，以防发生短路故障。

4. 断线钳

断线钳又称斜口钳，有铁柄、管柄和绝缘柄三种形式，绝缘柄断线钳的外形如图 1-11 所示。断线钳专门用于剪断较粗的金属丝、线材及电线电缆等，其中电工常用的绝缘柄断线钳耐压强度为 500V。

5. 尖嘴钳

尖嘴钳的头部尖细，适用于在狭小的工作空间操作。钳柄有铁柄和绝缘柄两种，绝缘柄的耐压为 500V，主要用于夹持较小螺钉、垫圈、导线等元件，剪断细小金属丝、导线，将导线端头弯曲成所需的形状。尖嘴钳外形如图 1-12 所示。

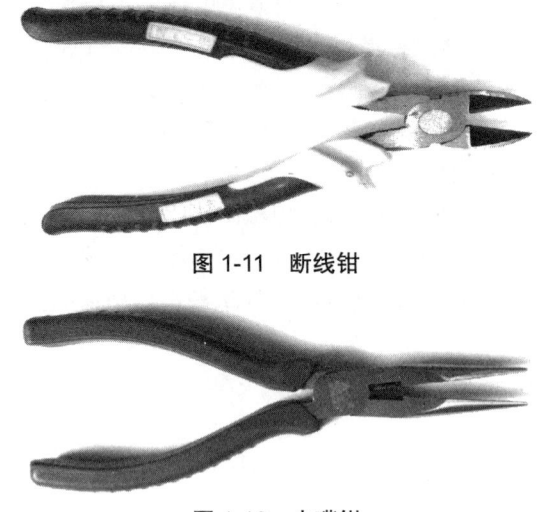

图 1-11　断线钳

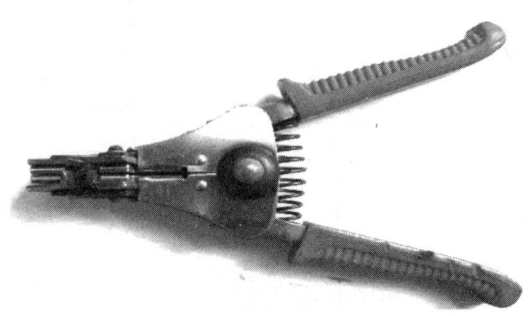

图 1-12　尖嘴钳

6. 剥线钳

它是用于剥除小直径导线绝缘层的专用工具，耐压强度为 500V。使用剥线钳时，先选定好被剥除的导线绝缘层的长度，然后将导线放入相应的刃口中（比导线直径稍大），用手将钳柄一握，导线的绝缘层即被割破而断开。剥线钳外形如图 1-13 所示。

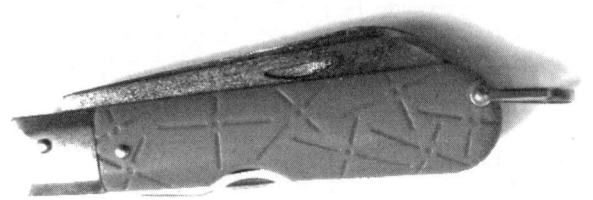

图 1-13　剥线钳

7. 电工刀

电工刀是用来剖削电线线头、切割圆木及木台缺口、削制木榫的工具。使用时，应将刀口朝外剖削，以免伤手。剖削导线绝缘层时，应使刀面与导线成较小的锐角，以免割伤导线。电工刀刀柄是无绝缘保护的，不能在带电导线或器材上剖削，以免触电。电工刀外形如图 1-14 所示。

图 1-14　电工刀

8. 手电钻

手电钻是一种头部有钻头、内部装有单相整流电动机、靠旋转钻孔的手持式电动工具。手电钻有普通电钻和冲击钻两种。普通电钻上通用麻花钻仅靠旋转在金属上钻孔。冲击电钻采用旋转带冲击的工作方式，一般带有调节开关。当调节开关在旋转无冲击"钻"的位置时，其功能如同普通电钻；当调节开关在旋转带冲击"锤"的位置时，装配镶有硬质合金的钻头，便能在混凝土和砖墙等建筑构架上钻孔。

手电钻使用中应注意，长期搁置不用的冲击钻，使用前必须使用 500V 兆欧表测定对地的绝缘电阻，其阻值应不小于 0.5MΩ。使用金属外壳冲击钻时，必须戴绝缘手套、穿绝缘鞋或站在绝缘板上，以确保操作人员安全。在钻孔过程中，应经常把钻头从钻孔中抽出，以便排除钻屑。

二、导线连接与绝缘恢复

在电气装修中，导线的连接是电工的基本操作技能之一。对导线连接的基本要求是：电接触良好，有足够的绝缘层。

1. 导线绝缘层的剥削

剥除导线绝缘层，常用钢丝钳（或剥线钳）、电工刀两类工具，如图 1-15 所示。

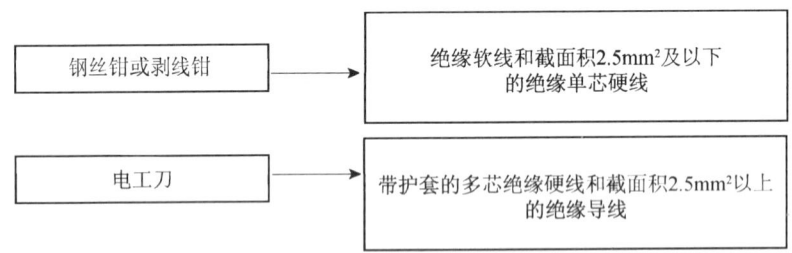

图 1-15　导线绝缘层的剥削

2. 铜芯导线的连接

（1）单股铜芯线的直线连接，如图 1-16 所示。

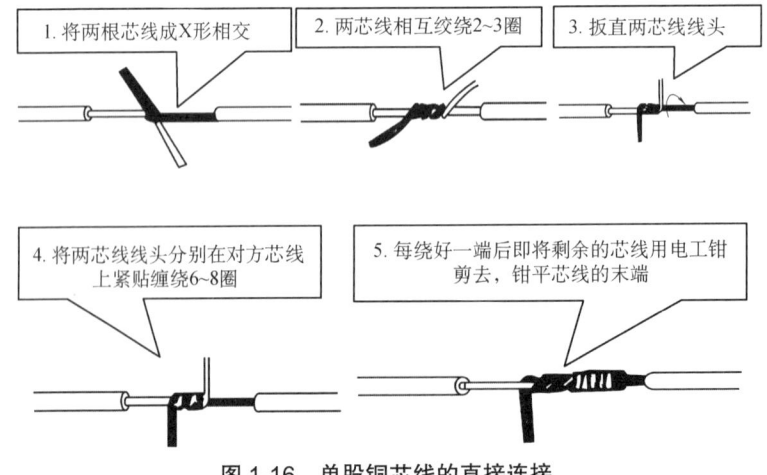

图 1-16　单股铜芯线的直接连接

（2）单股铜芯线的 T 形分支连接，如图 1-17 所示。

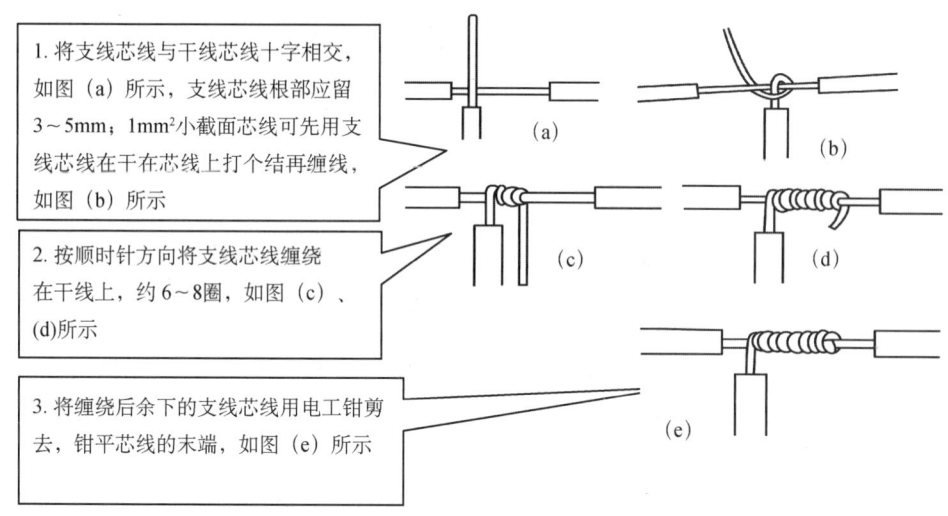

图 1-17　单股铜芯线的 T 形分支连接

（3）7 股铜芯导线的直线连接，如图 1-18 所示。

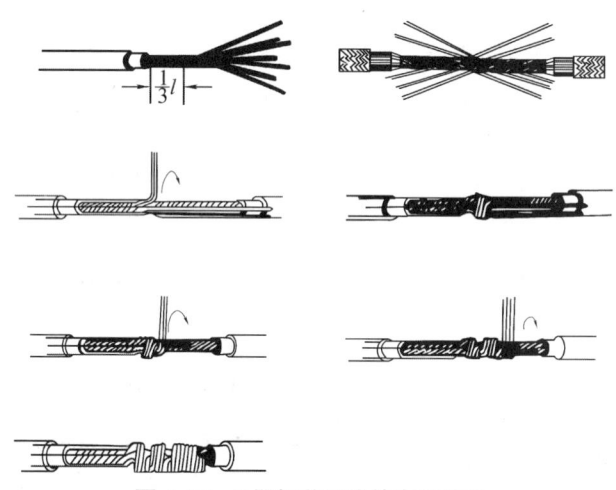

图 1-18　7 股铜芯导线的直线连接

（4）7 股铜芯导线的分支连接，如图 1-19 所示。
（5）铜芯导线接头处的焊接。
① 电烙铁锡焊。
② 浇焊。

3. 铝芯导线的连接

（1）铝芯导线常采用螺钉压接法连接。
（2）采用压接管压接法连接。
（3）压接步骤与注意事项：
① 选用合适的专用压接钳。
② 根据多股铝芯导线截面选用合适规格的压接管。

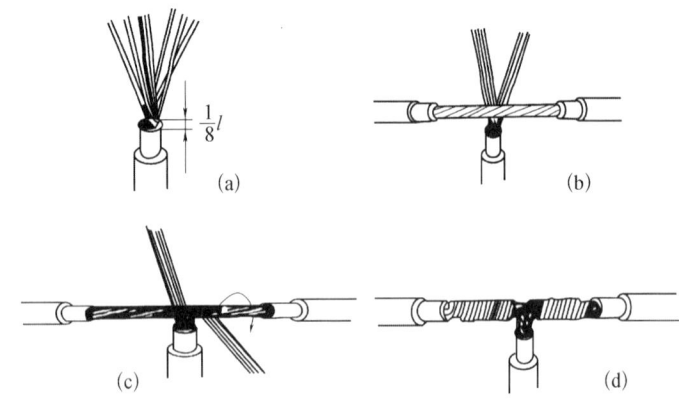

图 1-19　7 股铜芯导线的分支连接

③ 用钢刷清除芯线表面和压接管内壁的氧化层,涂上一层中性凡士林。

④ 将两根芯线相对插入压接管中,并使线端穿出压接管约 25～30mm。

⑤ 将已插入导线的压接管放进压接钳钳口中进行压接,第一道坑应压在线端的一侧,不可压反,压接坑的距离与个数应符合技术要求。

4. 接头与接线柱的连接

（1）线头与针孔式接线柱的连接,如图 1-20 所示。

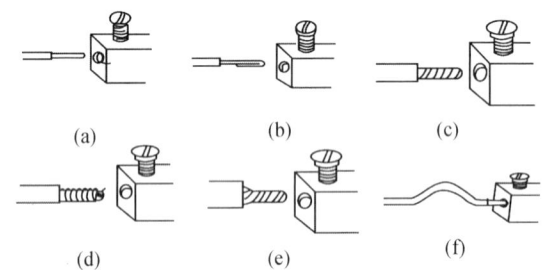

图 1-20　线头与针孔式接线柱的连接

（2）线头与螺钉平压式接线柱的连接,如图 1-21 所示。

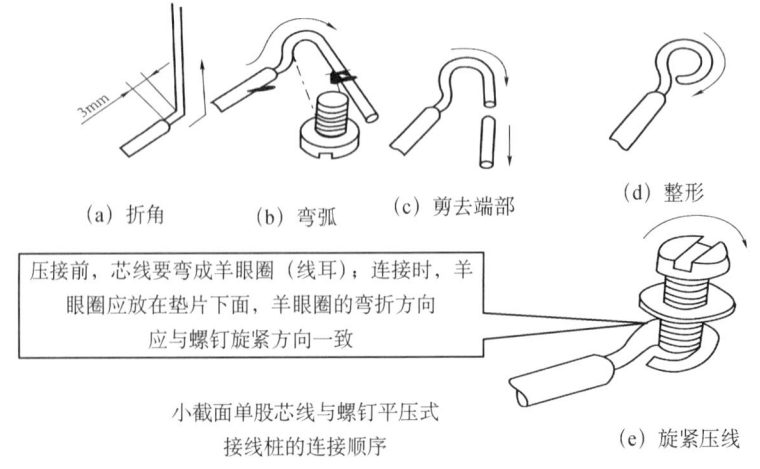

图 1-21　线头与螺钉平压式接线柱的连接

5. 导线绝缘层的恢复

恢复绝缘用的材料通常有黄蜡布、黄蜡绸带、涤纶薄膜带、橡胶绝缘胶带、塑料绝缘胶带和绝缘套管等。

（1）操作方法与步骤如图 1-22 所示。

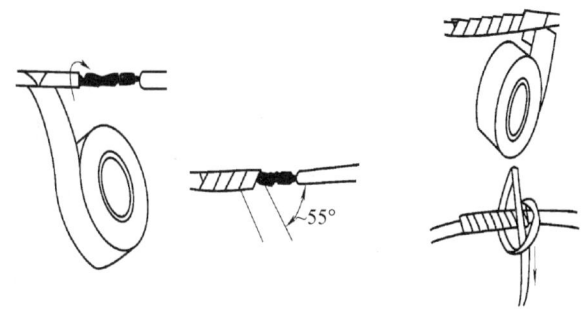

图 1-22　导线绝缘层的恢复

（2）各种导线接头的绝缘恢复要求。

① 380 V 导线接头绝缘层的恢复：先包缠两层黄蜡绸带（或涤纶薄膜），再包缠一层塑料绝缘胶带。

② 220V 导线接头绝缘层的恢复：直接包缠 2～4 层塑料绝缘胶带。

③ 低压橡套电缆接头绝缘层的恢复：先包缠 2～3 层黄蜡绸带（或涤纶薄膜），再用橡胶绝缘胶带包缠 1～2 层。

（3）大截面导线与接线耳的连接如图 1-23 所示。

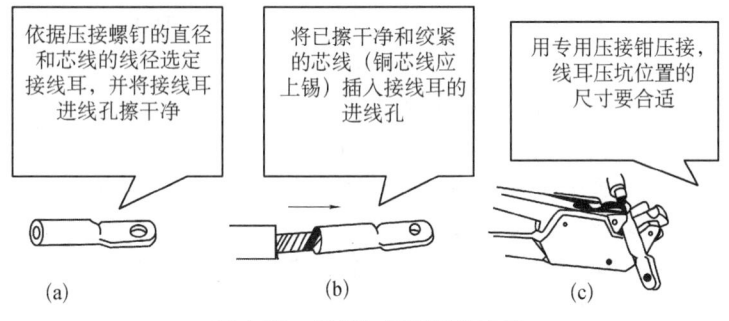

图 1-23　导线与接线耳的连接

三、常见电工材料及其选用

常见的电工材料分为四类：绝缘材料、导电材料、电热材料和磁性材料。

1. 绝缘材料

绝缘材料又称电介质，主要作用是在电气设备中隔离不同电位的导体，使电流仅按照导体方向流动。绝缘材料按其物理状态，可分为气体绝缘材料、液体绝缘材料、固定绝缘材料。按其应用或工艺特征，还可以划分为漆、树脂和胶类、浸渍纤维制品类、层压制品类、压塑料类、云母制品类和薄膜、黏带和复合制品类等。

1）绝缘材料的基本性能

绝缘材料的基本性能包括电气性能、热性能、理化性能和机械性能等，但主要包括下述几项。

① 击穿强度。

绝缘材料在高于某一临界值的电场强度作用下，失去其绝缘性能，这种现象称为击穿。使绝缘材料击穿的最低电压称为击穿电压，其电场强度称为击穿强度。

② 绝缘电阻。

绝缘材料并不是绝对不导电的材料，在一定的电压作用下仍会有漏电流产生，依此计算出来的电阻即为绝缘电阻。

影响绝缘电阻的主要因素有温度、水分和杂质等，工程上常以绝缘电阻值的大小来判断设备的受潮程度，以决定其能否运行。一般情况下，当绝缘电阻大于 0.5MΩ 时，说明绝缘良好，可以使用。

③ 耐热性。

电气设备在运行时，导体和磁性材料（即由它们组成电路与磁路）因有损耗（即通常所说的铜损和铁损）而发热，同时也因绝缘材料（介质）本身存在介质损耗，或者整个电气设备就处在高温环境下，因此，电气设备的绝缘材料长期在热态下工作。耐热性是指绝缘材料承受高温而不改变介电、机械、理化等性能。对低压设备而言，绝缘材料的耐热性是决定绝缘材料性能的主要因素。使用耐热性好的绝缘材料，可使设备的体积减小、重量减轻，而使其技术经济指标、寿命提高。

④ 机械性能。

机械性能主要包括硬度和强度。硬度表示绝缘材料表面层受压后不变形的能力，强度包括抗拉、抗弯、抗压以及抗冲击等性能。在选用绝缘材料时，要求其具有一定的机械性能。

2）绝缘材料的老化

绝缘材料在使用过程中，由于各种因素（如氧化、热、电、辐射、光、机械、微生物等）的长期作用，会发生一系列缓慢的、不可逆转的化学方面和物理方面的变化，引起其电气性能与机械性能恶化，最终丧失绝缘性能，这种现象称为绝缘材料的老化。老化的主要形式有环境老化、热老化、电老化，其主要因素是过热和氧化。为此，在使用绝缘材料的过程中，常采用下列方法防止其老化：避免阳光直接照射，避免与空气中的氧接触，加强散热，防电晕、局部放电。

3）常用绝缘材料

绝缘材料品种繁多，就其形态而言，常见的气体绝缘材料有空气（氧气、氮气、氢气、二氧化碳等气体的混合物）和六氟化硫（SF_6）。

液体绝缘材料有矿物油类（如变压器油、开关油、电容器油、电缆油）、漆类（如浸渍漆、漆包线漆、覆盖漆、硅钢片漆）及胶类（如电器浇铸胶、电缆浇铸胶）。

固体绝缘材料有绝缘纸（如电缆纸、电话纸、电容器纸）、绝缘纱（如玻璃纤维纱）、浸渍纤维制品（如漆布、绑扎带）、橡胶、塑料、绝缘薄膜、玻璃、云母及石棉等。

4）其他绝缘材料

其他绝缘材料是指在电动机、电器中作为结构、补强、衬垫、包扎及保护作用的辅助绝缘材料，如绝缘纸板、玻璃纤维、ABS 塑料、电工用橡胶、绝缘包扎带等。这类绝缘材料品种多、规格杂，而且没有统一的型号，这里不做详细介绍。

2. 导电材料

普通导电材料是指专门传导电流的金属材料。铜和铝是主要的普通导电材料，它们的主要用途是制造电线电缆。电线电缆的定义为：用于传输电能信息和实现电磁能转换的线材产品。

1）导电材料的分类

维修电工常用的电线电缆为通用电线电缆和电动机、电器用电线电缆（见表1-6）。

表1-6 电线电缆

类别	系列名称	型号字母及含义
通用电线电缆	1. 橡皮、塑料绝缘导线 2. 橡皮、塑料绝缘软线 3. 通用橡套电缆	B—绝缘布线 R—软线 Y—移动电缆
电动机、电器用电线电缆	1. 电动机、电器用引接线 2. 电焊机用电缆 3. 潜水电动机用防水橡套电缆	J—电动机用引接线 YH—电焊机用的移动电缆 YHS—有防水橡套的移动电缆

2）常用导电材料

① B系列IN料、橡皮电线：该系列材料的结构简单、质量小、价格低廉、电气和机械性能有较大的裕度，应用于各种动力、配电和照明线路，并用于中小型电气设备作为安装线。它们的交流工作耐压为500V，直流工作耐压为1000V。

② R系列橡皮、塑料软线：该系列软线的线芯用多根细铜线绞合而成，它除了具备B系列电线的特点，还比较柔软，广泛用于家用电器、仪表及照明线路。

③ Y系列通用橡套电缆：该系列的电缆适用于一般场合，作为各种电动工具、电气设备、仪器和家用电器的移动电源线，所以又称移动电缆。

3. 电热材料

电热材料用来制造各种电阻加热设备中的发热元件，作为电阻接到电路中，把电能转变成热能，使加热设备的温度升高。对电热材料的基本要求是电阻系数高、加工性能好；特别是它长期处于高温状态下工作，因此要求在高温时具有足够的机械强度和良好的抗氧化性能。常用的电热材料是镍铬合金和铁铬合金，它们的品种、工作温度、特点和用途见表1-7。

表1-7 镍铬合金和铁铬合金的品种、工作温度、特点和用途

品种		工作温度/℃		特点和用途
		常用	最高	
镍铬合金	Cr20Ni80	1000～1050	1150	电阻系数高，加工性能好，高温时机械强度较好，用后不变脆，适用于移动式设备上
	Cr15Ni60	900～950	1050	
铁铬合金	1Cr13Ai4	900～950	1100	抗氧化性能比镍铬合金好，电阻系数比镍铬合金高，价格较便宜，高温时机械强度较差，用后会变脆，适用于固定式设备上
	0Cr13Ai6Mo2	1050～1200	1300	
	0Cr25Ai5	1050～1200	1300	
	0Cr27Ai7Mo2	1200～1300	1400	

4. 磁性材料

磁性材料（铁磁物质）按其磁特性与应用情况，可分为软磁材料、硬磁材料和特殊磁材

料三类；按其组成，又可分为金属（合金）磁性材料和非金属磁性材料（铁氧化磁性材料）两大系列。

1) 软磁材料

软磁材料的主要特点是 μ（磁导率）很高、B_r（剩余磁感应强度）很小、H_c（矫顽磁力）很小。软磁材料的磁滞回线狭长。这类材料在较弱的外界磁场作用下，就能产生较强的磁感应强度，而且随着外界磁场的增强，很快就达到磁饱和状态；当外界磁场去掉后，它的磁性就基本消失。对软磁材料的基本要求是磁导率高、铁耗低。常用的有电工用纯铁和硅钢板两种。目前，常用的软磁材料分金属软磁材料和铁氧体软磁材料两大类。

2) 硬磁材料

硬磁材料又称永磁材料或恒磁材料，其磁滞回线形状宽厚，具有较大的 B_r 和 H_c，被广泛地应用于磁电系测量仪表、扬声器、永磁发电动机及通信设备中。

其主要特点是剩余磁感应强度高。这类材料在外界磁场的作用下，在达到磁饱和状态以后，即使外界磁场去掉，它还能在较长时间内保持强而稳定的磁性。对硬磁材料的基本要求是剩余磁感应强度高、磁性稳定。目前，电工产品上用得最多的硬磁材料是铝镍钴合金，常用的有 13、32 及 52 号铝镍钴，主要用来制造永磁电动机的磁极铁芯及磁电系仪表的磁钢。

5. **特殊磁性材料的用途**

为满足科技高速发展的需要，磁性材料工业也不断开发并生产出许多具有特殊磁性能的磁性材料。

恒导磁合金：当磁感应强度、温度和频率在一定范围内变化时，其磁导率基本不变。一般用来制作恒电感、精密电流互感器和单极性脉冲变压器等的铁芯。

磁温度补偿合金：又称热磁合金，其特点是磁感应强度具有负的温度系数，多用于电度表、里程速度表等。

高饱和磁感应合金：它是目前软磁材料中饱和磁感应强度最高的一种，用其制作的器件（如微电动机、电磁铁、继电器等）可以满足磁感应强度高、体积小、质量轻等特殊要求。

磁记性材料：因其磁滞回线呈矩形，也称矩磁材料，极易磁化并饱和且具有记忆的特点，主要用作计算机内存储元件的磁芯。

磁记录材料：主要用于记录、存储和再现信息，有磁头材料和磁性媒质等。

6. **导线的选择与线径的测量**

1) 导线的选择

在生产、生活实践中，经常要对所使用的导线进行截面积的选择，其方法与步骤如下。

① 根据设备容量，计算出导线中的电流。

对直流单相电热性负载

$$I = P/U$$

对单相电感性负载

$$I = P/U\cos\varphi$$

对三相负载

$$I = P/\sqrt{3}U\eta\cos\varphi$$

上述三式中，P 为负载的额定功率，U 为（线）电压，η 为效率，$\cos\varphi$ 为负载的功率因数。负载电流大小也可以从产品说明书或使用手册中查找。

② 根据使用环境，合理选择导线的截面积。

导线截面积的选择取决于导线的安全载流量，影响导线安全载流量的因素很多，如导线芯材料、绝缘材料、敷设方式、环境条件等。各种导线在不同使用条件下的安全载流量均可在各有关手册中查到。一般而言，可按下列经验方法选取电流密度，进而确定导线截面积：铜导线，$5\sim8A/mm^2$；铝导线，$3\sim5A/mm^2$。若导线细小，环境散热条件好，可取上限值；反之，取下限值。

③ 综合考虑其他因素，进一步确定所选导线的型号。

根据设备的载流量初步选定了导线的截面积后，导线型号的最终确定还须考虑以下几个因素。

用途：是专用线还是通用线，是户内还是户外，是固定还是移动。

环境：环境的温度、湿度、散热条件，有无腐蚀性气体、液体、油污；设备的工作方式；受力情况、功率、机械强度；是否要防电磁干扰，是否需要较好的柔软性。

电压：导线的额定电压必须不小于其工作电压，线路的总电压损失不应超过5%。

性价比：从经济指标考虑，提倡优先选用铝芯线。

2）线径的测量

① 测量用具。

导线线径的测量，可采用钢尺、游标卡尺或千分尺等。

钢尺主要用于测量精度要求不高的工作导线，主要规格有150mm、300mm、500mm、1000mm等。

使用钢尺时，钢尺边缘应与被测量体平行，刻度线垂直于测量线；0刻度线应与被测量物体的测量起点对齐；读数时一般可估测到0.1mm。

游标卡尺可用于测量工件的内径、外径、长度、深度等，也可以直接用来测量导线的线径，具有较高的测量精度。

使用游标卡尺时，先要看清规格，确定精度；测量前要校准零位；测量时卡脚两侧应与工件贴合、摆正；读数时要看清主、副尺相对齐的刻度线，实测值包括主尺和副尺两部分。

千分尺可用于导线线径的直接测量，具有较高的测量精度。

使用千分尺时，测量前应将测砧和测微螺杆端面擦干净并校准零位；使测砧接触工件后再转动微分筒，当测微螺杆端面接近工件时转动棘轮，听到"喀喀"声时便停止转动，不可再用力旋转；实测值包括基准线上方值、基准线下方值和微分筒上刻度值。

② 测量方法。

由于导线的线径通常较小，且为保证测量精度，可采用以下方法中的一种。

直接测量法：对于线径在4mm以上的粗导线，可采用游标卡尺或千分尺直接测量的方法，按不同的径向测量3、4次后取平均值。

多匝并测法：对于线径4mm以下的细导线，先将导线平铺紧绕在铅笔等柱形物体上，然后用钢尺、游标卡尺或千分尺测量平铺后的宽度，再除以导线的匝数，即为每根导线的线径。

四、常用电工仪表的使用

1. 万用表的使用

万用表是用来测量交直流电压、交直流电流和电阻等的常用仪表，有的万用表还可测量电感和电容。

图 1-24 模拟万用表

图 1-25 数字万用表

1）模拟万用表的使用

① 测量直流电流：直流电流的量程范围有 6 挡。将仪表与被测电路串联，如图 1-24 中的面板刻度盘，按第 2 条刻度线读数。测量时，表笔应插在"5A"和"-"插孔内，量程开关可放在电流量程的任意位置上。

② 测量直流电压：直流电压的量程范围有 9 挡，仍按第 2 条刻度读数。估计被测电压，选择合适的量程。使用 2500V 挡时，量程开关应放在 1000V 的量程上，表笔应插在"2500V"和"-"插孔内。

③ 测量交流电压：交流电压的量程范围也为 6 挡。测量时，表笔与被测电压并联，按第 2 条刻度线读数。用 2500V 挡时，量程开关应放在 1000V 的挡位上，表笔应插在"2500V"和"-"插孔内。

④ 测量电阻：电阻量程分别为×1、×10、×100、×1k、×10k 五挡。测量电阻值的方法如下。

a. 量程开关旋至合适的量程。

b. 调零，将两表笔搭接，调节调零电位器，使指针在第一条刻度的零位上。

c. 两表笔接入待测电阻，按第一条刻度读数，并乘以量程指示的倍数，即为待测电阻值。刻度盘中间位置精度较高，测量时应尽量使指针指在中间位置。若改变量程，须重新调零。

例如，将量程开关旋转至"×100"，调零后测量电阻时指针指示在 56 刻度位置，则被测电阻的阻值为 56×100 = 5600Ω。若将量程开关旋至"×1k"，调零后指针指示在 5.6 刻度的位置，则被测电阻的阻值为 5.6×1k = 5.6kΩ。

⑤ 使用注意事项。

a. 在测量中，不能转动转换开关，特别是测量高电压和大电流时，严禁带电转换。

b. 若不能确定被测量大约数值，应先将挡位开关旋转到最大量程上，然后再按测量值选择适当的挡位，使指针得到合适的偏转。所选挡位应尽量使指针指示在标尺的 1/2～2/3 的区域（测量电阻时除外）。

c. 测量电路中的电阻阻值时，应将被测电路的电源切断，如果电路中有电容器，应先将其放电后才能测量，切勿在电路带电的情况下测量电阻。

d. 测量完毕后，最好将转换开关旋至交直流电压最高挡。

2）数字万用表的使用

数字万用表（见图 1-25）采用液晶显示器作为读数装置，具有测量精度高、使用安全可靠的特点。它的型号品种较多，测量非常简便。

① 交、直流电压的测量：将电源开关置于 ON 位置，根据需要将量程开关拨至 DCV（直流）或 ACV（交流）范围内的合适量程，红表笔插入 V/Ω 孔，黑表笔插入 COM 孔，然后将两支表笔连接到被测点上，液晶显示器上便直接显示被测点的电压。在测量仪器仪表的交流电压时，应当用黑表笔去接触被测电压的低电位端（如信号发生器的公共地端或机壳），从而减小测量误差。

② 交、直流电流的测量：将量程开关拨至 DCA 或 ACA 范围内的合适量程，红笔插入 A 孔（≤200mA）或 10A 孔（>200mA），黑表笔插入 COM 孔，通过两支表笔将万用表串联在被测电路中。在测量直流电流时，数字万用表能自动转换并显示极性。万用表使用完毕，应将红表笔从电流插孔中拨出，插入电压插孔。

③ 电阻的测量：将量程开关拨至"Ω"挡的合适量程，红表笔（正极）插入 V/Ω 孔，黑表笔（负极）插入 COM 孔。如果被测电阻超出所选量程的最大值，万用表将显示过量程"1"，这时应选择更高的量程。对大于 1MΩ 的电阻，要等待几秒钟稳定后再读数。当检查内部线路阻抗时，要保证被测线路电源切断，所有电容放电。

应注意，仪表在电阻挡检测二极管、检查线路通断时，红表笔插入 V/Ω 孔，为高电位，黑表笔插入 COM 孔，为低电位。当测量晶体管、电解电容等有极性的电子元件时，必须注意表笔的极性。

④ 电容的测量：将量程开关拨至 GAP 挡相应量程，旋动零位调节旋钮，使初始值为 0，然后将电容直接插入电容测试座 3 中，这时显示屏上将显示其电容量。测量时两手不得碰触电容的电极引线或表笔的金属端，否则数字万用表将跳数，甚至过载。

2. 兆欧表的使用

兆欧表又称摇表，是专门用来测量大电阻和绝缘电阻值的便携式仪表，在电气安装、检修中广泛应用。它的计量单位是兆欧（MΩ）。

（1）兆欧表的使用方法：兆欧表有三个接线柱，其中两个较大的接线柱上分别标有"接地"（E）和"线路"（L），另一个较小接线柱上标有"保护环"（或"屏蔽"）（G）。使用时各接线柱的接线方法如图 1-26 所示。

（2）使用兆欧表时的注意事项。

① 测量电气设备的绝缘电阻时，必须先切断电源，再将设备进行放电，以保证人身安全和测量正确。

② 兆欧表测量时应水平放置，未接线前转动兆欧表进行开路试验，看指针是否指在"∞"处，再将 E 和 L 两个接线柱短接，慢慢地转动兆欧表，看指针是否指在"0"处，若指在"0"处，则说明兆欧表可以使用。测量中的均匀转速为 2r/s。

③ 测量完毕后应使被测物放电，在兆欧表的摇把未停止转动和被测物未放电前，不可用手触及被测物的测量部分或拆除导线，以防触电。

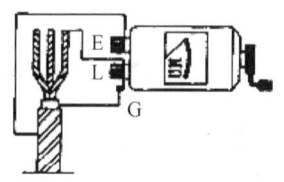

(a) 测量电缆绝缘电阻

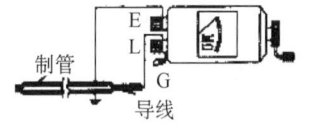

(b) 测量照明线路绝缘电阻

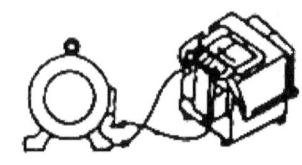

(c) 测量电动机绝缘电阻

图 1-26 兆欧表的使用

3. 钳形电流表的使用

钳形电流表（见图 1-27）是电工日常维修工作中常用的电测仪表之一，尤其是随着其测量功能的不断完善与扩展，它日益受到使用者的关注。最初的钳形电流表是指针式的，通常只能用来测电流，现已发展到能进行常规电参数的测量，且是数字式的，有的甚至还带有微处理器。钳形电流表的最大特点就是能够在不影响被测电路正常工作的情况下进行电参数的测量。其特点是携带方便，可在带电的情况下测量电路中的电流。

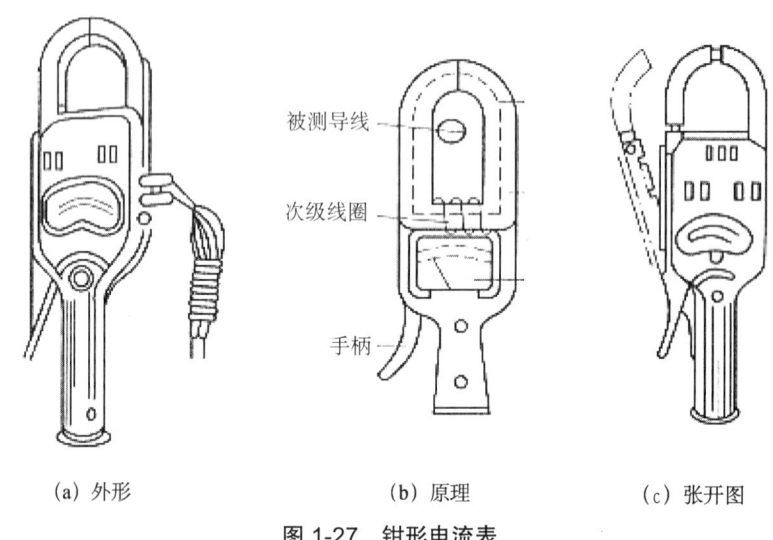

(a) 外形　　　　　(b) 原理　　　　　(c) 张开图

图 1-27　钳形电流表

1）使用方法

钳形电流表的最基本用途是测量交流电流，虽然准确度较低（通常为 2.5 级或 5 级），但因在测量时无须切断电路，因而使用仍很广泛。如进行直流电流的测量，则应选用交直流两用钳形电流表。

使用钳形电流表测量前，应先估计被测电流的大小以合理选择量程。使用钳形电流表时，被测载流导线应放在钳口内的中心位置，以减小误差。钳口的结合面应保持接触良好，若有明显噪声或表针振动厉害，可将钳口重新开合几次或转动手柄。在测量较大电流后，为减小剩磁对测量结果的影响，应立即测量较小电流，并把钳口开合数次。测量较小电流时，为使读数较准确，在条件允许的情况下，可将被测导线多绕几圈后再放进钳口进行测量（此时的实际电流值应为仪表的读数除以导线的圈数）。

使用钳形电流表时，将量程开关转到合适位置，手持胶木手柄，用食指钩紧铁芯开关，便于打开铁芯，将被测导线从铁芯缺口引入铁芯中央，然后放松食指，铁芯即自动闭合，将被测导线嵌入，被测导线的电流在铁芯中产生交变磁通，表内感应出电流，即可直接读出被测电流的大小。

在较小空间内（如配电箱等）测量时，要防止因钳口的张开而引起相间短路。

2）使用注意事项

① 使用前应检查钳形电流表的外观是否良好，绝缘处有无破损，手柄是否清洁、干燥。

② 测量前应估计被测电流的大小，选择适当的量程，不可用小量程挡去测量大电流。

③ 测量过程中不得切换挡位。

④ 钳形电流表只能用来测量低压系统的电流，不得去测量高压线路的电流。被测线路的电压不能超过钳形电流表所规定的使用数值，以防绝缘击穿造成触电。

⑤ 测量时应戴绝缘手套或干净的线手套，并注意保持安全间距。

⑥ 若不是特别必要，一般不测量裸导线的电流，以防触电。

⑦ 每次测量时只能钳入一根导线。当测量小电流读数困难、误差较大时，可将导线在铁芯上绕几圈。此时读出的电流数除以圈数才是电路的实际电流值。

⑧ 测量完毕，应将量程开关置最大挡位，以防下次使用时因疏忽大意而造成仪表的意外损坏。

一、导线的绝缘与恢复

1. 实训项目

导线的绝缘与恢复。

2. 实训要求

（1）导线的直线与 T 形连接。
（2）恢复绝缘层。

3. 实训器具

铜芯绝缘电线（BV-4mm² 或自定）2m，BV-16mm²（7/1.7）塑料铜心电线 2m，绝缘带 1 卷，黑胶布 1 卷，塑料胶带 1 卷，焊料、电烙铁及浇焊器具，电工通用工具 1 套，绝缘鞋，工作服等。

二、常用电工工具的使用

1. 实训项目

常用电工工具的使用。

2. 实训要求

（1）用万用表估测三相异步电动机的绕组阻值。
（2）用单臂电桥测量三相异步电动机的绕组阻值。
（3）用兆欧表测量三相异步电动机的绝缘电阻。
（4）用钳形电流表测量三相异步电动机的线电流。

3. 实训器具

三相笼型异步电动机两台（7.5kW、1.1kW 各 1 台），万用表（500 型或自定）1 块，QJ23 型电桥 1 台，钳形电流表（互感器式钳形电流表）1 块，连接导线（BVR-2.5mm²）9m，三相刀开关（HK2-15/3、380V）1只，三相四线交流电源（3×380/220V、20A）1台，电工通用工具1套，透明胶布（自定）1卷等。

一、导线的绝缘与恢复

（1）剖削绝缘层。
（2）将导线进行直线连接与T形连接。
（3）浇焊。
（4）恢复绝缘层。
（5）浸入常温水中30min，应不渗水。

二、常用电工工具的使用

（1）将三相异步电动机接线盒拆开，取下所有接线柱之间的连接片，使三相绕组各自独立。
（2）选择合适的量程，用万用表估测三相异步电动机（Y112M-4，7.5kW）的绕组值，并正确读出测量值。
（3）选择合适的量程，用单臂电桥分别测量三相异步电动机各相绕组的电阻值，并正确读出测量值。
（4）用兆欧表测量三相绕组之间、各相绕组与机座之间的绝缘电阻。
（5）按电动机铭牌规定，恢复有关接线柱之间的连接片，然后接通三相交流电源，先用万用表测量三相异步电动机的线电压，然后通电运行，用钳形电流表测量启动瞬时电流和空载电流。

一、导线的绝缘与恢复

导线的绝缘与恢复评分标准见表1-8。

表1-8 导线的绝缘与恢复评分标准

序号	主要内容	考核要求	评分标准	配分	扣分	得分
1	导线连接	正确剖削导线，连接方法正确，导线缠绕紧密，切口平整，线芯不得损伤	（1）剖削绝缘导线方法不正确，扣10分 （2）缠绕方法不正确，扣10分 （3）绕不紧、有间隙，每处扣5分 （4）导线缠绕不整齐，扣10分 （5）切口不平整，每处扣10分	60		

（续表）

序号	主要内容	考核要求	评分标准	配分	扣分	得分
2	恢复绝缘	在导线连接处包缠两层绝缘带，方法正确，质量符合要求	（1）包缠方法不正确，扣20分 （2）包缠质量达不到要求，扣20分	40		
6	工时	120min				
7	备注	不准超时	合计	100		
			教师签字			

二、常用电工工具的使用

常用电工工具的使用评分标准见表1-9。

表1-9　常用电工工具的使用评分标准

序号	主要内容	评分标准	配分	扣分	得分
1	测量准备	万应表测量挡位不正确，扣20分	20		
2	测量过程	测量过程中，操作步骤每错1处扣10分	40		
3	测量结果	测量结果有较大误差或错误，扣20分	20		
4	维护保养	维护保养有错误，每处扣1分	10		
5	安全生产	违反安全生产规程，每处扣5～10分	10		
6	工时：20min	不准超时			
7	备注	合计			
		教师签字			

任务三　室内线路的安装

（1）掌握室内线路安装的技术规范。
（2）掌握室内线路安装的技能要求。

室内线路的安装有明线安装和暗线安装两种。
安装室内线路时，常用的配线方式有塑料护套线配线、线管配线、线槽配线和桥架配线等。选择配线方式时应根据室内环境的特征和安全要求等因素决定。

- 23 -

一、塑料护套线配线

1. 使用场合

塑料护套线是一种将双芯或多芯绝缘导线并在一起，外加塑料保护层的双绝缘导线，具有防潮、耐酸、耐腐蚀及安装方便等优点，广泛用于家庭、办公等室内配线中。塑料护套线一般用铝片或塑料线卡作为导线的支持物，直接敷设在建筑物的墙壁表面，有时也可直接敷设在空心楼板中。

2. 护套线配线的步骤与工艺要求

基本操作步骤：定位→画线→固定铝片卡→敷设导线。

1）定位

首先要确定灯具、开关、插座和配电箱等电器设备的安装位置，然后再确定导线的敷设位置，确定墙壁和楼板的穿孔位置。确定导线走向时，尽可能沿房檐、线脚、墙角等处敷设；在确定灯具、开关、插座等电器设备时，要求铝片卡之间的距离为150~300mm。在距开关、插座、灯具的木台50mm处及导线转弯两边的80mm处，都须设置铝片卡的固定点，如图1-28所示。

2）画线

画线要求清晰、整洁、美观、规范。画线时应根据线路的实际走向，使用粉笔、铅笔或边缘有尺寸刻度的木板条画线。凡有电器设备固定点的位置，都应在固定点中心处做一个记号，如图1-29所示。

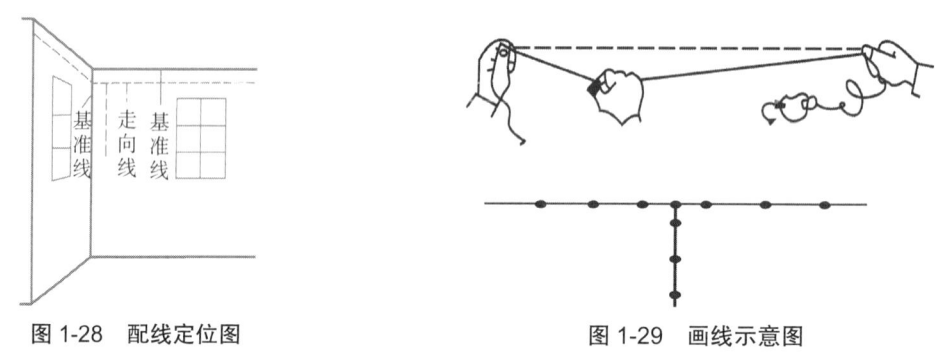

图1-28 配线定位图　　　　　图1-29 画线示意图

3）固定铝片卡

铝片卡或塑料卡的固定应根据具体情况而定。在木质结构、涂灰层的墙上，选择适当的小铁钉或小水泥钉即可将铝片卡或塑料卡钉牢；在混凝土结构上，可用小水泥钉钉牢，也可采用环氧树脂粘接。在小铁钉无法钉入的墙面上，应凿眼安装木榫，如图1-30所示。

4）敷设导线

为了使护套线敷设得平直，可在直线部分的两端各装一副瓷夹板。敷线时，先把护套线一端固定在瓷夹内，然后拉直并在另一端收紧护套线后固定在另一副瓷夹中，最后把护套线依次夹入铝片卡或塑料卡中。护套线转弯时应成小弧形，不能用力扭成直角。护套线均置于铝片卡线的定位孔后，将铝片线卡收紧夹持护套线，如图1-31所示。

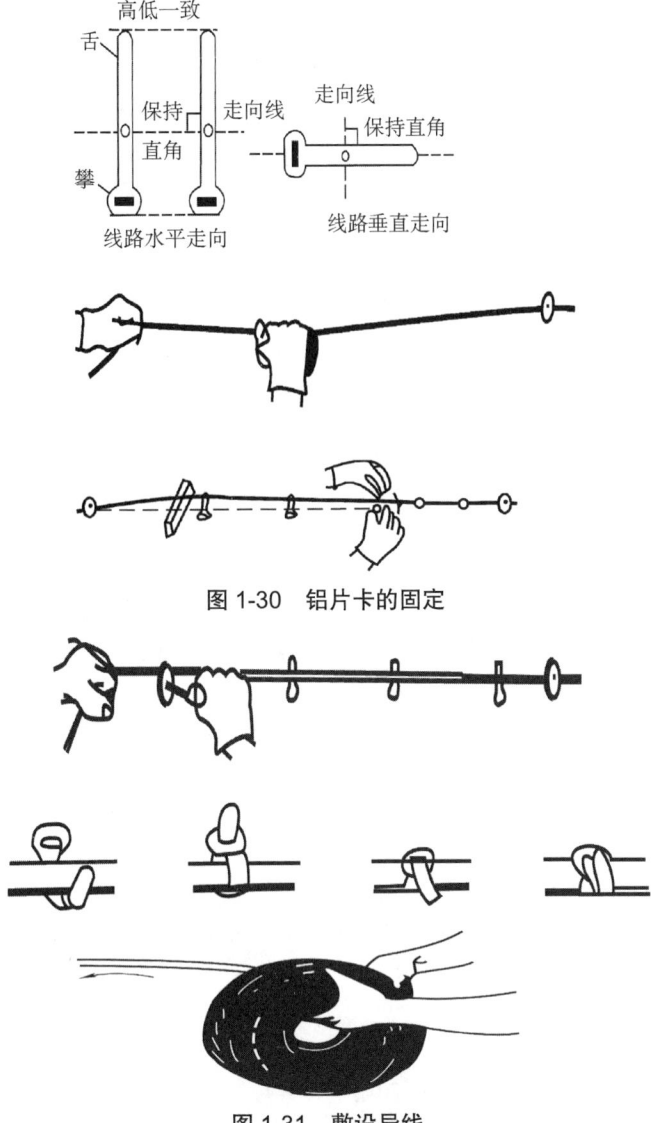

图 1-30　铝片卡的固定

图 1-31　敷设导线

二、线管配线

1. 线管配线的方法

把绝缘导线穿在管内配线称为线管配线。线管配线有耐潮、耐腐、导线不易受机械损伤等优点，适用于室内外照明和动力线路的配线。线管配线有明配和暗配两种。明配时把线管敷设在明露处，要求配线横平竖直，管路短，弯头少。暗配时，首先要确定好线管进入设备器具盒的位置，计算好管路敷设长度，再进行配管施工。在配合土建施工中将管与盒按已确定的安装位置连接起来，并在管与管、管与盒的连接处，焊上接地跨接线，使金属外壳连成一体。

电线或电缆常用管有：焊接钢管、电线管、硬质和软质塑料管、蛇皮软管等。

2. 线管连接

1）钢管与钢管连接

钢管与钢管之间的连接，无论是明配管还是暗配管，最好采用管箍连接。为了保证管接口的严密性，管子的丝扣部分应顺螺纹方向缠上麻丝，再用管钳拧紧。

2）钢管与接线盒的连接

钢管的端部与各种接线盒连接时，应采用在接线盒内各用一个螺母夹紧线管的方法。

3）硬塑料管的连接

① 加热连接法。

第一，直接加热连接法：直径为 50mm 及以下的塑料管可直接用加热连接法。连接前先将管口倒角，然后用喷灯、电炉等热源对插接段加热软化后，趁热插入外管并调到两管的轴心一致时，迅速浸湿使其冷却硬化。

第二，模具胀管法：直径 65mm 及以上的塑料管的连接，可用模具胀管法，待塑料管加热软化后，将加热的金属模具趁热插入外管头部，然后用冷水冷却到 50℃，退出模具。在接触面上涂黏合剂，再次稍微加热后两管对插，插接到位后用水冷却硬化，连接完成。完成上述工序后，可用相应的塑料焊条在接口处圆周焊接一圈，以提高机械强度和防潮性能。

② 套管连接法：将两根塑料管在接头处加专用套管完成。

3. 线管的固定

1）线管明线的敷设

线管明线敷设时应采用管卡支持，在线管进入开关、灯座、插座和接线盒孔前 300mm 处和线管弯头两边，都需要进行管卡固定。

2）线管在墙内暗线敷设

线管在砖墙内暗线敷设时，一般在土建砌砖时预埋，否则应先在砖墙上留槽或开槽，然后在砖缝里打入木榫并用铁钉固定。

4. 扫管穿线

穿线工作一般在土建和墙壁粉刷工程结束后进行。

① 穿线前应清扫线管，用压缩空气或在钢丝上绑以擦布，将管内杂质和水分清除。

② 当钢丝引线从一端穿入另一端有困难时，可从管子的两端同时传入钢丝引线，引线两头端弯成小钩。当钢丝引线在管中相遇时，用手转动引线使其勾在一起，然后把一根引线拉出，即可将导线牵引入管。

③ 导线穿入线管前，应在管口套上护圈，截取导线并剖削两端导线绝缘层，做好导线的标记，之后将所有的导线与钢丝引线缠绕，一个人将导线送入，另一个人在另一端慢慢拽拉，直到穿入完毕。

三、线槽配线

塑料槽板（阻燃型）布线是把绝缘导线敷设在塑料槽板的线槽内，上面用盖板把导线盖住。这种布线方式适用于办公室等干燥房屋内的照明，也适用于工程改变线路以及弱电线路吊顶内暗敷等场所使用。塑料槽板布线通常在墙体抹灰粉刷后进行。

线槽的种类很多，不同的场合应合理选用。一般室内照明等线路选用 PVC 矩形截面的线槽，如果用于地面布线应采用带弧形截面的线槽，用于电气控制一般采用带隔栅的线槽。

1. 塑料槽板布线的步骤

基本操作步骤描述：选择线槽→画线定位→固定槽板→敷设导线。

1) 选择线槽

根据导线直径及各段线槽中导线的数量确定线槽的规格。线槽的规格以矩形截面的长、宽来表示，弧形一般以宽度表示。

2) 画线定位

为使线路安装得整齐、美观，塑料槽板应尽量沿房屋的线脚、横梁、墙角等处敷设，并与用电设备的进线口对正，与建筑物的线条平行或垂直。

选好线路敷设路径后，根据每节 PVC 槽板的长度，确定 PVC 槽板底槽固定点的位置（先确定每节塑料槽板两端的固定点，然后按间距 500mm 以下均匀地确定中间固定点）。

3) 固定槽板

PVC 槽板安装前应首先将平直的槽板挑选出来，剩下的弯曲槽板应设法放在不显眼的地方。

4) 敷设导线

敷设导线应以一分路一条 PVC 槽板为原则。PVC 槽板内不允许有导线接头，以减少隐患，如必须接头时要加装接线盒。

2. 塑料槽板布线的安装方法

1) 选用槽板

根据电源、开关盒、灯座的位置，量取各段线槽的长度，用锯分别截取。在线槽直角转弯处应采用 45°拼接。

2) 钻孔

用手电钻在线槽内钻孔（钻孔直径为 ϕ4.2mm 左右），用于线槽的固定，相邻固定孔之间的距离应根据线槽的长度确定，一般距线槽的两端 5～10mm，中间为 300～500mm。线槽宽度超过 50mm，固定孔应在同一位置的上下分别钻两个孔。中间两钉之间距离一般不大于 500mm。

3) 固定槽板

① 将钻好孔的线槽沿走线的路径用自攻螺钉或木螺钉固定。

② 如果是固定在砖墙等墙面上，应在固定位置画上记号，用冲击钻或电锤在相应位置上钻孔，钻孔直径一般在 ϕ8mm，其深处应略大于塑料胀管或木榫的长度。准备好木榫，用木螺钉固定槽底，也可用塑料胀管来固定槽底。

4) 导线敷设

导线敷设到灯具、开关、插座等接头处，要留出长 100mm 左右导线，用于接线。在配电箱和集中控制的开关板等处，按实际需要留足长度，并做好统一标记，以便接线时识别。

5) 固定盖板

在敷设导线的同时，边敷线边将盖板固定在槽底板上。

四、桥架配线

桥架配线广泛应用于工业电气设备、厂房照明及动力、智能化建筑的自控系统等场所。桥架由 1.5mm 厚的轻型钢板冲压成形并进行镀锌或喷塑处理。它的规格型号种类繁多，但结构大致相仿。桥架上面配盖，并配有托盘、托臂、二通、三通、四通、弯头、立柱、变径连接头等辅件，由于零部件标准化、通用化，所以架空安装及维修较方便。

桥架配线的安装形式很多，主要有悬空安装、沿墙或柱安装、地坪支架安装等。如图 1-32 所示为桥架配线的组合安装形式。

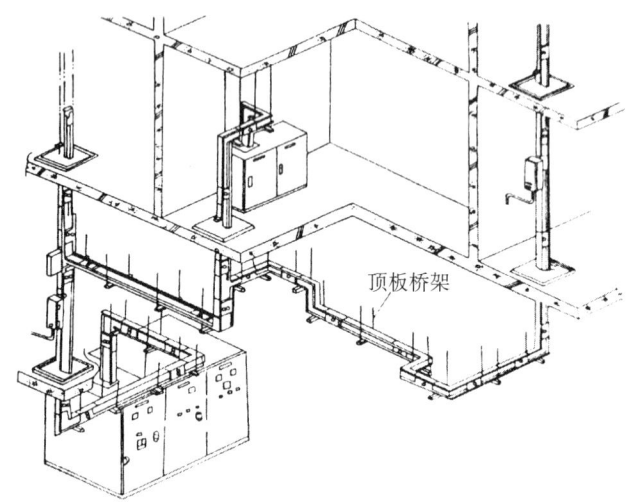

图 1-32　桥架配线的组合安装形式

实训项目：线管配线。
实训要求：电线管双弯曲 90°及套螺纹，并穿导线。
实训器具：电工工具一套，钢锯一套，管子套螺纹绞板一套，ϕ25mm 电线管 2m，ϕ1.2mm 钢丝引线 2.5m，BVR-2.5mm² 铜芯导线 2.5m（4 根）等。

（1）用弯管器弯 90°角。
（2）将电线管锯削。
（3）套螺纹，用 0.5~2 in 管子套螺纹绞板将电线管两端套螺纹。
（4）穿钢丝引线。
（5）穿导线。

 任务检查

室内线路的安装任务检查见表 1-10。

表 1-10 室内线路的安装任务检查

序号	项目内容	评分标准	配分	扣分	得分
1	弯管	（1）弯管工具使用不正确，扣 5 分 （2）管子弯裂，扣 10 分 （3）管子弯瘪，尚能使用扣 15 分，不能使用，扣 40 分 （4）管子两端管口不平，翘度大于 5mm 扣 5 分，大于 10mm 扣 10 分 （5）弧度不圆整，扣 10 分 （6）弯曲角度每超过 5°扣 5 分	40		
2	锯削	（1）管口不平直，扣 5 分 （2）尺寸不符，扣 5 分	10		
3	套螺纹	（1）管牙绞烂，扣 20 分 （2）管牙太紧，扣 10 分 （3）管口有毛刺，扣 5 分	20		
4	穿导线	（1）穿线方法不正确，扣 10 分 （2）穿线绝缘损伤，扣 10 分	20		
5	安全文明生产	（1）不清理场地，扣 10 分 （2）锯条折断，扣 5 分	10		
6	工时	120min			
7	备注	合计	100		
		教师签字	年	月	日

项目二　电动机与变压器的拆装与检修

任务一　三相异步电动机的拆装与检修

 任务目标

（1）掌握三相异步电动机的拆卸和装配工艺。
（2）掌握三相异步电动机常规故障检修环节。
（3）掌握定子绕组重绕步骤及工艺。

 任务资讯

一、三相异步电动机的拆卸与装配

1. 结构

三相笼型异步电动机的结构组成如图 2-1 所示，图 2-2 是三相绕线式异步电动机的转子。

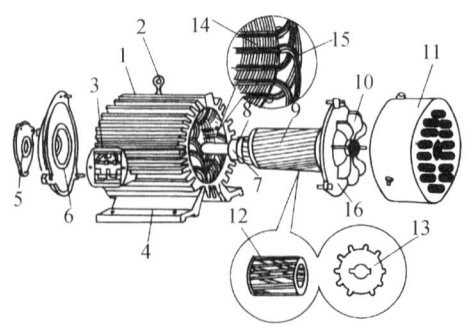

1—散热筋；2—吊环；3—接线盒；4—机座；5—前轴承外盖；6—前端盖；7—前轴承；8—前轴承内盖；9—转子；
10—风叶；11—风罩；12—笼型转子绕组；13—转子铁芯；14—定子铁芯；15—定子绕组；16—后端盖

图 2-1　三相笼型异步电动机的结构组成

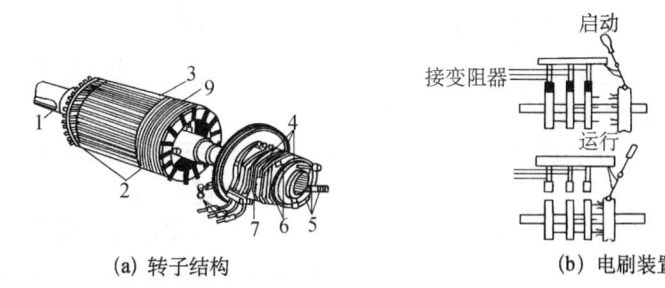

(a) 转子结构　　　　　　　　(b) 电刷装置

1—转轴；2—三相转子绕组；3—转子铁芯；4—滑环；5—转子绕组出线头；6—电刷；
7—电刷架；8—电刷外接线；9—镀锌钢丝箍

图 2-2　三相绕线式异步电动机的转子

电动机因为发生故障而进行检修或维护保养等原因，经常需要拆卸和装配。在拆卸前，应先在线头、端盖、刷握等处做好标记（特别是对于绕线式、台式砂轮机等），以便于装配；在拆卸过程中，应同时进行检查和测试。

2. 拆卸

1）拆卸步骤

电动机的拆卸步骤如图 2-3 所示。

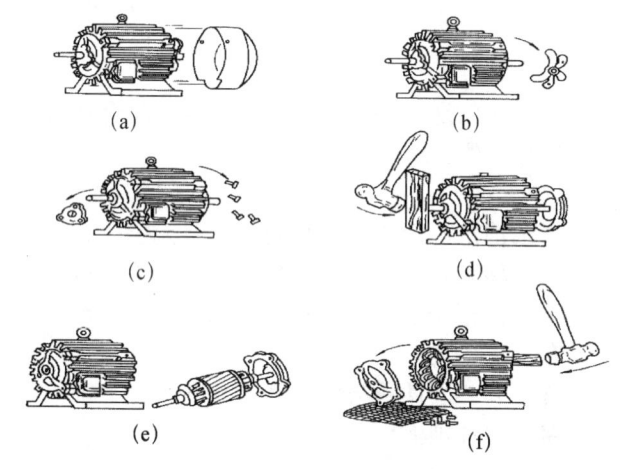

图 2-3　电动机的拆卸步骤

电动机的拆卸可按下列步骤进行：

① 切断电源，拆开电动机与电源的连接线，并对电源线的线头做好绝缘处理。
② 脱开皮带轮或联轴器，松开地脚螺栓和接地线螺栓。
③ 拆卸皮带轮或联轴器。
④ 拆卸风罩和风叶。
⑤ 拆卸轴承盖和端盖。对于绕线式电动机，先拆除电刷、电刷架和引出线。
⑥ 抽出或吊出转子。

2）主要零部件的拆卸方法

① 皮带轮及联轴器的拆卸。先在皮带轮（或联轴器）的轴伸端（或联轴端）做好尺寸标记，再将皮带轮或联轴器上的定位螺钉或销子松脱取下，装上拉具，丝杆顶端要对准电动机

轴的中心，转动丝杆，把皮带轮或联轴器慢慢拉出。如拉不出，不要硬卸，可在定位螺孔内注入煤油，加热的温度不能太高，要防止轴变形。拆卸过程中不能用手锤直接敲打，敲打会使皮带轮或联轴器碎裂、轴变形、端盖受损等。

② 刷架、风罩和风叶的拆卸。绕线式异步电动机要先松开电刷架弹簧，抬起刷握，卸下电刷，然后取下电刷架。拆卸前应做好标记，便于装配时复位。

封闭式电动机在拆卸皮带轮或联轴器后，松开端盖的紧固螺栓，随后用手锤均匀敲打端盖四周（敲打时要衬以垫木），把端盖取下。较大型电动机的端盖较重，应先把端盖用起重设备吊住，以免端盖卸下时跌碎或碰坏绕组。对于小型电动机，可先把轴伸端的轴承外盖卸下，再松开后端盖的紧固螺栓（如风叶装在轴伸端，则先把后端盖的轴承外盖取下），然后用木槌敲打轴伸端，就可以把转子和后端盖一起取下。

如需要拆卸轴承，常用的有以下几种方法：
- 用拉具拆卸。
- 用铜棒拆卸。
- 搁在圆筒上拆卸。
- 加热拆卸。
- 轴承在端盖内的拆卸。

③ 抽出转子。小型电动机的转子可以与后端盖一起取出，抽出转子时应小心缓慢，要注意不可歪斜，防止碰伤定子绕组；对于绕线式转子，抽出时还要注意不要损伤滑环面和刷架等。

3. 装配

电动机的装配顺序按拆卸时的逆顺序进行。装配前，各配合处要先清理除锈。装配时，应将各部件按拆卸时所做标记复位。

1）滚动轴承的安装

将轴承和轴承盖先用煤油清洗，清洗后，检查轴承有无裂纹、内外轴承环有无裂缝等。再用手旋转轴承外圈，观察其转动是否灵活、均匀。如遇卡住或过松现象，要用塞尺检查轴承磨损情况，不应超过许可值。根据前述情况决定轴承是否要更换。如不更换，再将轴承用汽油清洗干净，用清洁的布擦干待装。

轴承装套到轴颈上有冷套和热套两种方法。在装套前，应将轴颈部分擦干净，把经过清洗并加好润滑脂的内轴承盖套在轴颈上。

2）后端盖的安装

将轴伸端朝下垂直放置，在其端面上垫上木板，将后端盖套在后轴承上，用木槌敲打，把后端盖敲进去后，再安装轴承外盖，紧固内外轴承盖的螺栓时要逐步拧紧，不能先拧紧一个，再拧紧另一个。

3）转子安装

把转子对准定子孔中心，小心地往里送，后端盖要对准机座的标记，旋上后端盖紧固螺栓，但不要拧紧。

4）前端盖的安装

将前端盖对准机座的标记，用木槌（或铁锤，力度较轻）均匀敲击端盖四周，不可单边着力。当把端盖敲击到适当位置时，可拧上端盖的紧固螺栓。拧紧前后端盖的紧固螺栓时，要注意整个圆周均匀用力，要按对角线上下左右逐步拧紧，不能先拧紧一个，再拧紧另一个，以端盖上止口与定子前后端口的相对尺寸大体一致为准。否则易造成耳攀断裂和转子同心度不良等问题。安装前轴承外端盖时，最好找一根长螺栓，在前端盖未完全到位时，先把前轴承内端盖定位，这样可以节省安装时间，但要注意应逐步拧紧螺栓。

5）安装风叶和风罩

笼型异步电动机的安装较为简单，在此简略。对于绕线式电动机要按所做标记装上电刷架、刷握、电刷等，安装前要做好滑环、电刷表面和刷握内壁的清洁工作。安装时，滑环和电刷的吻合要密切，弹簧的压力要调整均匀。

装调完毕后，用手转动转轴，转子应转动灵活、均匀，无停滞或偏重现象。

6）皮带轮的安装

安装时，要注意对准键槽或止紧螺钉孔。

4. 装配后的检验

1）一般检查

检查所有固定螺栓是否拧紧；检查转子转动是否灵活，轴伸端径向有无偏摆的情况；检查绕线式转子的刷握架的位置安装是否正确、电刷与滑环的接触是否良好、电刷在刷握内有无卡住现象、弹簧压力是否均匀等。

2）测量绝缘电阻

测量电动机定子绕组相与相、相与地间的绝缘电阻，其值不得小于0.5MΩ。对于绕线式电动机还应测量转子绕组间和绕组对地的绝缘电阻，其值不得小于0.5MΩ。

3）测量各相绕组通断情况

用万用表或兆欧表分别测量各相绕组，以确定各相绕组连接的正确性。

4）接线与测量三相电流

经上述检查合格后，根据电动机铭牌与电源电压正确接线，并在机壳上接好接地线。

接通电源，用钳形电流表分别测量三相电流，其各相电流值的误差应在10%以内。

5）用转速表测量电动机的转速

此项可根据具体情况灵活掌握。只要接通电源后，用钳形电流表分别测量得出的三相电流值属于正常范围，且声音、温升正常，则可省略。

6）检查

检查铁芯是否过热或发热、轴承的温度是否过高、轴承在运转时是否有异常声音等。绕线式电动机空载时，还应检查电刷有无火花和过热现象。

二、运行中的三相异步电动机的常见故障及检修

1. 三相异步电动机常见故障

1）电动机不能启动

（1）电动机不转动且没有声音

故障原因是电动机电源或绕组有两相或两相以上的断路。首先检查电源是否有电压，如三相均无电压，说明故障在电路上；若三相电压平衡，那么故障在电动机本身。这时，可测量电动机三相绕组的电阻，寻找出断路的绕组。

（2）电动机不转动但有"嗡嗡"声

测量电动机接线柱，如三相电压平衡且为额定电压，可判定是严重过载。检查的步骤是：

首先去掉负载（如去掉皮带或打开离合器），这时电动机的转速与声音正常，可以判定过载和负载机械部分有故障。若仍然不转动，可用手转动一下电动机轴。如果很紧或转不动，再测量三相电流。如三相电流平衡，但比额定值大，说明电动机的机械部分被卡住。可能是电动机缺油、轴承锈死或损坏严重、端盖或油盖装得太斜、转子和内膛相碰（扫膛）。当用手转动电动机轴到某一角度时感到比较吃力或听到周期性的"嚓嚓"声，可判断为扫膛。扫膛的原因如下：

① 轴承内外钢圈之间松动间隙太大，须更换轴承。

② 轴承室（轴承孔）过大。轴承室形状如图2-4所示，长期磨损会造成内孔直径过大。其修理方法是：电镀一层金属或加套；或在轴承内壁上冲些小点，但这只是一种应急措施。

③ 轴弯、端盖的止口磨损等。

（3）电动机转速慢且伴有"嗡嗡"声

这种故障表现为轴振动，如测得一相电流等于零，而另两相电流大大超过额定电流，说明是两相在运转。其原因是：电路或电源一相断路，或电动机绕组一相断路。

图2-4 轴承室的形状

检查小型电动机一相断路时，可用兆欧表或校验灯。对星形电动机进行检查时，须每相分别测试，如图2-5所示。对三角形电动机进行检查时，必须把三相绕组的接线头拆开后再对每相分别测试，如图2-6所示。

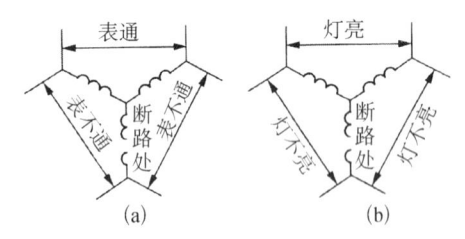

图2-5 用兆欧表或校验灯检查星形绕组断路 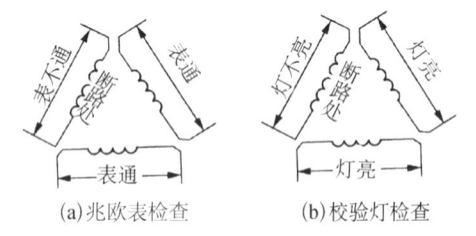　　图2-6 用兆欧表或校验灯检查三角形绕组断路

中等容量的电动机，绕组多采用多根导线并绕与多支路并联的方式，其中如断掉若干根导线或断开一条并联支路，检查起来就比较复杂。通常采用以下两种方法：

① 相电流平衡法。对于星形接法的电动机，三相绕组并联后，通入低电压大电流（一般可用单相交流弧焊机作为电源），如果三相电流值相差大于5%以上，电流小的一相为断路相，如图2-7（a）所示。对于三角形接法的电动机，先要把任意一角的线头拆开，然后再把电流表接在每相绕组的两端，其中电流小的一相为短路相，如图2-7（b）所示。

② 电阻法。用电桥测量三相绕组的电阻，如三相电阻相差5%以上，电阻较大的一相为断路相。经验证明，电动机的断路故障多数发生在绕组的端部、接头处或引出线等地方。

2）电动机启动时熔断器熔断或热继电器断开

（1）检查熔丝是否合适。如熔丝容量太小，可按规定更换后再试；如熔丝继续熔断，可检查传动皮带是否太紧。

（2）检查电路中有无短路之处。

（3）检查电动机是否短路或接地。

① 接地故障的检查方法。

a. 用兆欧表测量电动机绕组对地的绝缘电阻，当绝缘电阻低于 0.2MΩ 时，说明绕组严重受潮。

b. 用万用表电阻挡或校验灯（40W 以下）逐步检查，如图 2-8 所示。

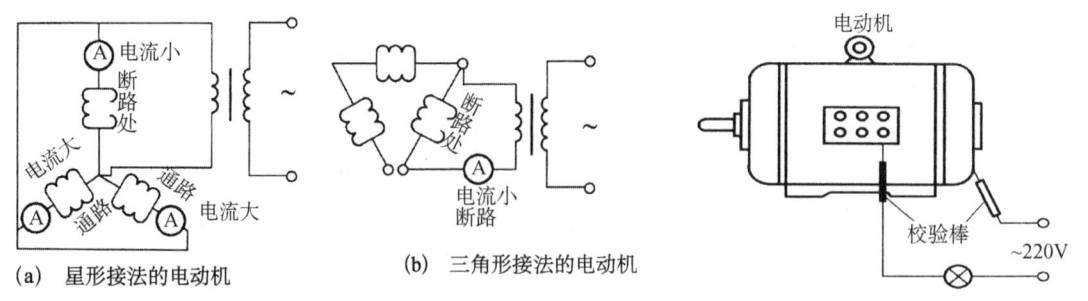

图 2-7　用电流平衡法检查多支路绕组断路　　图 2-8　用校验灯检查绕组接地

如果电阻较小或校验灯暗红时，表示该相绕组严重受潮，可进行烘干处理。如电阻为零或校验灯接近正常亮度，证明该相已接地了。

电动机绕组的接地现象一般发生在电动机出线孔、电源线的进线孔或绕组伸出槽口处。对于后一种情况，如发现接地并不严重，可将竹片或绝缘纸片插入定子铁芯与绕组之间。如经检查已不接地，可包扎并涂绝缘漆后继续使用。

② 绕组短路故障的检查方法。

绕组短路的情况有匝间短路、相间短路。

a. 利用兆欧表或万用表检查任意两相间的绝缘电阻，如发现在 0.2MΩ 之下，甚至接近零，说明此短路是相间短路（检查时应将电动机引线的所有连线拆开）。

b. 分别测量三相绕组的电流，电流大的为短路相。

c. 用短路探测器检查绕组间短路。

d. 用电桥测量三相绕组的电阻，电阻小的相为短路相。

3）电动机启动后转速低于额定转速

几台机械设备同时出现这种故障，一般是由于供电网络电压过低。如一台设备启动后，电动机有"嗡嗡"声并有些振动，应检查是否是定子绕组一相断电，可测量三相电流是否平衡。有"嗡嗡"声但不振动，应检查三相电压是否太低。

当空载时电动机转速正常，而加载后转速降低，检查步骤是：首先将电动机空载启动起来，如转速正常，可将电动机加上轻载，如转速低下来，说明负载机械部分有卡住现象。若机械没有故障，电动机转速没有降低，可使电动机在额定负载范围内运转，如电动机转速下降，给人一种带不动的感觉，那就证明电动机有故障。造成这种故障的原因一般是：误将三角形接法的电动机接成星形；鼠笼转子断条；如果是刚重绕的电动机，可能是某一相绕组接反了。

4）电动机振动

电动机通过传动机构（如皮带、联轴器等）与机械相连。电动机振动可导致机械振动，机械振动也会导致电动机振动。将电动机和机械的传动部分脱开再启动电动机，如振动消除，说明是机械故障，否则是电动机故障。振动原因有：电动机机座不牢、电动机与被驱动的机械部分的转轴不同心、电动机的转子不平衡、电动机轴弯曲、皮带轮轴孔偏心、鼠笼多处断条、轴承损坏、电磁系统不平衡、电动机扫膛。

5）电动机运转时有噪声

故障发生的区域，可分为两大部分：电动机的机械部分和电磁部分。区分的方法是，先使电动机通电运行，仔细听清运转时的声音，然后停电，让电动机凭借惯性继续运转，若在这段时间内不正常声音消失，说明是电动机电磁方面的故障，否则是电动机机械方面的故障。

（1）机械噪声

① 轴承发出的噪声。可能是轴承钢珠破碎，润滑油太少。这时，将一螺丝刀头部顶在轴承盖的外面，柄部附耳旁，可听到"咕噜、咕噜"的声音。

② 空气摩擦产生的噪声。这种声音很均匀，不很强烈，可判为正常现象。

③ 电动机扫膛引起的噪声。这种噪声的特点是有"嚓嚓"的声音。对于刚维修过的电动机，运行时如发现有噪声，可检查电流是否平衡、转动是否灵活、转速是否达到额定转速。如无以上问题，可能是定子槽内绝缘纸或竹楔突出于槽口外，致使转子与其相摩擦，这时声音的特点是既尖又高。

（2）电磁噪声

① 转子和定子长度配合不好。转子长度是指一个轴承到另一个轴承的距离；定子长度是指从一个轴承室到另一个轴承室的距离。正常情况下，定子长度比转子长度略长一点，如相差太多，可出现一种低沉的"嗡嗡"声（或称空声）。

② 转子轴向移位。这种移位也可能发生电磁噪声，而且造成空载电流增大，电动机的电磁性能降低。

③ 定子、转子糟数配合不当。在装配过程中，误装了另外的转子。

④ 定子、转子间气隙不均匀。定子、转子失圆，也可能是轴有轻微的弯曲等。

此外，电动机绕组缺相、匝间短路、相间短路、过载运行等，均能引起电磁噪声。

6）电动机温升过高或绕组烧坏

电动机正反转切换的次数过于频繁，使电动机经常工作在启动状态下，往往引起温升过高甚至烧毁绕组。此外，常见的原因有：被驱动的机械卡住，周围环境温度过高（环境温度超过 40℃），皮带过紧。电磁部分的故障有：电源电压过高或过低，电动机端部线圈间的间隙及铁芯通风孔堵塞，风叶损坏等。

7）电动机轴承过热

可能是由于电动机装配不当使轴承受到外力的作用，或是轴承内有异物、缺油；轴承弯曲、损坏；轴承标准不合适；带过紧或联轴器装配不良等原因造成的。处理方法是：重新装配；清洗轴承并注入新的润滑油；矫正轴承或更换轴承；选配标准合适的新轴承；适当松带，修理联轴器或更换轴承。

8）绕线转子电动机转子滑环火化过大

电刷与滑环的接触是否良好、电刷在刷握内是否卡住、电刷的位置是否不正、压力是否不够等原因都可能造成滑环火花过大。

2. 电动机的故障分析与检查

三相异步电动机故障是多种多样的，产生的原因也比较复杂，检查电动机时，一般按先外后里、先机后电、先听后检的顺序进行。先检查电动机的外部，后检查电动机内部；先检查机械方面，再检查电气方面；先听使用者介绍使用情况和故障情况，再动手检查。这样才能正确迅速地找出故障原因。在对电动机外观、绝缘电阻、电动机外部接线等项目进行详细检查时，如未发现异常情况，可对电动机做进一步的通电试验：将三相低电压（30%U_N）通入电动机三相绕组并逐步升高，当发现声音不正常、有异味或转不动时，立即断电检查。如启动未发现问题，可测量三相电流是否平衡，电流大的一相可能是绕组短路；电流小的一相可能是多路并联绕组中的支路断路。若三相电流平衡，可使电动机继续运行 1~2h，随时用手检查铁芯部位及轴承端盖，发现烫手，立即停车检查。如线圈过热，则是绕组短路；如铁芯过热，则是绕组匝数不够，或铁芯硅钢片间的绝缘损坏。以上检查均在电动机空载下进行。

通过上述检查，确认电动机内部有问题，就可拆开电动机做进一步检查。

1）检查绕组部分

查看绕组端部有无积尘和油垢，查看绕组绝缘、接线及引出线有无损伤或烧伤。若有烧伤，烧伤处的颜色会变成暗黑色或烧焦，有焦臭味。烧坏一个线圈中的几匝线圈，可能是匝间短路造成的；烧坏几个线圈，多半是相间或连接线（过桥线）的绝缘损坏所引起的；烧坏一相，多为三角形接法中一相电源断电所引起的；烧坏两相，这是一相绕组断路而产生的；若三相全部烧坏，大都是长期过载或启动时卡住引起的，也可能是绕组接线错误引起的，可查看导线是否烧断和焊接处有无脱焊、虚焊的现象。

2）检查铁芯部分

查看转子、定子表面有无擦伤的痕迹。若转子表面只有一处擦伤，而定子表面全是擦伤，这大都是转子弯曲或转子不平衡造成的；若转子表面一周全都有擦伤的痕迹，定子表面只有一处伤痕，这是定子、转子不同心造成的，造成不同心的原因是机座或端盖止口变形或轴承严重磨损使转子下落；若定子、转子表面均有局部擦伤痕迹，则是上述两种原因共同引起的。

3）检查轴承部分

查看轴承的内、外套与轴颈和轴承室配合是否合适，同时也要检查轴承的磨损情况。

4）检查其他部分

查看风叶是否损坏或变形、转子端环有无裂痕或断裂，再用短路测试器检查导条有无断裂。

3. 定子绕组故障与排除

绕组是电动机的心脏部位，是最容易损坏而造成故障的部件。常见的定子绕组故障有：绕组接地、绕组断路、绕组短路、绕组接线错误或嵌反及绕组绝缘电阻很低等。

1）绕组接地的检查与修理

电动机定子绕组与铁芯或机壳间因绝缘损坏而相碰，称为接地故障。出现这种故障后，会使机壳带电，引起触电事故。造成这种故障的原因有：受潮、雷击、过热、机械损伤、腐蚀、绝缘老化、铁芯松动或有尖刺，以及绕组制造工艺不良等。

（1）检查方法

① 用兆欧表检查。将兆欧表的两个出线端分别与电动机绕组和机壳相连，以 120r/min 的速度摇动兆欧表手柄，如所测绝缘值在 0.5MΩ 以上，说明被测电动机绝缘良好；在 0.5MΩ 以下或接近零，说明电动机绕组已受潮，或绕组绝缘很差。如果被测绝缘电阻值为"0"，同时有的接地点还会发出放电声或微弱的放电现象，则表明绕组已接地；如有时指针摇摆不定，说明绝缘已被击穿。

② 用校灯检查。拆开各绕组间的连接线，用 36V 灯泡与 36V 的低电压串联，逐一检查各相绕组与机座的绝缘情况。若灯泡发光，说明该绕组接地；灯光不亮，说明绕组绝缘良好；

灯泡微亮，说明绕组已被击穿。

（2）修理方法

如果接地点在槽口或槽底线圈出口处，可用绝缘材料垫入线圈的接地处，再检查故障是否已经排除，如已排除则可在该处涂上绝缘漆。如果发生在端部明显处，则可用绝缘带包扎后涂上绝缘漆，再进行烘干处理。如果发生在槽内，则须更换绕组或用穿绕修补法进行修复。

用穿绕修补法修复故障线圈的过程为：先将定子绕组在烘箱内加热到80～100℃，使线圈外部绝缘软化，再拨出故障线圈的槽楔，将该线圈两端用剪线钳剪断，并将此线圈的上、下层从槽内一根一根地抽出（抽出时注意勿碰伤相邻的线圈）。原来的槽绝缘是否更换可视实际情况而定。使用原来规格的导线，量得与原线圈相当的长度（或稍长些），在槽内来回穿绕到原来的匝数。一般而言，穿绕到最后几匝时很困难，此时可用比导线稍粗的竹签做引线棒进行穿绕，一直到无法再穿绕为止，比原线圈稍少几匝也可以。穿绕修补后，再进行接线和烘干、浸漆等绝缘处理。如果是双层绕组，短路线圈在下层，在修理时，须要把上层线圈轻轻向上拉出槽外，然后再用上述方法处理。

2）绕组断路的检查与修理

电动机定子绕组内部连接线、引出线等断开或接头松脱所造成的故障称为绕组断路故障。这类故障大多发生在绕组端部的槽口处，检查时可先查看各绕组的连接线和引出头处有无烧损、焊点松脱和熔化等现象。

（1）检查方法

① 用万用表检查。将万用表置于 $R \times 1$ 或 $R \times 10$ 挡，分别测量三相绕组的直流电阻值。对于单线绕制的定子绕组而言，则电阻值为无穷大或接近该值时，说明该相绕组断路。如无法判定断路点，可在该相绕组中间一半的连接点处剖开绝缘，进行分段测试，如此逐步缩小故障范围，最后找出故障点。也可以不用万用表而改用校灯检查，其原理和方法是一样的。

② 用电桥检查。如电动机功率稍大，其定子绕组由多路并绕而成，当其中一路发生断路故障时，用万用表和校灯则难以判断，此时须用电桥分别测量各相绕组的直流电阻。断路相绕组的直流电阻明显大于其他相，再参照上面的方法逐步缩小故障范围，最后找出故障点。

③ 伏安法。对多路并绕的电动机，如果手头没有电桥的话，则可用此法。分别给每相绕组加上一个数值很小的直流电压 U，再测量流过该绕组中的电流 I，则该绕组的直流电阻 $R = U/I$。对故障而言，其电阻 R 较正常相较大，故在相同的电压 U 作用下，流过直流电流表的电流小，因此只从电流表的读数中即可判断出读数小的一相为故障相。如不用直流电源而改用交流调压器输出一个数值较低的交流电压，同理交流电流表读数小的一相为故障相。

（2）修理方法

对于引出线或接线头扭断、脱焊等引起的断路故障，在找到故障点后重焊和包扎即可；如果断路发生在槽口处或槽内难以焊接时，则可用穿绕修补法更换个别线圈；如故障严重难以修补时，则须重新绕线。

3）绕组短路的检查与修理

（1）绕组短路的原因

电源电压过高、电动机拖动的负载过大、电动机使用过久或受潮受污等造成定子绕组绝缘老化与损坏，从而产生绕组短路故障。定子绕组的短路故障按发生地点划分可分为绕组对地短路、绕组匝间短路和绕组相与相之间短路（称为相间短路）三种。

（2）绕组短路的检查

① 直观检查。使电动机空载运行一段时间（一般为10～30min），然后拆开电动机端盖，

抽出转子，用手触摸定子绕组。如果有一个或几个线圈过热，则这部分线圈可能有匝间或相间短路故障。也可用眼睛观察线圈外部绝缘有无变色或烧焦，或闻有无焦臭味，如果有，则该线圈可能短路。

② 用兆欧表（或万用表的欧姆挡）检查相间短路。拆开三相定子绕组接线盒中的连接片，分别测量任意两相绕组之间的绝缘电阻，若绝缘电阻阻值为零或很小，说明该两相绕组相间短路。

③ 用钳形电流表测量三相绕组的空载电流检查匝间短路。空载电流明显偏大的一相有匝间短路故障。

④ 用直流电阻法检查匝间短路。用电桥（或万用表低倍率欧姆挡）分别测量各个绕组的直流电阻，阻值较小的一相可能有匝间短路。

⑤ 短路侦察器检查。检查绕组是否短路比较有效的方法是用短路侦察器检查。短路侦察器是一种按照变压器原理制成的工具。其铁芯用 H 形硅钢片叠成，凹槽中绕有线圈。检查定子绕组的方法是，把侦察器的开口部分放在被检查的定子铁芯槽口上，如图 2-9 所示。侦察器线圈的两端接上单相交流电源（最好用低电压），这样侦察器与定子的一部分就组成一个变压器，侦察器的铁芯和定子铁芯组成变压器磁路，侦察器的线圈相当于变压器的一次绕组，而被检查的定子铁芯槽内的线圈相当于变压器的二次绕组。用侦察器沿着定子铁芯内圆逐槽移动时，当它经过短路线圈时，短路线圈中就会有电流通过，并在它的周围产生交变磁场，此时电流表的指数将比其他绕组增大。另一种方法是将 0.5mm 厚的钢片或旧锯条放在被测线圈的另一个线圈所在的槽口上面，如被测线圈短路，则钢片会产生振动。

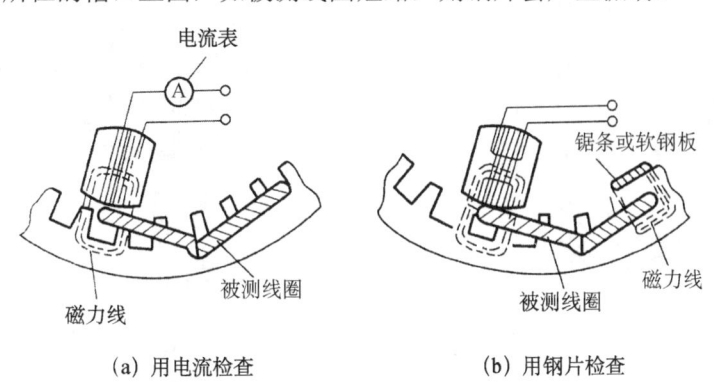

(a) 用电流检查　　(b) 用钢片检查

图 2-9　用短路侦察器检查匝间短路

对于多路并联的绕组，必须把各支路拆开，才能用短路侦察器测试，否则绕组支路中有环流，无法分清哪个槽的线圈是短路的。

（3）修理方法

一般最容易短路的部位是：同极同相、相邻两个线圈和上下两层的线圈间线圈及线圈的槽外部分。如果明显可以看出，可用竹楔插入两线圈间，把这两线圈间的槽外部分分开，并垫上绝缘物。如绝缘脱落，可以重新衬垫绝缘。如果短路较严重，就必须拆下重绕。个别线圈短路，可用穿线法拆换线圈。

有时遇到电动机急需使用，一时来不及修理，可采用跳接法做应急处理，其方法是：把短路的线圈跳过不用，把短路线圈的一端绞断，用绝缘材料把两个端头包好，再把线圈的两个线头用导线连接起来，如图 2-10 所示，这样可临时降低负载运行。

4）绕组接线错误或嵌反的检查与修理

绕组接线错误或某一线圈嵌反时会引起电动机振动，发出较大的噪声，电动机转速降低甚至不转。同时会造成电动机三相电流严重不平衡，使电动机过热，而导致熔丝熔断或绕组烧损。

绕组接线错误或嵌反故障通常分两种情况，一种是外部接线错误，另一种是某一极绕组接错或某几个线圈嵌反。

绕组接线错误或嵌反的检查方法：先拆开电动机，取下端盖并取出转子。将低压直流电源（一般在 10V 以内，注意输出电流不要超过绕组的额定电流）逐步加在三相定子绕组的每一相上（如电动机定子绕组采用 Y 接法，则将直流电源两端分别接到中性点和某相绕组的出线端），用指南针沿定子内圆周移动，如绕组接线正确，则指南针顺次经过每一极绕组时，就南北交替变化，如图 2-11 所示。如指南针在某一个极绕组的指向与图示方向相反，则表示该极绕组接反。如果指南针经过同一极相组不同位置时，南北指向交替变化，则说明该极绕组中有个别线圈嵌反。在找出错误后，可将错误部位的连接线加以纠正后重做上述试验。

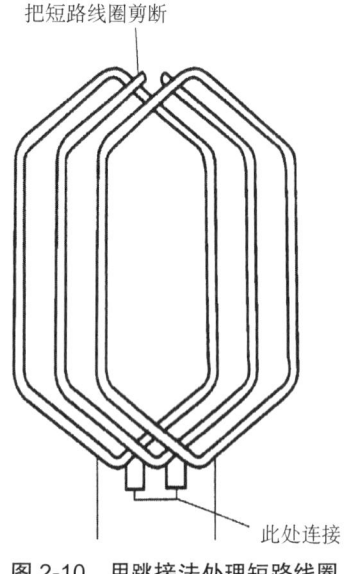

图 2-10 用跳接法处理短路线圈 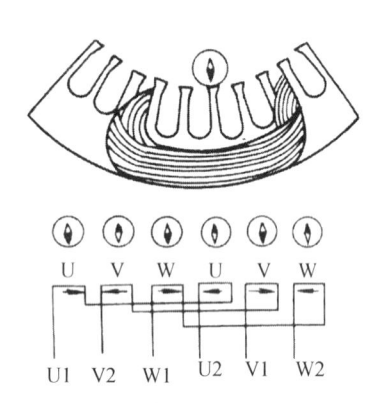　　图 2-11 用指南针法检查绕组接错或接反

5）绕组绝缘电阻很低的检查与检修

如果用兆欧表测得的定子绕组对地绝缘电阻小于 0.5 MΩ，但又没有到零（此时若用万用表欧姆挡 $R\times 100$ 或 $R\times 1k$ 测量有一定的读数)，则说明电动机定子绕组已严重受潮或有油污、灰尘等侵入。此时可以先将绕组表面擦抹及吹刷干净，然后放在烘箱内慢慢烘干，当绝缘电阻上升到 0.5 MΩ 以上后，再给绕组浇一次绝缘漆，并重新烘干，以防回潮。

4. 绕线转子的故障与修理

绕线式转子常见故障有转子并头套开焊或短路放电故障。

1）故障原因

（1）启动条件恶劣，如正反转启动频繁、重载启动等。

（2）电动机频繁过载，造成转子电流大，绕组温升高。

(3) 并头套间积存炭粉较多，片间绝缘电阻值降低。当并头套开焊放电时，容易因电弧飞越，导致片间短路和弧光接地。严重时还可能使绑扎钢丝箍崩裂，绕组烧断。

并头套开焊，大部分都出现在滑环端，其原因是：

① 滑环端并头套离滑环近，积存炭粉比较多，使并头套间绝缘电阻降低，爬电的可能性增加，因而容易发生片间击穿的事故。

② 从绕线式电动机嵌线工艺过程来看，转子绕组在嵌线前，一端是预先成形的，另一端是嵌线时插入转子槽内再弯折成形的，因弯折处在滑环端槽口处，容易将绕组绝缘损伤。

2）修理方法

（1）用电烙铁或酒精喷灯加热，取下故障处的并头套。

（2）清理全部转子绕组并头套和并头套间存在的炭粉积尘，已取下的并头套绕组的引线头则须重新挂锡。

（3）套上新的并头套，并在并头套内上下导体之间，打入铜楔子（须挂锡），使并头套内间隙尽量小些，并用 1 号纯锡焊好。

（4）为防止爬电，并头套由云母带和玻璃丝包线包扎并进行绝缘处理后，刷以灰瓷漆。为防止炭粉积存，在并头套间最好填充绝缘填料，如图 2-12 所示。

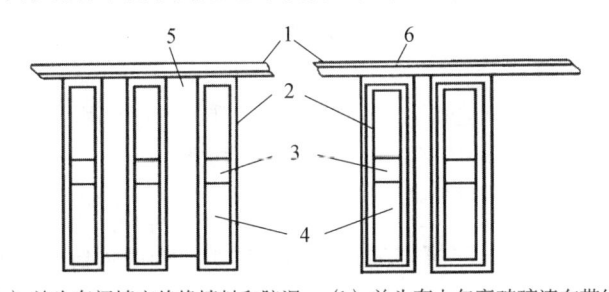

(a) 并头套间填充绝缘填料和胶泥　(b) 并头套上包裹玻璃漆布带绝缘

1—无纬带；2—并头套；3—铜楔子；4—导线；5—绝缘填充物；6—绝缘层

图 2-12　并头套绝缘处理

三、三相异步电动机定子绕组重绕

1. 绕组的基本知识

交流电动机绕组的作用是由电磁感应而产生电磁转矩，达到机电能量转换的目的。

1）交流绕组的基本要求

（1）在一定的导体数下，获得较大的基波电动势和基波磁动势。

（2）电动势和磁动势波形力求接近正弦波，为此要求电动势和磁动势谐波分量尽量小。

（3）三相绕组应对称，即三相绕组的结构相同、阻抗相等，空间位置互差 120°。

（4）用材省、绝缘性能好、机械强度高和散热条件好。

（5）制造工艺简单，维修方便。

2）定子绕组的分类

三相异步电动机的定子绕组一般采用分布绕组的形式。若按槽内层数来分，可分为单层绕组、双层绕组和单双层混合绕组；按每极每相所占槽数来分，可分为整数槽绕组和分数槽绕组；若按绕组的结构形状来分，又可分为链式绕组、同心式绕组、交叉式绕组、叠绕组和波绕组。

3）绕组的基本术语

（1）线圈、线圈组、绕组

线圈也称绕组元件，是构成绕组的最基本单元，它是用绝缘导线（圆线或扁线）按一定形状绕制而成的，可由一匝或多匝组成；多个线圈连接成一组就称为线圈组；由多个线圈或线圈组按照一定的规律连接在一起就形成了绕组。

图 2-13 是常用的棱形线圈示意图。图中，线圈嵌入铁芯槽内的直线部分称为有效边，它是进行电磁能量转换的部分；伸出铁芯槽外的部分，仅起连接作用，不能直接转换能量，称为端部。

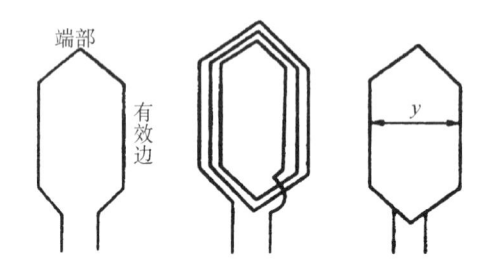

(a) 单匝线圈　　(b) 多匝线圈　　(c) 多匝线圈简化图

图 2-13　棱形线圈示意图

（2）极距 τ

定子绕组一个磁极所占有定子圆周的距离称为极距，一般用定子槽数来表示。即

$$\tau = \frac{Z_1}{2p} \tag{2-1}$$

式中，Z_1——定子铁芯总槽数；

　　$2p$——磁极数；

　　τ——极距。

[例 2-1] Y100L1-4 型三相异步电动机，定子槽数 $Z_1 = 24$，$2p = 4$，问极距为多少？

解：根据式（2-1）得

$$\tau = \frac{Z_1}{2p} = \frac{24}{4} = 6（槽）$$

（3）线圈节距 y

一个线圈的两个有效边所跨定子圆周的距离称为节距，一般也用定子槽数来表示。如：某线圈的一个有效边嵌放在第 1 槽，而另一个有效边嵌放在第 6 槽，则其节距 $y = 6-1 = 5$ 槽。从绕组产生最大磁动势或电动势的要求出发，节距 y 应接近于极距 τ，即

$$y \approx \tau = \frac{Z_1}{2p} \tag{2-2}$$

当 $y = \tau$ 时，称为整距绕组；

　$y < \tau$ 时，称为短距绕组；

　$y > \tau$ 时，称为长距绕组。

实际应用中，常采用短距和整距绕组，长距绕组一般不采用，因其端部较长，用铜量较多。

（4）机械角度和电角度

一个圆周所对应的几何角度为360°，该几何角度就称为机械角度。而从电磁方面来看，导体每经过一对磁极 N、S，其电动势就完成一个交变周期，即电动势的相位变化了360°，这种交变电动势或电流在交变过程中所经历的角度就称为电角度。显然，对于两极电动机，磁极对数 $p=1$，此时的机械角度等于电角度；对于四极电动机，$p=2$，这时导体每旋转一周要经过两对磁极，对应的电角度为 $2\times360°=720°$。依此类推，若电动机有 p 对磁极，则

$$电角度 = p\times 机械角度$$

（5）每极每相槽数 q

每相绕组在每个磁极下所占有的槽数就叫作每极每相槽数，可由下式计算：

$$q = \frac{Z_1}{2pm} \tag{2-3}$$

式中，m——相数。

如例2-1中的电动机，其每极每相槽数为

$$q = \frac{Z_1}{2pm} = \frac{24}{4\times 3} = 2 \text{（槽）}$$

通常情况下，三相异步电动机的绕组都采用60°相带法分布，即每个磁极下可分为三个相带，一个磁极对应的电角度为180°，则每个相带占有的电角度为60°，所以称为60°相带，而每极每相槽数就是指这60°相带中有 q 个槽。一对磁极的电动机定子绕组排列顺序如图2-14所示。实际上在多对磁极的电动机定子绕组中，每对磁极都占有360°电角度，根据60°相带法，绕组的相带排列顺序也应如图2-14所示，即U1—W2—V1—U2—W1—V2。

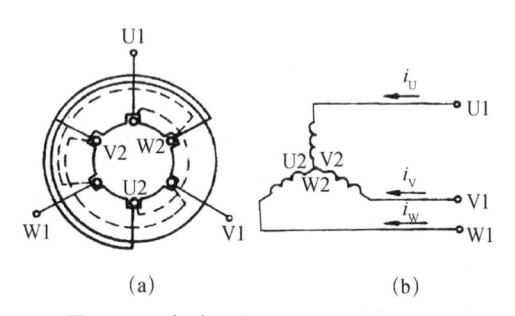

图 2-14 电动机定子绕组排列顺序

（6）极相组

把一个相带中的 q 个绕组串联起来就成了极相组，或称为线圈组。极相组的概念很重要，因为在电动机的定子绕组实际制造中，一般把一相绕组分为若干个极相组（线圈组）进行绕线，再分组嵌线，最后连接起来成为一相绕组。

在画绕组的展开图时，也把极相组作为一个单元来画，最后把它们连接起来组成三相绕组。

2. 三相定子绕组的构成原则

为了满足三相定子绕组对称并间隔120°电角度等基本要求，其分布、排列和连接应按下

列原则进行。

（1）每相绕组在每对磁极下按相带顺序 U1—W2—V1—U2—W1—V2 均匀分布。

（2）展开图中每两相邻相带的电流参考方向相反。

（3）同相绕组中线圈之间应顺着电流参考方向连线。

（4）为了省铜，线圈的节距应尽可能短。

3. 重绕步骤

电动机定子绕组重绕的步骤是：记录原始数据，拆除旧绕组，整修定子铁芯，制作绝缘材料及槽楔，绕制线圈，嵌线、整形与接线，测试，浸漆与烘干，电动机装配与试验。

1）记录原始数据

铭牌数据：型号、功率、电流、电压、接法、转速、绝缘等级。

技术数据：绕组形式、节距、漆包线规格、并联根数、线圈匝数、线圈周长。

2）拆除旧绕组

（1）冷拆法

用特制的扁铲及冲子进行拆除。其步骤如下：首先将定子垂直放置，使定子绕组端部朝上，然后用一把锋利的扁铲沿铁芯平面把定子绕组一端齐根铲断。操作时应注意扁铲的刃要放平，尽量不要碰伤定子铁芯。最后把定子垫高，垫物的高度与定子铁芯的长度相等，用一把特制的与铁芯槽截面相似但稍小的冲子，转圈地从槽中慢慢往下冲槽内的定子绕组，每个槽中的定子绕组一次不宜冲下太多，最终使全部绕组成为一个整体从铁芯槽中取出。

（2）通电加热法

将绕组端部各连接线拆开，用调压器及降压变压器在绕组中通入单相低压大电流，待绕组绝缘软化后，切除电源，拔出槽楔，迅速拆除绕组。

（3）烘箱加热法

将电动机定子铁芯和绕组一起放在烘箱中加热数小时，使绝缘软化，再拆除绕组。

3）整修定子铁芯并清槽

在去除槽内损坏线圈的过程中，定子铁芯有时会发生变形，若不加以整修，将直接影响嵌线工作的顺利进行；其标准是保持各个槽槽口的宽度一致，且与定子轴向中心线平行；同时对各个槽内残留的绝缘材料加以彻底清除。

4）制作绝缘材料及槽楔

① 制作绝缘材料。绝缘包括槽内绝缘和绕组端部相间绝缘以及引出线绝缘。其中槽内绝缘又分贴槽和槽盖两部分，贴槽部分绝缘纸宽度以定子槽形状为依据，不得高出槽口，长度要比定子铁芯净长长 10mm 左右；槽盖部分绝缘纸宽度为槽口宽度 5 倍左右，长度同上。相间绝缘须在绕组端部整形过程中实施，其绝缘纸尺寸应根据各电动机端部情况确定，并在整形结束后利用弯剪进行修剪。引出线绝缘是指利用醇酸玻璃丝套管在绕组端部来完成引出线与各相首、末端线头的绝缘处理，通常用两种规格的套管来加强绝缘。

② 槽楔安插在定子铁芯槽中作为封槽口，长度同槽盖，形状要求是保证与槽口下端到槽盖之间越贴切越好。

5）绕制线圈

正确确定绕线模的尺寸，最好从拆下的完整的旧绕组中取出一扎，参考其形状及周长，调整万能绕线模，使其满足绕组的周长要求。如无法确定，可根据电动机型号查找有关资料。

绕线前，检查导线规格无误后，将线盘放于线架上。将绕线模安装在绕线机轴上，用螺母将其紧固，紧固后的绕线模挡板与模芯之间不应有缝隙，以免绕线时导线嵌在缝隙中，并检查绕线机转动是否灵活。把布带放入绕线模扎线槽内，供绕组绕好后绑扎用。将绕线机指针调零，将导线头挂在绕线模右边，从右向左绕制，如图2-15所示。绕线时，调整好夹线扳拉力，手掌握导线，拉力适当，使导线在线模内排列整齐、层次分明不交叉，绕完一线圈，仔细核对匝数无误后，将扎线上翻扎紧后再绕下一线圈。绕完一个极相绕组后，要留有一定长度的极相组间连接线。

6）嵌线、整形与接线

（1）嵌线

嵌线前，要从电动机绕组展开图中找出嵌线工艺和规律，并绘制接线图。

嵌线时，线圈的引线朝向接线盒的进线口方向，右手捏住线圈的下层边，并将其放到槽口的绝缘中间，同时左手捏住线圈的另一端将线依次插入槽内。导线进槽不可交叉，槽内导线部分必须整齐平行，否则会影响全部导线的嵌入，嵌入方法如图2-16所示。导线全部嵌入槽内后，将引槽纸齐槽口剪平，折合封好，并用压线板压实，插入槽楔。

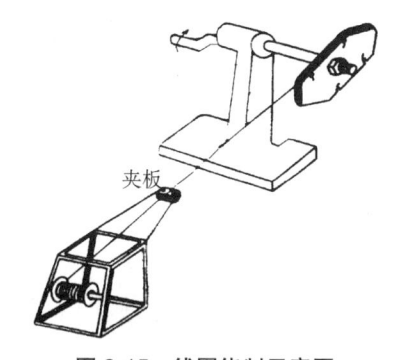

图2-15 线圈绕制示意图

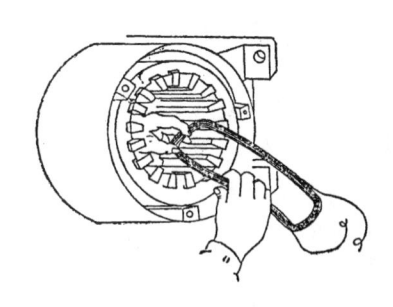

图2-16 线圈的嵌入

（2）端部接线

嵌线完毕后，端部接线应按照绘制的连接图连接。小型电动机引出线应从线孔对面引过，同绕组端部牢固地绑扎在一起。中型电动机由于连接线较粗，可将连线与引出线扎在一起，固定在绕组端部的顶上，三相绕组各留一头一尾接到电动机和接线盒内的6个接线端上。为保证接线质量，中型电动机均采用焊接的方法，如图2-17所示。取玻璃漆管40～80mm，在接线前先套上玻璃漆管，刮净漆后再焊接。焊接前导线连接可采用绞线接法，如图2-17（a）所示；焊接后将玻璃漆管移至焊接处，如图2-17（b）所示。较细导线与较粗导线的连接可用绑扎连接法，如图2-17（c）所示。

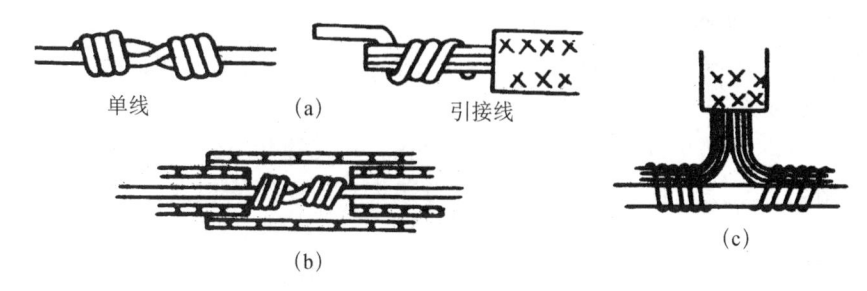

图2-17 接头的焊接与绑扎

（3）端部整形及绑扎

嵌完全部线圈后，检查绕组外形、端部排列及相间绝缘，合格后将木板垫在绕组端部，用木槌轻轻敲打，使其形成喇叭口，其直径大小要适当，不可太靠近机壳。整形后，修剪相间绝缘，使其稍稍高出线圈3～4mm。中、小型电动机每个线圈的端部都要用玻璃丝布同引出线一起绑扎。

7）测试

（1）三相定子绕组通、断测试

用万用表或兆欧表分别测量三相定子绕组的首、末端。

（2）相间绝缘电阻测试

用兆欧表分别测量三相定子绕组的相间绝缘电阻，其值应大于0.5MΩ，且越大越好。

（3）各相对地间绝缘电阻测试

用兆欧表分别测量三相定子绕组各相对地间绝缘电阻，其值应大于0.5MΩ，且越大越好。

（4）三相定子绕组电流值测定

将电动机转子与定子和前、后端盖装配到位，接上电源，用钳形电流表分别测量三相定子绕组电流值，其值应大致平衡且小于铭牌电流值。

当以上项目均合格后，才能进行后续工序。

8）浸漆与烘干

电动机绕组浸漆的目的是提高绕组的绝缘强度、耐热性、耐潮性及导电能力，增加绕组的机械强度和防腐能力。所以，绕组的浸漆烘干是电动机修理中十分重要的工序。电动机的浸漆烘干须经过预烘、浸漆、烘干三个步骤。

（1）预烘

预烘是驱除线圈中的潮气。预烘温度一般在110℃左右，烘4～8 h，且每隔1 h测量一次绝缘电阻，待绝缘电阻稳定不变后，预烘结束。

（2）浸漆

预烘后，待绕组温度降至65℃左右才能浸漆。浸漆时间为15 min左右，直到不冒气泡为止，然后将电动机垂直搁置滴干余漆。浸漆时，漆的黏度要适中。普通电动机浸漆两次，供湿热带使用的电动机浸漆3～4次。

（3）烘干

烘干一般分两个阶段。低温阶段，温度控制在70～80℃，约烘2～4 h，此阶段溶剂挥发缓慢，以免表面形成漆膜，致使内部气体无法排出，形成气泡。高温阶段，温度控制在110～120℃，烘8～16 h，此阶段使绕组表面形成坚固漆膜。在烘干过程中，每隔1 h应测量一次绝缘电阻。

常用的烘干方法如下：

① 灯泡烘干法。用红外线灯或白炽灯灯泡直接照射电动机绕组，改变灯泡功率大小，就可改变烘烤温度。

② 电炉烘干法。将电动机平放，距离电动机绕组两端40～50cm处各放置一只电炉，用电炉的热辐射进行干烘，在烘干过程中要注意防火。改变距离或改变电炉的功率可以改变温度。

③ 电流干燥法。电流干燥法接线如图2-18所示。小型电动机采用电流干燥法时，在定子绕组中通入单相220V交流电，电流控制在电动机额定电流的60%左右。测量绝缘电阻时

必须切断电源。

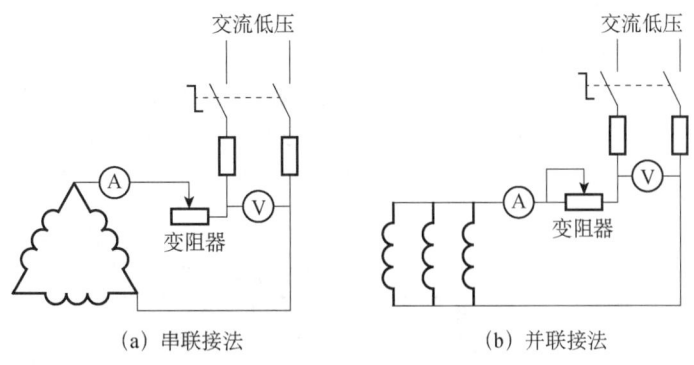

(a) 串联接法　　(b) 并联接法

图 2-18　电流干燥法接线图

④ 循环热风干燥法。循环热风干燥室如图 2-19 所示。室壁用耐火砖砌成内外两层，中间填充隔热材料，以减少热量损失。热源一般采用电热器加热，但热源不能裸露在干燥室内，应由干燥室外的鼓风机将热风均匀地吸入干燥室内，干燥室顶部还应有排风孔。

9）电动机装配与试验

将电动机转子与定子和前、后端盖装配到位，接上电源，用钳形电流表分别测量三相定子绕组电流值，其值应大致平衡且小于铭牌电流值。

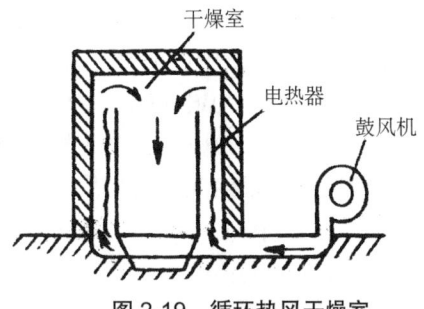

图 2-19　循环热风干燥室

4. 三相异步电动机定子绕组

单层绕组是指每一个槽内只有一个线圈边，整个绕组的线圈数等于定子总槽数一半的绕组。

单层绕组可分为链式绕组、同心式绕组和交叉式绕组等几种形式。绕组的结构通常用展开图来表示。展开图一般按以下步骤画出：

① 计算每极每相槽数 q。
② 按 $2p$（极数）划分极数，按 q 槽划分相带（60°相带法）。
③ 按照 U1—W2—V1—U2—W1—V2 相序标明相带。
④ 按相邻相带电流方向相反，画出所有槽内线圈有效边的参考电流方向。
⑤ 以极相组为单位，按绕组参考电流方向分别连接各相绕组，并标明出线端的首尾。

1）链式绕组

链式绕组是由相同节距的线圈组成的，其结构特点是绕组线圈一环套一环，形如长链。举例说明如下。

[例 2-2] 三相异步电动机 Y-90L-4 型定子绕组为单层链式，定子槽数 $Z_1 = 24$，极数 $2p = 4$，节距 $Y = 5$（1～6），漆包线规格为 0.8mm，63 匝，请绘制绕组展开图并写出嵌线工艺。

解：① 计算极距 τ，每极每相槽数 q。

$$\tau = \frac{Z_1}{2p} = \frac{24}{4} = 6（槽）$$

$$q = \frac{Z_1}{2pm} = \frac{24}{4 \times 3} = 2 \text{（槽）}$$

② 在展开图上划分极、相带并画出电流方向。在图 2-20（a）中画出 24 根平行线段，表示电动机的 24 槽，并在每根平行线段上标明槽号。将 24 槽分成 4 个极，每个极下有 6 个槽，极距 τ = 6 槽，而每个极占有 180°电角度，分属于三相，即为 60°相带；每极每相有 2 个槽，每个槽占有 30°电角度。按 U1—W2—V1—U2—W1—V2 相带排列，则各槽号所属磁极和相带见表 2-1。

表 2-1　槽号所属磁极和相带

极距	τ（S）			τ（N）		
相带	U1	W2	V1	U2	W1	V2
第一对磁极槽号	1、2	3、4	5、6	7、8	9、10	11、12
第二对磁极槽号	13、14	15、16	17、18	19、20	21、22	23、24

图 2-14（b）中电流参考方向流向 Y 形接法的中心，即从线圈首端 U1、V1、W1 流入，从尾端 U2、V2、W2 流出，对应于展开图［见图 2-20（b）］中的电流方向应该是 U1、V1、W1 相带向上，U2、V2、W2 相带向下。所以，一个相带中有效边的电流方向应相同，而相邻相带的有效边电流方向相反。

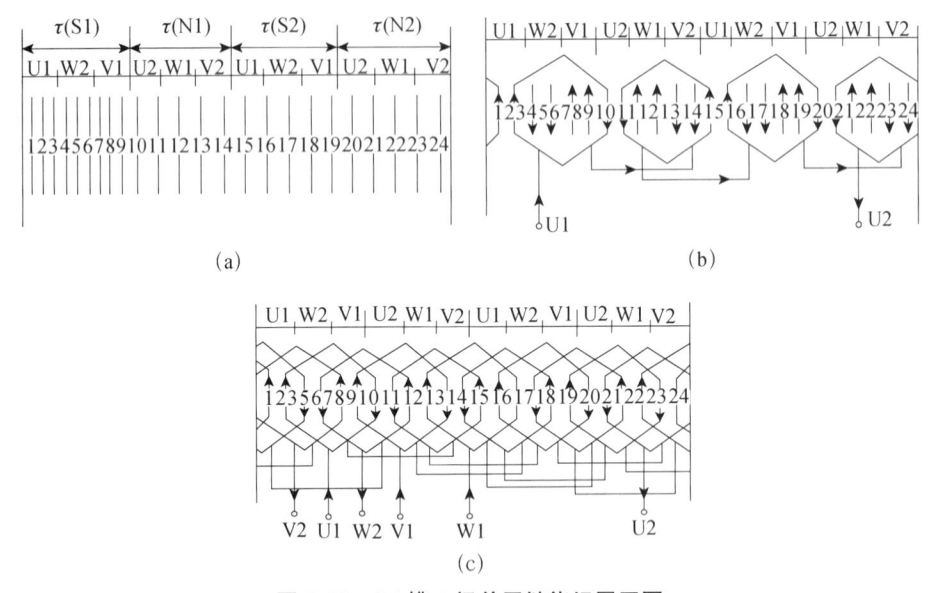

图 2-20　24 槽 4 极单层链绕组展开图

③ 根据相带和电流方向连接线圈组及相绕组。由表 2-1 可知，U 相绕组包含第 1、2、7、8、13、14、19、20 八个槽，从节省端部接线考虑，应取最短节距 y = 5，四个线圈为 2 与 7，8 与 13，14 与 19，20 与 1；同理，V 相的四个线圈为 6 与 11，12 与 17，18 与 23，24 与 5；W 相的四个线圈为 10 与 15，16 与 21，22 与 3，4 与 9。根据参考电流方向 U 相绕组连接顺序如图 2-20（b）所示，V 相、W 相绕组也在图 2-20（c）中依次画出。

④ 电源引线。各相绕组的电源引出线端位置没有严格的规定，通常相隔 120°电角度，现每槽占有 30°电角度，则 120°电角度将间隔 4 槽。假若 U 相绕组的首端 U1 定为第 2 槽，

则 V 相绕组的首端 V1 应为第 6 槽，W 相绕组的首端 W1 应为第 10 槽；然后 U、V、W 相的各线圈沿参考电流方向连接，电流方向都是从首端 U1、V1、W1 流入，尾端 U2、V2、W2 流出。三相绕组的首尾不能标错，如果规定电流流入的一端为首，则电流流出的一端为尾。

展开图上三相绕组连线多，看起来不清楚，有时可用绕组连接顺序图来表示，在图 2-21 所示的 U 相绕组连接顺序图中，短线"−"表示线圈，带箭头的短线"→"表示连线。

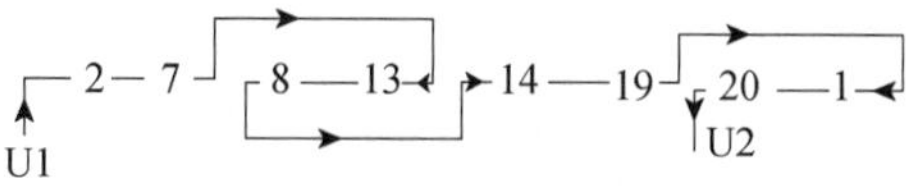

$$\uparrow 2-7 \quad 8-13 \quad 14-19 \quad 20-1$$
$$U1 \qquad\qquad\qquad\qquad\qquad\quad U2$$

图 2-21　U 相绕组连接顺序图

⑤ 嵌线工艺。吊 3 空 4 吊 5，空 6 嵌 7 返 2，空 8 嵌 9 返 4，空 10 嵌 11 返 6，空 12 嵌 13 返 8，空 14 嵌 15 返 10，空 16 嵌 17 返 12，空 18 嵌 19 返 14，空 20 嵌 21 返 16，空 22 嵌 23 返 18，空 24 嵌 1 返 20，返 3 到 22，返 5 到 24。

2）三相交叉式绕组

交叉式绕组主要用于 q 为奇数（如 q = 3）的四极或两极的小型三相异步电动机定子绕组中。这种绕组实际上是同心式绕组和链式绕组的一个综合。由于采用了不等距的线圈，它比同心式绕组的端部短，且便于布置。

[例 2-3] 三相异步电动机型号为 Y-132S-4，定子槽数 $Z_1 = 36$ 槽，极数 $2p = 4$，漆包线规格为 1.06mm，35 匝（2 根并绕），采用单层交叉绕组，请绘出三相绕组展开图。

解：① 计算极距、每极每相槽数。

$$\tau = \frac{Z_1}{2p} = \frac{36}{4} = 9 \text{（槽）}, \quad q = \frac{Z_1}{2pm} = \frac{36}{4 \times 3} = 3 \text{（槽）}$$

② 划分极和相带，标出相带的电流方向。在图 2-22（a）中画出 36 根平行线段，表示电动机的 36 槽，并在每根平行线段上标明槽号，将 36 槽分成 4 个极，每个极占有 180°电角度，分属于三相，即为 60°相带；极下有 9 槽，每极每相有 3 个槽，每个槽占有 20°电角度。根据各相绕组在空间互差 120°电角度的要求，即按 U1—W2—V1—U2—W1—V2 排列，则各槽号所属磁极和相带见表 2-2。

表 2-2　36 槽 4 极单层交叉式绕组分布

极距	τ（S）			τ（N）		
相带	U1	W2	V1	U2	W1	V2
第一对磁极槽号	1、2、3	4、5、6	7、8、9	10、11、12	13、14、15	16、17、18
第二对磁极槽号	19、20、21	22、23、24	25、26、27	28、29、30	31、32、33	34、35、36

同一个相带的有效边电流方向应相同，相邻相带的有效边电流方向相反，如图 2-22（a）所示，电流方向也是 U1、V1、W1 向上，U2、V2、W2 向下。

③ 根据相带和电流方向来连接线圈组及相绕组，从最短节距考虑，U 相绕组可连成如图 2-22（a）所示，有大小两种线圈，大线圈节距 $y = 8$（2-10 槽），小线圈节距 $y = 7$（12-19 槽），交叉绕组有两种节距不等的线圈，U 相绕组连接顺序如图 2-23 所示。

(a) U相绕组

(b) 三相绕组

图2-22 36槽4极单层交叉绕组展开图

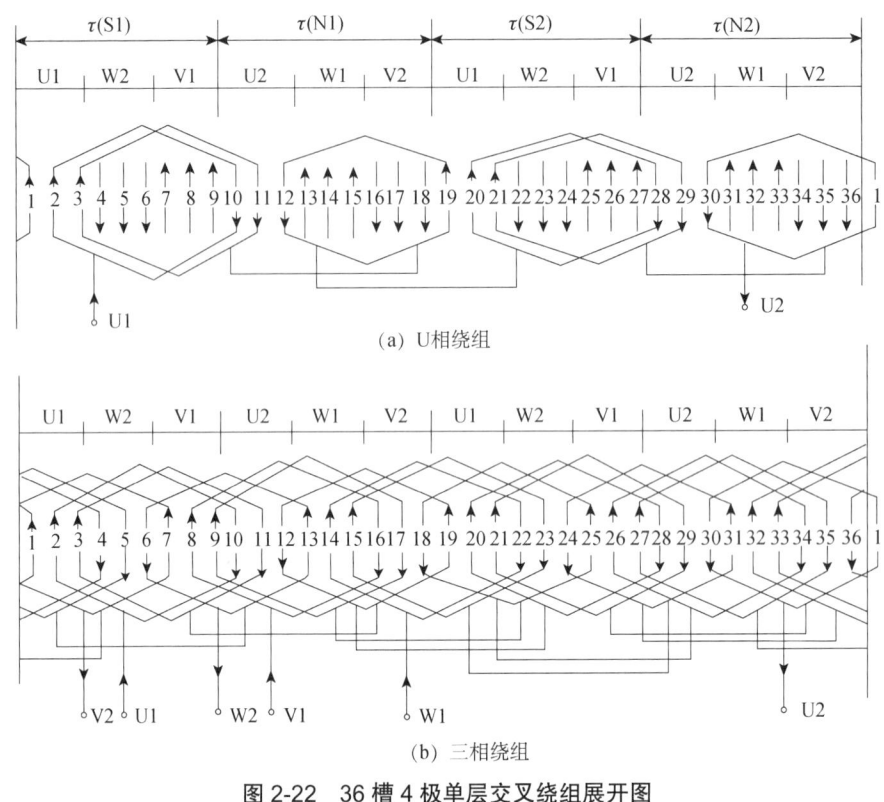

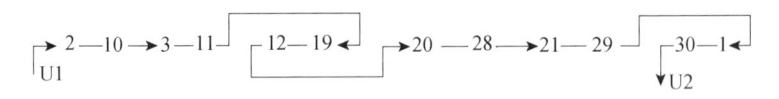

图2-23 U相绕组连接顺序图

同理，V相的六个线圈中8与16和9与17为大线圈组，25与18为小线圈；26与34和27与35为大线圈组，7与36为小线圈。W相的六个线圈中14与22和15与23为大线圈组，31与24为小线圈；32与4和33与5为大线圈组，13与6为小线圈。

④ 电源引线。各相绕组的电源引出线相隔120°电角度，每槽占有20°电角度，则120°电角度将间隔6槽。假若U相绕组的首端U1定为第2槽，则V相绕组的首端V1应为第8槽，W相绕组的首端W1应为第14槽，然后U、V、W相的各线圈沿电流方向连接，便形成各相绕组展开图，如图2-22（b）所示。

单层绕组中，不论节距如何变化，从整个磁场来分析都属于整距绕组。节距的变化，只是为了减少端部的长度，不能改变磁场分布，这与双层绕组有很大的区别。而且单层绕组的结构选定以后，往往连接成短距绕组，其节距实际也不能任意选择。

嵌线工艺：

吊4、5空6吊7；空8、9嵌10、11返2、3；空12嵌13返6；空14、15嵌16、17返8、9；空18嵌19返12；空20、21嵌22、23返14、15；空24嵌25返18；空26、27嵌28、29返20、21；空30嵌31返24；空32、33嵌34、35返26、27；空36嵌1返30；返4、5到32、33；返7到36。

3）三相同心式绕组

同心式绕组的结构特点是：各相绕组均由不同节距的同心线圈（大线圈套在小线圈外面）经适当连接而成，这种绕组的端部较长，常用于两极电动机中。

[例2-4] 国产 Y-100L-2 型异步电动机，定子槽数 $Z_1 = 24$，极数 $2p = 2$，漆包线规格为 0.8mm，63 匝，绕组为单层同心绕制。试绘出其绕组的展开图。

解：①计算极距、每极每相槽数：

$$\tau = \frac{Z_1}{2p} = \frac{24}{2} = 12 \text{（槽）}$$

$$q = \frac{Z_1}{2pm} = \frac{24}{2 \times 3} = 4 \text{（槽）}$$

② 划分极和相带，标出相带电流方向。在图 2-24（a）中画出 24 根平行线段，表示电动机的 24 槽，在每根平行线段上标明槽号。将 24 槽分成 2 个极，每个极占有 180°电角度，极下各有 12 个槽，分属于三相，即为 60°相带；每极每相有 4 个槽，每个槽占有 15°电角度。根据各相绕组在空间互差 120°电角度的要求，即按 U1—W2—V1—U2—W1—V2 相带排列，则各槽号所属磁极和相带见表 2-3。相邻相带的有效边电流方向相反，在图 2-24（a）中标明。

表 2-3　各槽号所属磁极和相带

极距	τ（S）			τ（N）		
相带	U1	W2	V1	U2	W1	V2
槽号	1、2、3、4	5、6、7、8	9、10、11、12	13、14、15、16	17、18、19、20	21、22、23、24

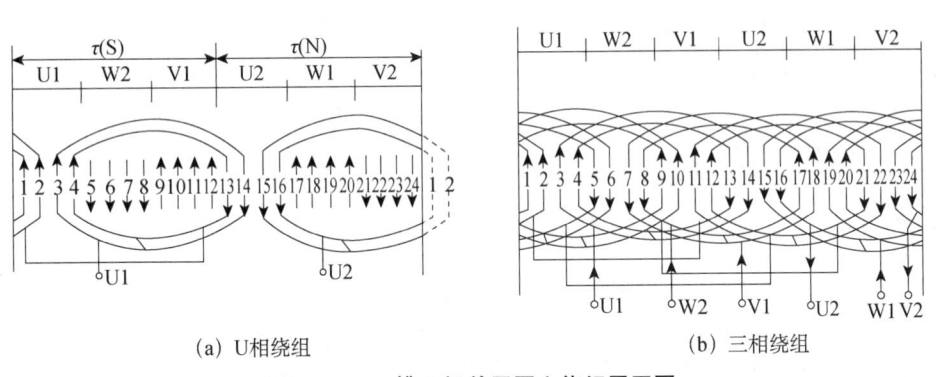

(a) U相绕组　　(b) 三相绕组

图 2-24　24 槽 2 极单层同心绕组展开图

③ 根据相带和电流方向连接线圈绕组及相绕组，由表 2-3 可知，U 相绕组包含第 1、2、3、4、13、14、15、16 八个槽，节距 y 取短距，因此大线圈节距为 11 槽（3 与 14），小线圈节距为 9 槽（4 与 13）。嵌线时小线圈套在大线圈内，故四个线圈应为 3 与 14（大线圈）、4 与 13（小线圈）、2 与 15（大线圈）、1 与 16（小线圈）；同理，V 相的四个线圈就为 11 与 22（大线圈）、12 与 21（小线圈）、10 与 23（大线圈）、9 与 24（小线圈）；W 相的四个线圈应为 19 与 6（大线圈）、20 与 5（小线圈）、18 与 7（大线圈）、17 与 8（小线圈）。根据参考电流方向，U 相绕组连接顺序如图 2-24（a）和图 2-25 所示。

④ 电源引线。各相绕组的电源引出线端位置没有严格的规定，通常相隔 120°电角度，现每槽占有 15°电角度，则 120°电角度将间隔 8 槽。假若 U 相绕组的首端 U1 定为第 3 槽，则 V 相绕组的首端 V1 应为第 11 槽，W 相绕组的首端 W1 应为第 19 槽；然后 U、V、W 相

绕组的首尾不能标错（各相的尾端当然也应相隔 8 槽），如果规定电流流入的一端为头，则电流流出的一端为尾。

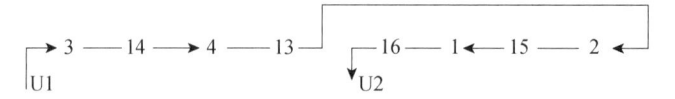

```
┌─→ 3 ── 14 ─→ 4 ── 13 ─┐   ┌─ 16 ── 1 ←── 15 ── 2 ←─┐
│U1                      │   ↓U2
└────────────────────────┘   └─────────────────────────┘
```

图 2-25　U 相绕组连接顺序图

嵌线工艺：

吊 5、6 空 7、8 吊 9、10；空 11、12 嵌 13、14 返 4、3；空 15、16 嵌 17、18 返 8、7；空 19、20 嵌 21、22 返 12、11；空 23、24 嵌 1、2 返 16、15；返 5、6 到 20、19；返 9、10 到 24、23。

任务计划

实训项目：（1）三相异步电动机拆卸与装配。
　　　　　（2）三相异步电动机检修。
　　　　　（3）定子绕组重绕。
实训要求：（1）能够使用正确的方法进行三相异步电动机的拆卸与装配。
　　　　　（2）能够根据三相异步电动机不同的故障情况选择正确的检修方法。
　　　　　（3）能够独立完成三相异步电动机定子绕组重绕。
实训器具：电工常用工具，套筒扳手，万用表、兆欧表等仪表，绕组绕线模，空定子壳体。

任务实施

（1）依据三相异步电动机的结构由外及内地进行拆卸，装配顺序反向进行。
① 切断电源，拆开电动机与电源的连接线，并对电源线线头做好绝缘处理。
② 脱开皮带轮或联轴器，松开地脚螺栓和接地线螺栓。
③ 拆卸皮带轮或联轴器。
④ 拆卸风罩和风扇。
⑤ 拆卸轴承盖和端盖；对于绕线式电动机，先提起和拆除电刷、电刷架和引出线。
⑥ 抽出或吊出转子。
（2）针对三相异步电动机不同的故障情况先进行分析和甄别，依据各自故障的情况选用合适的仪器仪表进行检测并加以修复。若是绕组损坏，单只线圈损坏可采用穿绕修补法，多只线圈损坏则重绕绕组。
① 绕组接地的检查与修理。
② 电动机启动时熔断器熔断或热继电器断开。
③ 绕组断路的检查与修理。

④ 绕组短路的检查与修理。
（3）三相异步电动机定子绕组重绕须按步骤进行，每个步骤都涉及诸多技术细节。
① 三相异步电动机定子绕组的展开图绘制（相关计算）。
② 拆除旧绕组。
③ 整修定子铁芯。
④ 制作绝缘材料及槽楔。
⑤ 绕制线圈。
⑥ 嵌线。
⑦ 整形与接线。
⑧ 测试。
⑨ 浸漆与烘干。
⑩ 电动机装配与试验。

任务检查

三相异步电动机拆装与检修任务检查见表 2-4。

表 2-4　三相异步电动机拆装与检修任务检查

项目内容	配分	评分标准	扣分	得分
电动机拆卸	30 分	（1）拆卸步骤不正确，每次扣 5 分 （2）拆卸方法不正确，每次扣 5 分 （3）工具使用不正确，每次扣 5 分		
电动机组装	40 分	（1）装配步骤不正确，每次扣 5 分 （2）装配方法不正确，每次扣 5 分 （3）一次装配后电动机不合要求，需要重装，扣 20 分		
电动机的清洗与检查	20 分	（1）轴承清洗不干净，扣 5 分 （2）润滑脂油量过多或过少，扣 5 分 （3）定子内腔和端盖处未做除尘处理或清洗，扣 10 分		
安全、文明生产	10	每一项不合格扣 5 分		
工时：4h				
寻找故障点	50 分	（1）拆开电动机步骤不正确，扣 10 分 （2）查找短路故障的方法不正确，扣 20 分 （3）使用短路测试器的方法不正确，扣 20 分 （4）未能正确判定短路部位，扣 20 分		
修理质量	40 分	（1）垫入绝缘的方法不正确，扣 10 分 （2）接线恢复不良，扣 10～20 分 （3）拆除故障线圈的方法不正确，扣 10 分 （4）穿绕线圈时匝数不正确，扣 10～20 分 （5）测试装配不良，扣 10～20 分		
安全、文明生产	10	每一项不合格扣 5 分		
工时：7h				

（续表）

项目内容	配分	评分标准	扣分	得分
定子绕组重绕外表质量	40 分	（1）损伤导线绝缘，每处扣 5～10 分 （2）相间绝缘未垫，每处扣 10 分 （3）各种绝缘损坏未修复，每处扣 5 分 （4）槽楔高于铁芯内圆，每处扣 5 分 （5）端部整形不合格，每处扣 5 分 （6）整体不整齐、不美观，扣 5～10 分 （7）浸漆、烘干不合格，扣 10～20 分		
测试	20 分	（1）空载电流不平衡度大，扣 5～10 分 （2）绝缘电阻值小，扣 5～10 分		
接线	30 分	（1）接线错误每次扣 5～10 分 （2）接线盒接线错误，扣 10 分		
安全、文明生产	10	每一项不合格扣 5 分		
工时：14h				

任务二　变压器拆装与检修

任务目标

（1）掌握变压器的拆卸和装配环节。
（2）掌握同名端判别方法。
（3）能够进行常规故障检修。
（4）掌握变压器线圈重绕工艺。

任务资讯

一、变压器的工作原理

变压器是利用电磁感应原理制成的静止电气设备。它能将某一电压值的交流电变成同一频率的、所需电压值的交流电，以满足高压输电、低压供电及其他用途的需要。另外，变压器还可以变换交流电流和交流阻抗。

变压器是在一个闭合的铁芯磁路中，套上了两个互相独立的、绝缘的绕组，这两个绕组之间有磁的耦合，没有电的联系，如图 2-26 所示。通常在一个绕组上接交流电源，称为一次绕组（或一次侧绕组、原边绕组、初级绕组），其匝数表示为 N_1；另一个绕组接负载，称为二次绕组（或二次侧绕组、副边绕组、次级绕组），其匝数表示为 N_2。

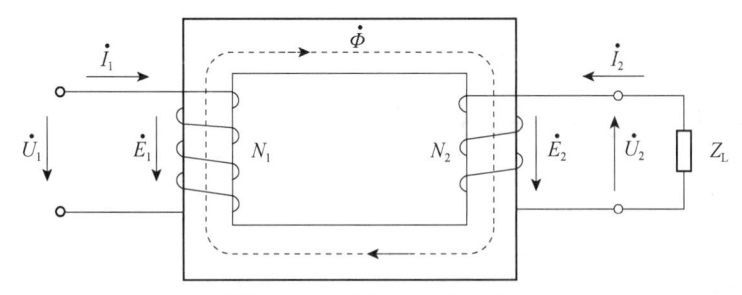

图 2-26 变压器的工作原理

当在一次绕组中加上交流电压 u_1 时,在 u_1 的作用下,流过交流电流 i_1,并建立交变磁通势,在铁芯中产生交变磁通 ϕ。该磁通同时交链一、二次绕组,根据电磁感应定律,在一、二次绕组中产生感应电动势 E_1、E_2。二次绕组在感应电动势 E_2 的作用下向负载供电,实现电能传递。其感应电动势瞬时值分别为

$$e_1 = -N_1 \frac{d\phi}{dt} \tag{2-4}$$

$$e_2 = -N_2 \frac{d\phi}{dt} \tag{2-5}$$

由于 $U_1 \approx -E_1$,$U_2 \approx E_2$,则一、二次绕组电压和电动势有效值与匝数的关系为

$$\frac{U_1}{U_2} = \frac{E_1}{E_2} = \frac{N_1}{N_2} \tag{2-6}$$

由此可知,变压器一、二次绕组电压之比等于一、二次绕组的匝数比。在磁通一定的条件下,只要改变一次或二次绕组的匝数,便可达到改变二次绕组输出电压 U_2 大小的目的。这就是变压器利用电磁感应定律,将一种电压等级的交流电转变成同频率的另一电压等级交流电的基本工作原理。

二、小型变压器的拆装

1. 拆卸

(1)拆除接线板。
(2)拆除铁芯。
(3)先拆除外层绕组,再由外及内依次拆除所有漆包线。

拆除时,应记录各电压所对应的漆包线匝数及漆包线规格。

2. 装配

(1)按原有漆包线的排列顺序分层把所有输出及输入电压等级所对应的线圈按规格及匝数绕制到位。
(2)层间及最外层绝缘按电压等级设置。
(3)浸绝缘漆。
(4)烘干。
(5)安装铁芯。
(6)装接线板。

（7）试验并测量。

三、变压器绕组的极性判别

变压器铁芯中的交变主磁通，在一次侧、二次侧绕组中产生的感应交变电动势，没有固定的极性。这里所说的变压器线圈的极性是指一次侧、二次侧两线圈相对极性，也就是当一次侧线圈的某一端在某个瞬时电位为正时，二次侧线圈也一定在同一个瞬时有一个电位为正的对应端，我们把这两个对应端称为变压器的同名端，或者称为变压器的同极性端，通常用"*"表示。

变压器同名端的判别方法有三种。

1. 观察法

观察变压器一次侧、二次侧绕组的实际绕向，应用楞次定律、安培定则来进行判别。例如，变压器一次侧、二次侧绕组的实际绕向如图 2-27 所示。当合上电源开关的一瞬间，一次侧绕组电流 I_1 产生主磁通 Φ_1，在一次侧绕组产生自感电动势 E_1，在二次侧绕组产生互感电动势 E_2 和感应电流 I_2，由楞次定律可以确定 E_1、E_2、I_1 的实际方向，同时可以确定 U_1、U_2 的实际方向。这样可以判别出一次侧绕组 A 端与二次侧绕组 a 端电位都为正，即 A、a 是同名端；一次侧绕组 X 端与二次侧绕组 x 端电位为负，即 X、x 是同名端。

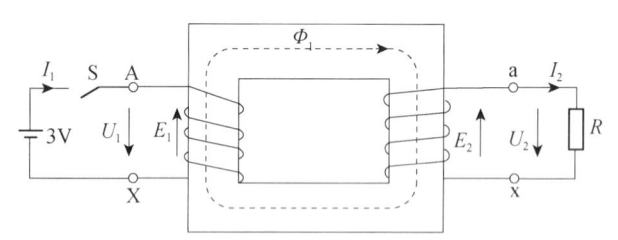

图 2-27 通过绕组实际绕向判定变压器同名端

2. 直流法

在无法辨清绕组方向时，可以用直流法来判别变压器同名端。选用 1.5V 或 3V 的直流电源，如图 2-28 所示连接，直流电源接入高压绕组，直流毫伏表接入低压绕组。当合上开关一瞬间，如毫伏表指针向正方向摆动，则连接直流电源正极的端子与连接直流毫伏表正极的端子是同名端。

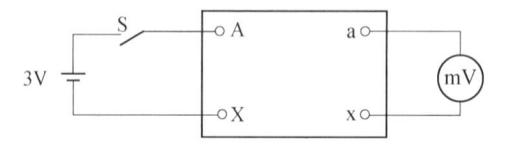

图 2-28 直流法判别变压器的同名端

3. 交流法

将高压绕组一端用导线与低压绕组一端相连接，同时将高压绕组及低压绕组的另一端接交流电压表，如图 2-29 所示。在高压绕组两端接入低压交流电源，测量 U_1 和 U_2 值，若 $U_1 > U_2$，则 A、a 为同名端；若 $U_1 < U_2$，则 A、a 为异名端。

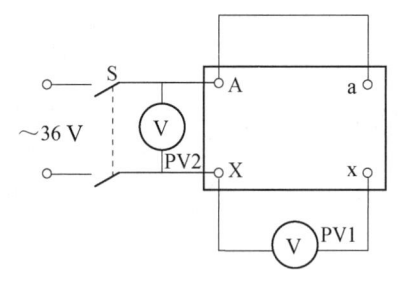

图 2-29　交流法判定变压器同名端

四、故障检修

运行中的变压器，易发生的故障是绕组故障，占故障的 60%～70%。变压器在发生故障时，一般会以温升、异常声响、保护电器动作等现象表现出来，具体可参照表 2-5。

表 2-5　变压器的常见故障及检修方法

故障现象	产生原因	检修方法
运行中有异常声响	(1) 铁芯片间绝缘损坏 (2) 铁芯的紧固件松动 (3) 外加电压过高	(1) 检查片间绝缘电阻，进行涂漆处理 (2) 紧固松动的螺钉 (3) 调整外加电压
绕组匝间、层间或相间短路	(1) 绕组绝缘损坏 (2) 长期过载运行或发生短路故障 (3) 铁芯有毛刺使绕组绝缘受损 (4) 引线间或套管间短路	(1) 修理或调换绕组 (2) 修复电路故障或减小负载后，修理绕组 (3) 修理铁芯，修复绕组 (4) 用兆欧表测试并排除故障
铁芯片间局部短路或熔毁	(1) 铁芯片间绝缘严重损坏 (2) 铁芯或铁轭螺杆的绝缘损坏 (3) 接地方法不正确	(1) 用直流伏安法测量片间绝缘电阻，找出故障点并进行修理 (2) 调换损坏的绝缘胶管 (3) 改正错误的接地
一、二次侧绕组或对地绝缘电阻下降	(1) 潮气或水分侵入变压器 (2) 线端或引线有局部异常通路	(1) 进行干燥处理 (2) 修理线端和引线的绝缘

五、小型变压器绕组的绕制

1. 绕线前的准备工作

（1）选择导线及绝缘材料

依据计算结果选用相应规格的漆包线。绝缘材料的选择应从两个方面考虑：一方面是绝缘强度，对于层间绝缘应按 2 倍层间电压的绝缘强度选用。对于 1000V 以下的、要求不高的变压器也可用电压的峰值，即 2 倍层间电压作为选用标准。对铁芯绝缘及绕组间的绝缘，按对地电压的 2 倍来选用。

（2）制作木芯

木芯用来套在绕线机转轴上，支撑绕组骨架，以便进行绕线。通常木芯用杨木或杉木按比铁芯中心柱截面积稍大些的尺寸制成，如图 2-30 所示。木芯的长度应比铁芯窗口高度短一些，木芯的中心孔径为 10mm，孔必须钻得平直。木芯的四边必须相互垂直，否则绕线时会发生晃动，绕组不易平齐。木芯的边角用砂纸磨成圆角，以

图 2-30　木芯

便套进或抽出骨架。

（3）制作绕线芯子及骨架

绕线芯子及骨架除起支撑绕组的作用外，还对铁芯起到绝缘作用，它应具有一定的机械强度和绝缘强度。

纸质无框绕线芯子一般用弹性纸制成，如图2-31所示。弹性纸的厚度根据变压器的容量选用。

(a) 绕线芯子外形　　　　(b) 展开图

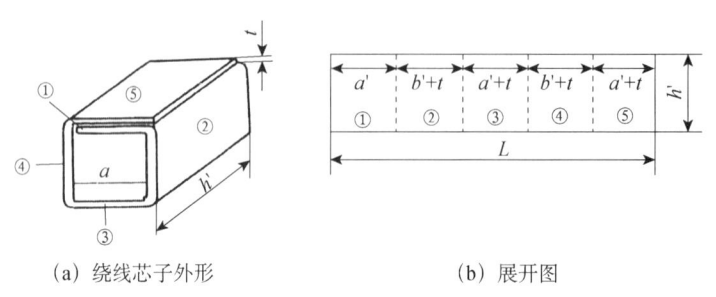

图2-31　纸质无框绕线芯子

无框绕线芯子的长度应比铁芯窗口高度稍短些，短2mm左右。绕线芯子的边沿也必须平整垂直。弹性纸的长度 L 为

$$L = 2(b'+t) + a' + 2(a'+t) = 2b' + 3a' + 4t$$

按照图2-31（b）中虚线，用裁纸刀划出浅沟，沿沟痕把弹性纸折成方形。第⑤面与第①面重叠，用胶水黏合。

要求较高的变压器都采用框架，框架可用钢纸或玻璃纤维板等材料制成。活络框架的结构如图2-32所示。

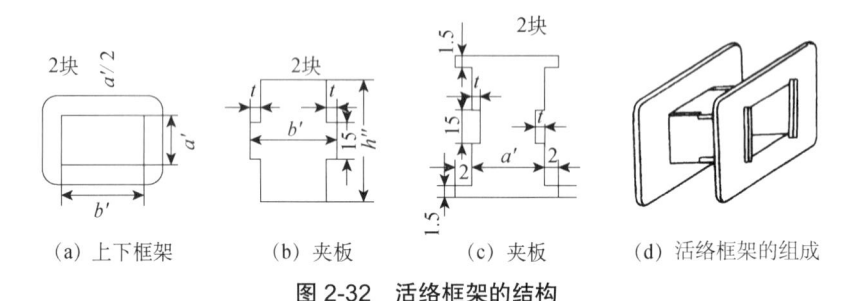

(a) 上下框架　　(b) 夹板　　(c) 夹板　　(d) 活络框架的组成

图2-32　活络框架的结构

2. 绕线

（1）裁剪好各种绝缘纸（布）

绝缘纸的宽度应稍大于骨架或绕线芯子的长度，而长度应稍大于骨架或绕线芯子的周长，还应考虑到所需的裕量。

（2）起绕

绕线前，先在套好木芯的骨架或绕线芯子上垫好铁芯的绝缘，然后将木芯中心孔穿入绕线机轴紧固，如图2-33（a）所示。

若采用的是绕线芯子，起绕时在导线引线头压入一条绝缘带的折条，以便抽紧起始线头，如图2-33（b）所示。导线起绕点不可过于靠近绕线芯子的边缘，以免在绕线时漆包线滑出，以防止在插入硅钢片时碰伤导线的绝缘。若采用有框骨架，导线要紧靠边框板，不必留出空间。

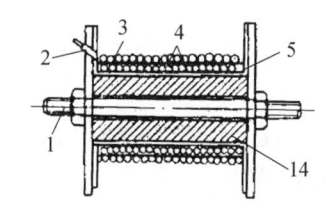

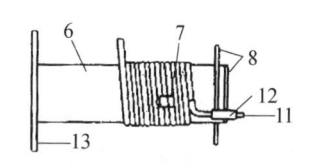

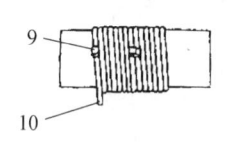

(a) 绕线芯子的安装　　(b) 绕组线头的紧固　　(c) 绕组线尾的紧固

1—机轴；2—套管；3—导线；4—层间绝缘；5—夹板；6 第一层层间绝缘；7，9—黄蜡带；8—绝缘衬垫；
10—绕组尾线；11—绕组出头；12—套管；13 绕线骨架；14—木芯

图 2-33　绕组的绕制

（3）绕线方法

导线要求绕得紧密、整齐，不允许有叠线现象。绕线的要领是：绕线时将导线稍微拉向绕线前进的相反方向 5°，如图 2-34 所示。拉线的手顺绕线前进方向而移动，拉力大小应根据导线粗细而掌握，导线就容易排列整齐，每绕完一层要衬垫层间绝缘。

（4）线包的层次

绕线的顺序按一次侧绕组、静电屏蔽、二次侧高压绕组、低压绕组依次叠绕。每绕完一组绕组后，要衬垫绕组间绝缘。当二次侧绕组数较多时，每绕好一组后用万用表检查是否通路。

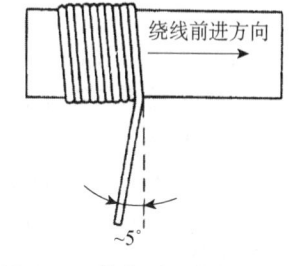

图 2-34　绕线过程中持线方法

（5）线尾的固定

当一组绕组绕制近结束时，要垫上一条绝缘带的折条，继续绕线到结束，将线尾插入绝缘带的折缝中，抽紧绝缘带，线尾便固定，如图 2-33（c）所示。

（6）静电屏蔽层的制作

对于设备中的电源变压器，须在一、二次侧绕组间放置静电屏蔽层。屏蔽层可用厚约 0.1mm 的铜箔或其他金属箔制成，其宽度比骨架长度稍短 1~3mm，长度比一次侧绕组的周长短 5mm 左右，夹在一、二次侧绕组的绝缘衬垫之间，但不能碰到导线或自行短路，铜箔上焊接一根多股软线作为引出接地线。如无铜箔，可用 0.12~0.15mm 的漆包线密绕一层，一端埋在绝缘层内，另一端引出作为接地线。

（7）引出线

当线径大于 0.2mm 时，绕组的引出线可利用原线绞合后引出即可。线径小于 0.2mm 时，应采用多股软线焊接后引出，焊剂应采用松香焊剂。引出线的套管应按耐压等级选用。

（8）外层绝缘

线包绕制好后，外层绝缘用青壳纸缠绕 2~3 层，用胶水黏牢。将各绕组的引出线焊接在焊片上。

3. 绝缘处理

线包绕好后，为防潮和增加绝缘强度，应做绝缘处理。处理方法是：将线包在烘箱内加温到 70~80℃，预热 3~5h 取出，立即浸入 1260 漆等绝缘漆中约 0.5h，取出后在通风处滴干，然后在 80℃烘箱内烘 8h 左右即可。

4. 铁芯镶片

（1）镶片要求

铁芯镶片要求紧密、整齐。不能损坏线包，否则会使铁芯截面积达不到计算要求，造成磁通密度过大而发热，以及变压器在运行时硅钢片会产生振动噪声。

（2）镶片方法

镶片应从线包两边一片一片地交叉对镶，镶到中部时则要两片两片地对镶，当余下最后几片硅钢片时，比较难镶，俗称紧片。紧片须用起子撬开两片硅钢片的夹缝才能插入，同时用木槌轻轻敲入，切不可生硬地将硅钢片插入，以免损坏框架或线包。

5. 测试

（1）绝缘电阻的测试

用兆欧表测量各绕组间和各绕组对铁芯的绝缘电阻。400V 以下的变压器其绝缘电阻值应不低于 90MΩ。

（2）空载电压的测试

当一次侧电压加到额定值时，二次侧各绕组的空载电压允许误差为±5%，中心抽头电压误差为±2%。

（3）空载电流的测试

当一次侧电压加到额定值时，其空载电流为额定电流值的 5%～8%。如空载电流大于额定电流 10%时，变压器损耗较大；当空载电流超过额定电流的 20%时，它的温升将超过允许值，就不能使用了。

任务计划

实训项目

（1）变压器的拆卸及装配。

（2）变压器同名端的判别。

（3）变压器常见故障的检修。

（4）小型变压器绕组的绕制。

实训要求

（1）能够按照变压器拆、装工艺正确进行拆、装。

（2）会用三种方法判别变压器同名端。

（3）能够根据故障情况对变压器进行正确检修。

（4）熟练掌握小型变压器绕组的绕制方法。

实训器具

常用电工工具、万用表、兆欧表、绕线机等设备。

任务实施

（1）变压器拆卸环节要特别注意记录各输入、输出部分所对应的线圈圈数及漆包线规格，严格按照拆卸工艺进行；装配时要特别注意硅钢片的叠放，尽量保证足量。

（2）要对三种变压器同名端的判别方法适用情况有足够认识。

（3）变压器故障情况多种多样，要加以认真分析，采取切实可行的故障检测及修复技术。

（4）小型变压器绕组的绕制步骤如下。

① 裁剪好各种绝缘纸（布）。

② 起绕。

③ 导线要绕得紧密、整齐，不允许有叠线现象。

④ 绕线时按一次侧绕组、静电屏蔽层、二次侧高压绕组、低压绕组的顺序依次叠绕。

⑤ 线尾的固定。

⑥ 静电屏蔽层的制作。

⑦ 引出线。

⑧ 外层绝缘的处理。

若变压器烧毁时骨架损坏，须先制作骨架，线圈绕制好后，再做绝缘处理，铁芯镶片，测试，完成全部修复工作。

任务检查

变压器拆装与检修任务检查见表 2-6。

表 2-6　变压器拆装与检修任务检查

项目内容	配分	评分标准	扣分	得分
变压器拆卸	40 分	（1）拆卸步骤不正确，每次扣 5 分 （2）拆卸方法不正确，每次扣 5 分 （3）工具使用不正确，每次扣 5 分		
变压器组装	50 分	（1）装配步骤不正确，每次扣 5 分 （2）装配方法不正确，每次扣 5 分 （3）一次装配后变压器不合要求，需要重装，扣 20 分		
安全、文明生产	10	每一项不合格扣 5 分		
工时：2h				
寻找故障点	50 分	（1）拆卸变压器的步骤不正确，扣 10 分 （2）查找短路故障的方法不正确，扣 20 分 （3）查找断路故障的方法不正确，扣 20 分 （4）未能正确判定短路部位，扣 20 分		
修理质量	40 分	（1）垫入绝缘的方法不正确，扣 10 分 （2）接线恢复不良，扣 10~20 分 （3）拆除故障线圈的方法不正确，扣 10 分 （4）测试装配不良，扣 10~20 分		

（续表）

项目内容	配分	评分标准	扣分	得分
安全、文明生产	10	每一项不合格扣 5 分		
工时：4h				
变压器线圈重绕外表质量	40 分	（1）损伤导线绝缘，每处扣 5～10 分 （2）层间绝缘未衬垫，每处扣 10 分 （3）各种绝缘损坏未修复，每处扣 5 分 （4）整体不整齐、不美观，扣 5～10 分 （5）浸漆、烘干不合格，扣 10～20 分		
测试	20 分	（1）空载电流不平衡度大，扣 5～10 分 （2）绝缘电阻小，扣 5～10 分		
接线	30 分	接线错误，每次扣 5～10 分		
安全、文明生产	10	每一项不合格扣 5 分		
工时：3h				

项目三　三相异步电动机的典型控制电路及其安装

工厂中的设备各式各样，大多采用电力拖动，常由继电-接触器控制系统实现对电气拖动装置的控制。这种控制方法简单、工作稳定、成本低，在一定范围内适应生产自动化的需要，因此在工矿企业中得到广泛应用。本项目将围绕继电-接触器控制系统介绍常用低压电器元件、基本控制环节和典型控制电路。

任务一　常见低压电器的选用及检修

任务目标

（1）掌握常用低压电器的使用场所与操作方法。
（2）对于常用低压电器的故障，可以独立完成故障原因排查并检修。

任务资讯

凡是根据外界特定信号能够自动、手动地接通、断开电路或非电对象的电气产品都称为电器。低压电器是指工作于交流 50Hz、交流额定电压 1200V 以下、直流额定电压 1500V 以下的电路中，起通断、保护、控制或调节作用的电器产品。

按照用途的不同，低压电器可分为低压配电电器和低压控制电器两大类。低压配电电器主要有刀开关、熔断器、断路器等，对低压配电电器的主要技术要求是分断能力强、限流效果好、动稳定和热稳定性高、操作过电压低等。低压控制电器主要有接触器、控制继电器等，对低压控制电器的主要技术要求是适当的转换能力、操作频率高、电寿命和机械寿命长等。下面介绍几种常用低压电器的选用及检修方法。

一、低压熔断器的选用及检修

低压熔断器是低压线路及电动机控制电路中，主要起短路保护作用的电器。它由熔体和安装熔体的绝缘底座或绝缘管等组成。

熔体用易熔金属材料，如锡、铅、铜、银及其合金等制成，其熔点一般为 200~300℃。使用熔断器时，应串接在要保护的电路中，当正常工作时，熔体相当于一根导体，允许通过一定的电流，熔体的发热温度低于熔化温度，因此不熔断；而当电路发生短路或严重过载故障时，流过熔体的电流大于允许的正常发热的电流，使得熔体的温度不断上升，最终超过熔体的熔化温度而熔断，从而切断电路，保护了电路及设备。熔体熔断后要更换熔体，电路才能重新接通工作。

1. 常用的熔断器

常用的熔断器主要有瓷插式熔断器、螺旋式熔断器、螺旋式快速熔断器及有填料封闭管式熔断器等类型。

瓷插式熔断器是一种常见结构的简单熔断器。它由瓷底座、瓷插件、动触点、静触点和熔体组成，外形、文字及图形符号如图 3-1 所示。常用的瓷插式熔断器有 RC1A 等系列。

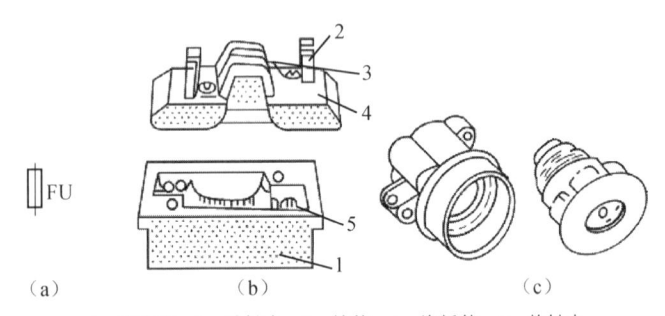

1—瓷底座；2—动触点；3—熔体；4—瓷插件；5—静触点

图 3-1 瓷插式熔断器的外形、文字及图形符号

螺旋式熔断器由瓷底座、瓷帽、瓷套、熔管等组成，外形及结构示意图如图 3-2 所示，将熔管安装在瓷底座内，旋紧瓷帽，就接通了电路。当熔体熔断时，熔管端部的红色指示器跳出。旋开瓷帽，更换整个熔管。熔管内的石英砂热容量大、散热性能好，当产生电弧时，电弧在石英砂中迅速冷却而熄灭，因而有较强的分断能力。螺旋式熔断器常用于电气设备的短路和严重过载保护，常用的有 RL1、RL6、RL7 等系列。

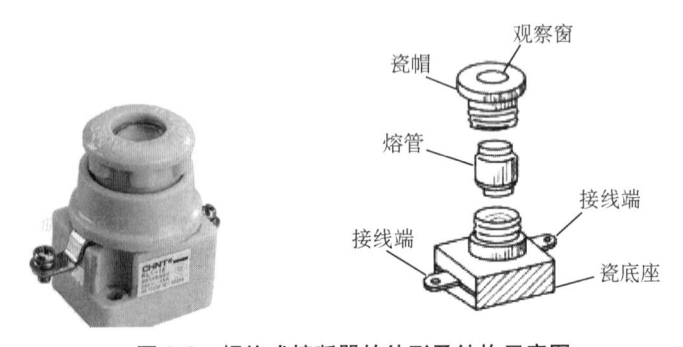

图 3-2 螺旋式熔断器的外形及结构示意图

螺旋式快速熔断器的结构与螺旋式熔断器完全相同，主要用于半导体元件，如硅整流元件和晶闸管的保护，常用的有 RLS1、RLS2 等系列。

上述几种熔断器的熔体一旦熔断，需要更换以后才能重新接通电路。现在有一种新型熔断器——自复式熔断器，它用金属钠制成熔体，在常温下具有高电导率，即钠的电阻很小。当电路发生短路时，短路电流产生高温，使钠气化，而气态钠的电阻很大，从而限制了短路电流，当短路电流消失后，温度下降，气态钠又变成固态钠，恢复原有的、良好的导电性。自复式熔断器的优点是不必更换熔体，可重复使用。但它只能限制故障电流，不能分断故障电路，因而常与断路器串联使用，提高分断能力。

2. 低压熔断器的型号及含义

低压熔断器的型号举例如下：

$$R12—3$$

其中，R——熔断器；

　　　　1——组别、结构代号；

　　　　2——设计序号；

　　　　3——熔断器额定电流。

3. 熔断器的选择

（1）熔断器的选择原则

① 根据使用条件确定熔断器的类型。

② 选择熔断器的规格时，应首先选定熔体的规格，后再根据熔体去选择熔断器的规格。

③ 熔断器的保护特性应与被保护对象的过载特性有良好的配合。

④ 在配电系统中，各级熔断器应相互匹配，一般上一级熔体的额定电流要比下一级熔体的额定电流大 2~3 倍。

⑤ 对于保护电动机的熔断器，应注意电动机启动电流的影响，熔断器一般只作为电动机的短路保护，过载保护应采用热继电器。

⑥ 熔断器的额定电流应不小于熔体的额定电流，额定分断能力应大于电路中可能出现的最大短路电流。

（2）熔断器类型的选择

熔断器主要根据负载的情况和电路断路电流的大小来选择类型。例如，对于容量较小的照明线路或电动机的保护，宜采用 RC1A 系列瓷插式熔断器或 RM10 系列无填料密闭管式熔断器；对于短路电流较大的电路或有易燃气体的场合，宜采用具有高分断能力 RL 系列螺旋式熔断器或 RT（包括 NT）系列有填料封闭管式熔断器；对于保护硅整流器件及晶闸管的场合，应采用螺旋式快速熔断器。

4. 使用及维护

① 正确选用熔体和熔断器。有分支电路时，分支电路的熔体的额定电流应比前一级小 2~3 级。对不同性质的负载，如照明电路、电动机电路的主电路和控制电路等，应尽量分别保护，装设单独的熔断器。

② 安装螺旋式熔断器时，必须注意将电源线接到瓷底座的下接线端，以保证安全。

③ 瓷插式熔断器安装熔体时，熔体应顺着螺钉旋紧方向绕过去，同时应注意不要划伤熔体，也不要把熔体绷紧，以免减小熔体截面尺寸或插断熔体。

④ 更换熔体时应切断电源，并应换上相同额定电流的熔体，不要随意加大熔体，更不允许用金属导线代替熔断器接入电路。

⑤ 工业用熔断器应由专职人员更换，更换时应切断电源。

⑥ 使用时应经常清除熔断器表面的灰尘。对于有动作指示器的熔断器，还应经常检查，若发现熔断器有损坏，应及时更换。

5. 熔断器的常见故障及修理

熔断器的常见故障及修理方法见表 3-1。

表 3-1 熔断器的常见故障及修理方法

故障现象	产生原因	修理方法
电动机启动瞬间熔体即刻熔断	(1) 熔体规格选择过小 (2) 负载侧短路或接地 (3) 熔体安装时损坏	(1) 调换适当的熔体 (2) 检查短路或接地故障 (3) 调换熔体
熔体未熔断但电路不通	(1) 熔体两端或接地端接触不良 (2) 熔断器的瓷帽盖未拧紧	(1) 清洁并旋紧接线端 (2) 旋紧瓷帽盖

① 一般，变截面熔体在小截面处熔断是由过负荷引起的。因为小截面处温度上升快，熔体因过负荷熔断，表现为熔断部位较短。

② 变截面熔体的大截面部分也熔化，熔体爆开或熔体断位很长，一般判断为由短路故障引起。

二、接触器的选用及检修

1. 接触器的型号、图形符号和文字符号

接触器是一种适用于远距离频繁地接通和断开交直流主电路及大容量控制电路的电器，具有低电压释放保护功能、控制容量大、能远距离控制等优点，在自动控制系统中应用非常广泛，但也存在噪声大、寿命短等缺点。其主要控制对象是电动机，也可用于控制电焊机、电容器组、电热装置、照明设备等其他负载。

接触器能接通和断开负荷电流，但不可以切断短路电流，因此常与熔断器、热继电器等配合使用。

接触器分为交流接触器和直流接触器两类。两者都是利用电磁吸力和弹簧的反作用力，使触点闭合或断开的一种电器，但在结构上有各自特殊的地方，不能混用。接触器型号举例如下：

$$C12—3/4$$

其中，C——接触器；

1——接触器类别：J 表示交流，Z 表示直流；

2——设计序号；

3——主触点额定电流；

4——主触点数。

交流接触器的图形符号和文字符号如图 3-3 所示。

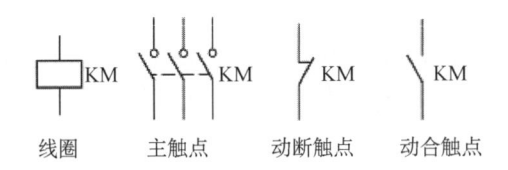

图 3-3　交流接触器的图形符号和文字符号

2. 交流接触器

交流接触器由电磁机构、触点系统、灭弧装置和其他部件组成,常用的型号有 CJ20、CJX1、CJX2、CJ12、CJ10 和 CJ0 系列。CJ20 系列交流接触器是全国统一设计的新型接触器,主要适用于 50Hz、660V 以下的双断点结构。CJ20—63 型接触器采用压铸铝底座,并以增强耐弧塑料底板和高强度陶瓷灭弧罩组成三段式结构。触点系统的动触点为船形结构,具有较高的强度和较大的热容量;静触点选用型材并配以铁质引弧角,便于电弧向外运动;辅助触点安置在主触点两侧,采用无色透明聚碳酸酯制作成封闭式结构,防止灰尘侵入。图 3-4 为 CJ20—63 型交流接触器的结构示意图。

3. 直流接触器

直流接触器的结构和工作原理与交流接触器基本相同,也由触点系统、电磁机构、灭弧装置等部分组成;但也有不同之处,电磁机构的铁芯中磁通变化不大,故可用整块铸钢制成。

由于直流电弧比交流电弧难以熄灭,因此直流接触器常采用磁吹灭弧装置。图 3-5 为直流接触器的结构示意图。常用的直流接触器有 CZ0、CZ18 系列,是全国统一设计的产品,主要用于电压 440V、额定电流 600A 的直流电力线路中,作为远距离接通和分断线路,控制直流电动机的启动、停车、反接制动等。

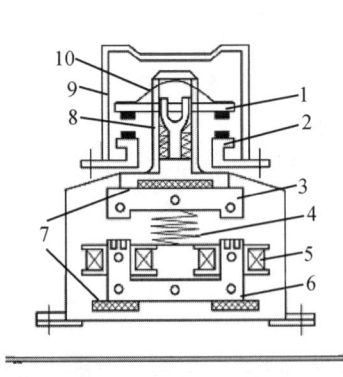

1—动触点;2—静触点;3—衔铁;4—缓冲弹簧;5—电磁线圈;
6—铁芯;7—毡垫;8—触点弹簧;9—灭弧罩;
10—触点压力簧片

图 3-4　CJ20—63 型交流接触器的结构示意图

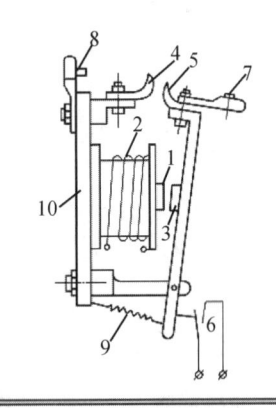

1—铁芯;2—线圈;3—衔铁;4—静触点;5—动触点;
6—辅助触点;7、8—接线柱;9—反作用弹簧;
10—底板

图 3-5　直流接触器的结构示意图

4. 接触器的选择

接触器应合理选择,一般根据以下原则来选择接触器。

① 接触器类型:交流负载选择交流接触器,直流负载选择直流接触器,根据负载大小不

同，选择不同型号的接触器。

② 接触器额定电压：接触器的额定电压应大于或等于负载回路电压。

③ 接触器额定电流：接触器的额定电流应大于或等于负载回路的额定电流。对于电动机负载，可按下面的经验公式计算。

$$I_j = L_3 I_e$$

式中，I_j——接触器的额定电流；

I_e——电动机的额定电流。

④ 吸引线圈的电压：吸引线圈的额定电压应与被控回路电压一致。

⑤ 触点数量：接触器的主触点、动合辅助触点、动断辅助触点的数量应与主电路和控制电路的要求一致。

注意：直流接触器的线圈加直流电压，交流接触器的线圈一般加交流电压。有时为了提高接触器的最大操作频率，交流接触器也有采用直流线圈的。如果把应加直流电压的线圈加上交流电压，因电阻太大、电流太小，则接触器往往不吸合。如果将应加交流电压的线圈加上直流电压，则因电阻太小、电流太大，会烧坏线圈。

5. 接触器常见故障及其维修

接触器是一种频繁动作的控制电器，要定期检查，要求可动部分灵活，紧固件无松动，触点表面清洁，不允许在使用中去掉灭弧罩。接触器可能发生的故障很多，如无法修理应及时用同型号的接触器更换。常见的故障如下。

① 接触器的触点接触压力不够、触点被电弧灼伤导致表面接触不良、接触电阻增大、工作电流过大、回路电压过低、负载侧短路等。处理方法：调整触点压力，处理因电弧而产生的蚀坑，调换合适的接触器，提高操作电压等。

② 衔铁歪斜、铁芯端面有锈蚀或尘垢、反作用弹簧弹力太小、衔铁运动受阻、短路环损坏或脱落、电压过低等。处理方法：清洁衔铁端面，调整衔铁到合适的位置，更换弹簧，消除衔铁受阻因素，更换短路环，提高操作电压，检查电压过低的原因。

③ 线圈电流过大、线圈技术参数不符合要求、衔铁运动被卡住等。处理方法：找出引起线圈电流过大的原因，更换符合要求的线圈，使衔铁运动顺畅。

④ 触点材料气化、三相接触不同步、触点闭合时的撞击或触点表面相对摩擦运动。处理方法：调换合适的接触器，调整三相触点使其同步，排除短路原因，如触点磨损严重，则要更换接触器。

6. 接触器的使用和维护

① 检查接触器铭牌与线圈的技术数据是否符合控制线路的要求。接触器的额定电压不应低于负载的额定电压，主触点的额定电流不应小于负载的额定电流，操作时的频率不要超过产品说明书上的规定要求，其他条件也应符合要求。操作线圈的额定电压应符合线路的要求，太低或太高会产生吸不上或线圈烧毁的故障。如接触器的交流励磁线圈额定电压为220V，若误接380V，则因励磁电流过大而烧毁；若误接7V，则衔铁不吸合，气隙长度增加，磁导率减小，以致因励磁电流长时间较大而烧毁。

② 检查接触器的外观，应无机械损伤。用手推动接触器的活动部分时，要动作灵活，无卡住现象。

③ 新购置或搁置已久的接触器,最好做解体检查。要把铁芯上的防锈油擦干净,以免油污的黏性影响接触器的释放,要把铁锈洗去。

④ 检查接触器在85%额定电压时能否正常工作,会不会卡住;在失压或电压过低时,能否释放。

三、继电器的选用及检修

继电器是一种自动电器,广泛用于电动机或线路的保护以及生产过程的自动化控制。它是一种根据外界输入信号的通、断自动切换的电器,其触点常接在控制电路中。

继电器的种类很多,按输入信号的不同可分为电压继电器、电流继电器、时间继电器、热继电器、速度继电器、温度继电器与压力继电器等。

1. 热继电器

热继电器是利用测量元件被加热到一定程度而动作的一种继电器。在电路中用于电动机或其他负载的过载和断相保护。它主要由加热元件、双金属片、触点和传动系统构成。图3-6为双金属片热继电器的结构原理图。双金属片是由两种不同膨胀系数的金属压焊而成,与加热元件串联在主电路上,当电动机过载时,双金属片受热弯曲从而推动导板移动,其图形和文字符号如图3-7所示。

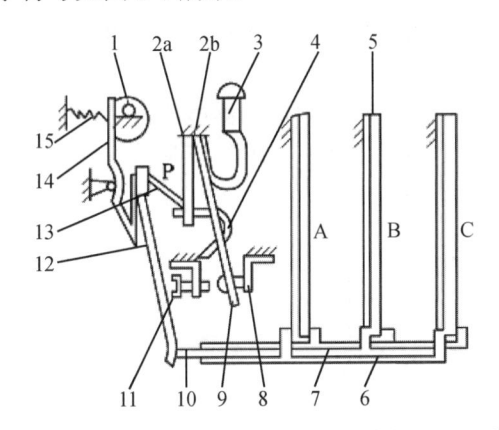

1—电流调节凸轮;2a、2b—簧片;3—手动复位按钮;4—弓簧;
5—主双金属片;6—外导板;7—内导板;8—动断静触点;9—动触点;
10—杠杆;11—复位调节螺钉;12—补偿双金属片;13—推杆;
14—支撑件;15—弹簧

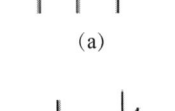

图 3-6 双金属片热继电器的结构原理图　　图 3-7 热继电器的图形和文字符号

热继电器主要参数有额定电流、相数、热元件额定电流、整定电流及调节范围等。热继电器的额定电流是指热继电器中,可以安装的热元件的最大整定电流值。热元件的额定电流是指热元件的最大整定电流值。

热继电器的整定电流是指热元件能够长期通过而不致引起热继电器动作的最大电流值。通常热继电器的整定电流是按电动机的额定电流整定的。对于某一热元件的热继电器,可手动调节整定电流旋钮,通过偏心轮机构,调整双金属片与导板的距离,能在一定范围内调节其电流的整定值,使热继电器更好地保护电动机。

运行中热继电器的检查：
① 检查负荷电流是否和热元件的额定值相配合。
② 检查热继电器与外部的连接点处有无过热现象。
③ 检查与热继电器连接的导线截面是否满足载流要求，有无因发热而影响热元件正常工作的现象。
④ 检查热继电器的运行环境有无变化，温度是否超出允许范围。
⑤ 若热继电器动作，则应检查动作情况是否正确。

检查热继电器周围环境温度与被保护设备周围环境温度，如前者较后者高出 15～25℃时，应调换大一号等级热元件，如低于 15～25℃时，应调换小一号等级热元件。

2. 电磁式继电器

电磁式继电器是使用最多的一种继电器，其基本结构和动作原理与接触器大致相同。但继电器是用于切换小电流的控制和保护的电器，其触点种类和数量较多，体积较小，动作灵敏，无须灭弧装置。

（1）电流继电器

电流继电器是根据线圈中电流的大小而控制电路通、断的控制电器。它的线圈是与负载串联的，线圈的匝数少，导线粗，线圈阻抗小。电磁式电流继电器结构示意图如图 3-8（a）所示。

电流继电器又有过电流继电器和欠电流继电器之分。当线圈电流超过整定值时，衔铁吸合、触点动作的继电器，称为过电流继电器，它在正常工作电流时不动作。过电流继电器的图形符号、文字符号如图 3-8（b）所示。

当线圈电流降到某一整定值时，衔铁释放的继电器，称为欠电流继电器，通常它的吸引电流为额定电流的 30%～50%，而释放电流为额定电流的 10%～20%，正常工作时衔铁是吸合的。欠电流继电器的文字符号、图形符号如图 3-8（c）所示。

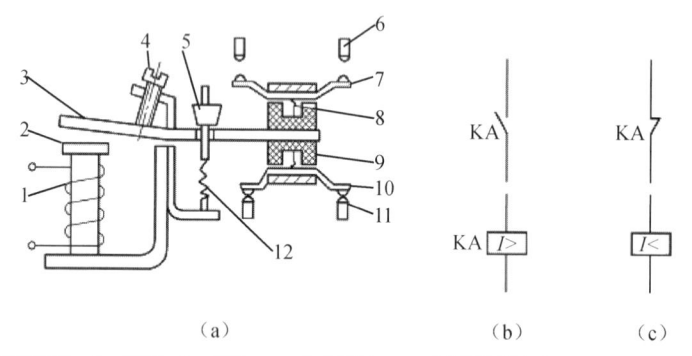

1—电流线圈；2—铁芯；3—衔铁；4—止动螺钉；5—反作用调节螺钉；6、11—静触点；
7、10—动合触点；8—触点弹簧；9—绝缘支架；12—反作用弹簧

图 3-8 电磁式电流继电器的结构示意图、文字符号及图形符号

（2）电压继电器

电压继电器是根据线圈两端电压大小而控制电路通断的控制电器。它的线圈是与负载并联的，线圈的匝数多、导线细、阻抗大。

电压继电器又分为过电压继电器和欠电压继电器。过电压继电器在电压为 110%～115% 的额定电压及以上时动作，而欠电压继电器在电压为 40%～70% 的额定电压时动作。它们的

图形符号、文字符号如图 3-9 所示。常用的电压继电器有 JT4 等系列。

（3）中间继电器

中间继电器实际上也是一种电压继电器，但它的触点数量较多，容量较大，起到中间放大的作用。其结构外形、图形符号、文字符号如图 3-10 所示。中间继电器有 JZ12、JZ7、JZ8 等系列。

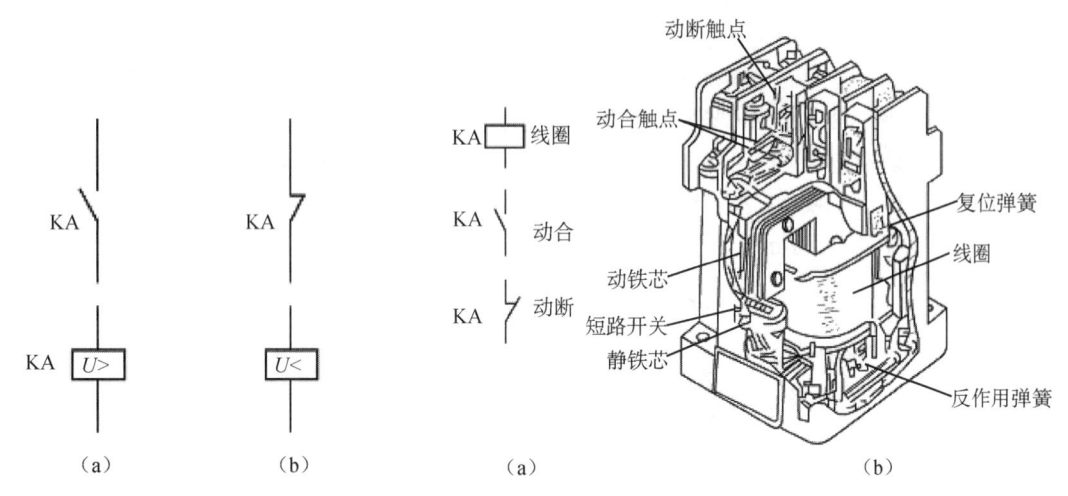

图 3-9 电压继电器的图形符号、文字符号　　图 3-10 中间继电器的结构外形、图形符号、文字符号

3. 时间继电器

时间继电器是一种在线圈通电或断电后，自动延时输出信号的继电器。它的种类很多，主要有电磁式、空气阻尼式、晶体管式等。这里只介绍最常用的空气阻尼式时间继电器。它广泛应用于交流电路中。时间继电器的符号如图 3-11 所示。

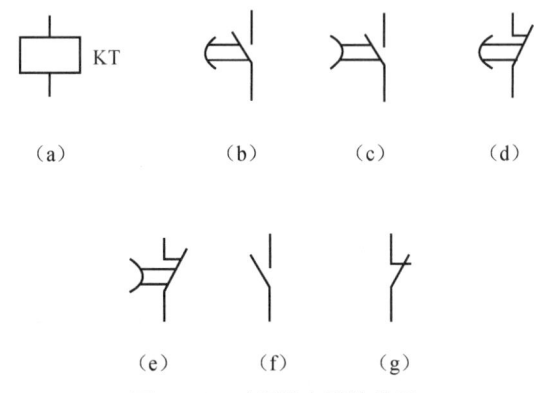

图 3-11 时间继电器的符号

空气阻尼式时间继电器利用空气阻尼来获得延时动作，可分为通电延时型和断电延时型两种。它由电磁机构、工作触点及气室三部分组成。它的延时是靠空气的阻尼作用来实现的。空气阻尼式时间继电器具有延时范围较宽、结构简单、工作可靠、价格低廉、寿命长、不受电源电压和频率波动的影响等优点，但是延时精度低，一般用于延时精度要求不高的场合。

4. 速度继电器

速度继电器是根据电磁感应原理制成的，主要由转子、定子和触点三部分组成，其结构如图 3-12 所示。其工作原理是：套有永久磁铁的轴与被控电动机的轴相连，用以接收转速信号，当速度继电器的轴由电动机带动旋转时，磁铁磁通切割圆环内的笼型绕组，绕组感应出电流，该电流与磁铁磁场作用产生电磁转矩，在此转矩的推动下，圆环带动摆杆克服弹簧力顺电动机旋转方向偏转一定角度，并拨动触点改变其通断状态。调节弹簧松紧可调节速度继电器的触点在电动机不同转速时切换。

速度继电器主要用于笼型异步电动机的反接制动。当反接制动的电动机转速下降到接近零时，能自动切断电源。速度继电器的符号如图 3-13 所示。速度继电器的常用型号有 JY1 和 JF20 系列。它们的触点额定电压为 380V，触点额定电流为 2A，额定工作转速为 200~3600r/min，一般在 100r/min 以下转速时触点复原。

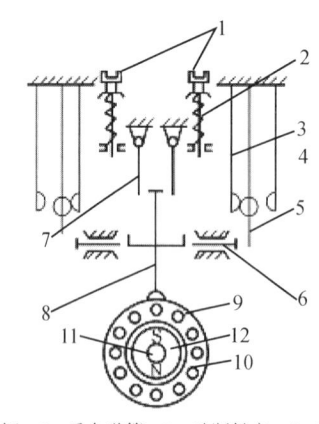

1—调节螺钉；2—反力弹簧；3—动断触点；4—动合触点；
5—动触点；6—推杆；7—返回杠杆；8—摆杆；9—笼型导条；
10—圆环；11—转轴；12—永磁转子

图 3-12　速度继电器的结构示意图

图 3-13　速度继电器的符合

5. 继电器的常见故障

继电器常见故障的产生原因及其处理方法见表 3-2。

表 3-2　继电器常见故障的产生原因及其处理方法

故障现象	产生原因	处理方法
通电后不能动作	线圈断路	更换线圈
	线圈额定电压高于电源电压	更换额定电压合适的线圈
	运动部件被卡住	查明卡住处并加以调整
	运动部件歪斜和生锈	拆下后重新安装调整及清洗去锈
通电后不能完全闭合或吸合不牢	线圈电源电压过低	调整电源电压或更换额定电压合适的线圈
	运动部件被卡住	查出卡住处并加以调整
	触点弹簧或释放弹簧压力过大	调整弹簧压力或更换弹簧
	交流铁芯极面不平或严重锈蚀	修整极面和去除锈蚀或更换铁芯

(续表)

故障现象	产生原因	处理方法
线圈损坏或烧毁	交流铁芯分磁环断裂	更换分磁环或更换铁芯
	空气中含粉尘、油污、水蒸气和腐蚀性气体,已致绝缘损坏	更换线圈,必要时还要涂覆特殊绝缘漆
	线圈内部断线	重绕或更换线圈
	线圈因机械碰撞和振动而损坏	查明原因及做适当处理,再更换或修复线圈
	线圈在超压或欠压下运行而电流过大	检查并调整线圈电源电压
	线圈额定电压比其电源电压低	更换额定电压合适的线圈
	线圈匝间短路	更换线圈
触点严重烧损	负载电流过大	查明原因,采取适当措施
	触点积聚尘垢	清理触点接触面
	电火花或电弧过大	采用灭火花电路
	触点烧损过大,接触面小且接触不良	修整触点接触面或更换触点
	触点太小	更换触点
	接触压力太小	调整触点弹簧或更换弹簧
触点发生熔焊	闭合过程中振动过分激烈或发生多次振动	查明原因,采取相应措施
	接触压力太小	调整或更换弹簧
	接触面上有金属颗粒凸起或异物	清理触点接触面
线圈断电后仍不释放	释放弹簧反力太小	换上合适的弹簧
	极面残留黏性油脂	将极面擦拭干净
	交流继电器防剩磁气隙太小	用细锉将有关极面锉去0.1mm
	直流继电器的非磁性垫片磨损严重	更换新的非磁性垫片
	运动部件被卡住	查明原因做适当处理
	触点已熔焊	撬开已熔焊的触点并更换新的

四、漏电保护器的选用及检修

漏电保护器又称剩余电流保护器（RCD），是低压供电系统普遍采用的预防人体触电的五大措施之一。五大措施是：电气设备绝缘、保护接零（地）、等电位连接、漏电保护器和电工安全用具。

1. 漏电保护器的原理

漏电保护器可分为电压型和电流型两大类。这里介绍常用的电流型漏电保护器的原理。
（1）普通电流型漏电保护器

普通电流型漏电保护器的原理图如图3-14所示。普通电流型漏电保护器由零序电流互感器、电子放大器、晶闸管和脱扣器等部分组成。零序电流互感器是关键器件，制造要求很高，其构造和原理与普通电流互感器基本相同。零序电流互感器的初级线圈是绞合在一起的4根线，3根相线、1根零线，而普通电流互感器的初级线圈只是1根相线。初级线圈的4根线要全部穿过互感器的铁芯，4根线的一端接电源的主开关，另一端接负载。

正常情况下，不管三相负载平衡与否，同一时刻4根线的电流和（矢量和）都为零，4根线的合成磁通也为零，故零序电流互感器的次级线圈没有输出信号。

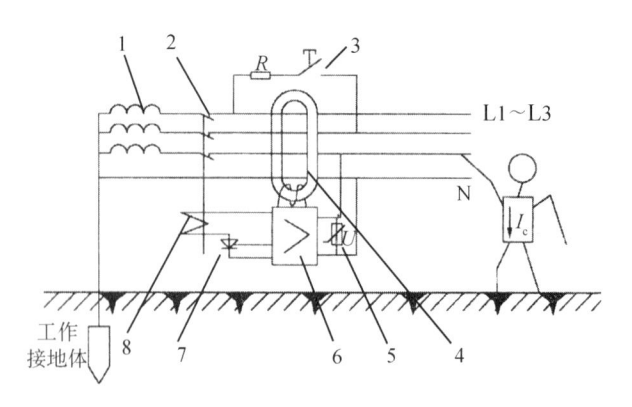

1—供电变压器；2—主开关；3—试验按钮；4—零序电流互感器；5—压敏电阻；6—电子放大器；7—晶闸管；8—脱扣器

图 3-14 电流型漏电保护器的原理图

当相线对地漏电时，如图 3-14 中人体触电时，触电电流经大地和接地装置回到中性点。这样同一时刻 4 根线的电流和不再为零，产生了剩余电流，剩余电流使铁芯中有磁通通过，从而互感器的次级线圈有电流信号输出。互感器输出的微弱电流信号输入电子放大器进行放大，放大器的输出信号用作晶闸管的触发信号，触发信号使晶闸管导通，晶闸管的导通电流流过脱扣器线圈使脱扣器动作而将主开关断开。压敏电阻的阻值随其端电压的升高而降低，压敏电阻的作用是稳定放大器的电源电压。

漏电保护器的接线方法如图 3-15 所示。

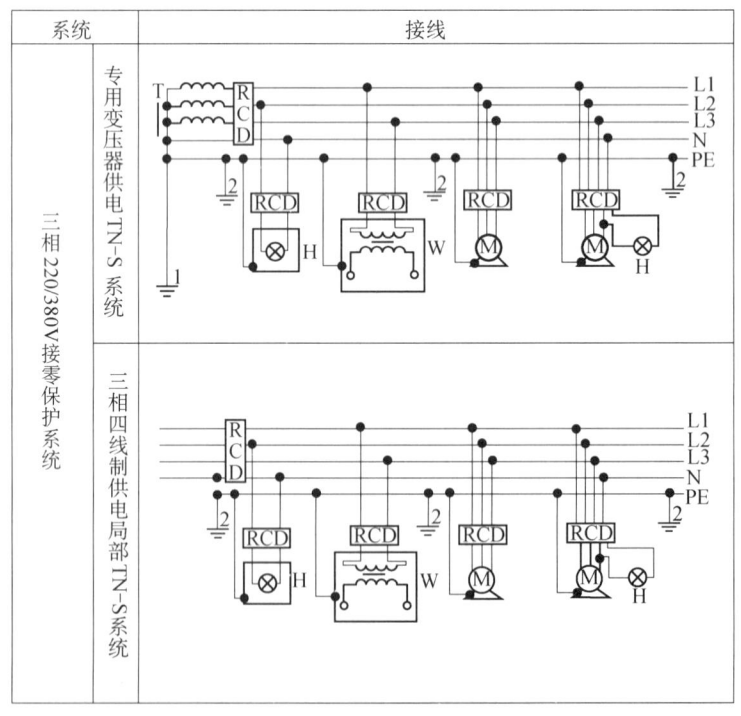

系统	接线
三相220/380V接零保护系统	专用变压器供电TN-S系统
	三相四线制供电局部TN-S系统

L1、L2、L3—相线；N—工作零线；PE—保护零线、保护线；1—工作接地；2—重复接地；T—变压器；RCD—漏电保护器；H—照明器；W—电焊机；M—电动机

图 3-15 漏电保护器的接线方法

（2）接地式电流型漏电保护器

接地式电流型漏电保护器是特殊的电流型漏电保护器，其原理和上述普通电流型漏电保护器基本相同，如图3-16所示，但是接线方法有区别。二者的区别是：普通电流型漏电保护器的零序电流互感器连接在主电路中，而接地式电流型漏电保护器将零序电流互感器的初级线圈串联在变压器中性点的接地线中。这种漏电保护器是我国自行研制的新型漏电保护器，适用于变压器中性点接地的供电系统，是依据使用一台漏电保护器对系统进行总保护的要求而设计的，经济实用，特别适用于农村电网，小型施工工地也可以采用。

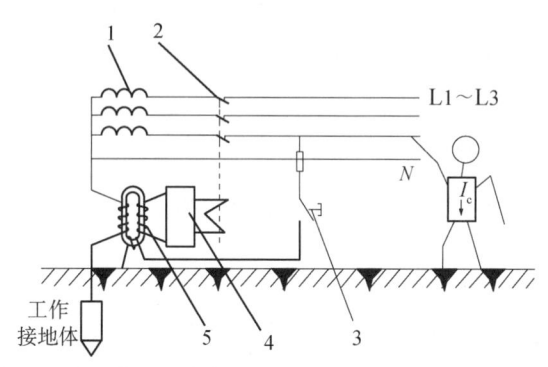

1—供电变压器；2—主开关；3—试验按钮；4—电磁式漏电脱扣器；5—零序电流互感器

图3-16 接地式电流型漏电保护器的原理

2. 漏电保护器的分类

漏电保护器按功能可分为漏电保护开关和继电器，按原理可分为电磁式漏电保护器和电子式漏电保护器，按动作时间可分为瞬时动作式漏电保护器和延迟动作式漏电保护器，按使用方式可分为固定式漏电保护器和移动式漏电保护器，按功能多样性可分为单一功能漏电保护器和多功能漏电保护器。

3. 漏电保护器的特点

（1）能预防人体触电和电气火灾、爆炸

人体的触电电流和电气设备的漏电电流都能使漏电保护器动作，故漏电保护器不但能预防人体触电，还能预防电气设备接地故障电弧引起的火灾或爆炸。接地故障电弧引起的火灾约占电气火灾总数的二分之一。

（2）保护灵敏度高

漏电保护器的最小漏电动作电流或最高保护灵敏度能低于6mA。

（3）漏电保护器的缺陷

① 不能预防人体两相触电。只有当相线和地之间漏电时零序电流互感器才有输出信号，漏电保护器也才会动作；而当人体两相触电（相线之间、相线和零线之间有漏电）时漏电保护器并不动作，因为这时的触电电流相当于正常的负载电流，零序电流互感器没有输出信号。

② 影响供电的可靠性。人体触电电流、设备漏电电流和其他不明原因都可能造成漏电保护器动作，其中触电电流造成的漏电保护器动作只占少数（约10%），从而降低了供电的可靠性。

③ 误动或拒动。漏电保护器构造复杂，比较容易出现故障。漏电保护器（特别是电子式）动作的可靠性受电源电压、环境条件（温度、湿度等）影响较大，因而有误动或拒

动现象。

4. 漏电保护器和保护接零（地）的比较

漏电保护器和保护接零（地）的保护原理不同。保护接零（地）属于事前预防型措施，即保护接零（地）能将设备漏电现象消灭在萌芽状态，以免人体接触到漏电的设备外壳造成人体触电。而漏电保护器属于后发制人措施，只有人体触电后，并且触电电流达到一定数值时漏电保护器才可能发挥作用。漏电保护器和保护接零（地）各有优缺点，同时采用漏电保护器和保护接零（地）能使二者取长补短、互为备用，从而大大提高安全系数，不得用漏电保护器代替保护接零(地)。安装漏电保护器后，不能撤销低压供电线路和电气设备的接零(地)保护措施。

5. 漏电保护器的主要技术指标

技术指标主要是指额定值，额定值是生产商为了保证电气设备的正常运行而规定的供用户使用中遵守的技术参数。

（1）额定电压 U

漏电保护器长期稳定工作的标准电压，电压值通常为 220V 或 380V。

（2）额定电流 I

正常工作时能承受的最大电流值，漏电保护器额定电压的优先系列值为 6A、10A、16A、20A、25A、32A、40A、50A、63A、80A、100A、125A、160A、200A。

（3）额定漏电动作电流 I

使漏电保护器必须动作的最小漏电电流，体现了漏电保护器的保护灵敏度，漏电保护器额定漏电动作电流的优先系列值为 6mA、10mA、30mA、50mA、100mA、300mA、500mA、1A、3A、5A、10A、20A。对于漏电保护器，额定漏电动作电流有的是固定的，有的分级可调或连续可调。

（4）额定漏电动作时间

从发生漏电到漏电保护器动作之间的最长时间。当额定漏电动作电流等于或小于 30mA 时要求小于 0.1s，当额定漏电动作电流大于 30mA 时要求小于 0.2s。

（5）额定漏电不动作电流

额定漏电不动作电流是指不能造成漏电保护器动作的最大漏电电流，规定为额定漏电动作电流值的二分之一。电气设备正常情况下也有很小的漏电电流，正常漏电电流可能造成漏电保护器的误动作。为减少这种误动作、提高供电的可靠性，特规定了这一指标。

（6）额定漏电动作延迟时间

额定漏电动作延迟时间的优先系列值为 0.2s、0.4s、0.8s、1s、1.5s、2s。对于漏电保护器，额定漏电动作延迟时间有的是固定的，有的分级可调或连续可调。

（7）机械电气寿命

I_n≤25A 时，操作循环次数为 4000，其中有载操作次数为 2000，无载操作次数为 2000。
I_n＞25A 时，操作循环次数为 3000，其中有载操作次数为 2000，无载操作次数为 1000。

6. 漏电保护器的一般应用

（1）漏电保护器的应用范围

漏电保护器可用于三相电路，也可用于单相电路；可用于总保护，如变压器低压侧的总保护，分支电路（包括住宅、学校、宾馆、机关、企业等建筑物内的插座回路）的总保护，也可用于单独保护，如单台设备的保护，还可用于分级保护。

（2）漏电保护器的选型

漏电保护器的选型原则是：一般选用带零序电流互感器的普通电流型漏电保护器，用于单台设备保护或家庭电器设备保护应选用高灵敏度、快速动作的电流型漏电保护器。

（3）漏电保护器的分级保护

分级保护的目的是缩小事故停电的范围，提高供电的可靠性，即只切断漏电支路的电源，而不切断上一级电源。漏电保护器的分级保护分为两级保护和三级保护，一般为两级保护，如变压器低压侧的总保护和分支电路总保护，施工现场总配电箱保护（第一级）和开关箱保护（第二级），开关箱保护又称终端保护。

用于分级保护的漏电保护器的额定漏电动作电流和额定动作时间应协调配合，第一级的额定漏电动作电流和额定动作时间应大于第二级，第一级应选用灵敏度较低和延时型漏电保护器，即前后级要有时间级差和电流级差，一般是一个级差，由现场调试确定。

任务计划

1. 实训项目

交流接触器的拆卸、装配与检修。

2. 目的要求

（1）熟悉交流接触器的拆卸与装配工艺，并能对常见故障进行正确检修。
（2）掌握交流接触器的校验和调整方法。

3. 工具、仪表及器材

（1）工具：螺钉旋具、电工刀、尖嘴钳、剥线钳、镊子等。
（2）仪表：电流表T10—A（5A）、电压表T10—V（600V）、MF30型万用表、5050型兆欧表。
（3）器材明细表见表3-3。

表3-3 器材明细表

代号	名称	型号规格	数量
T	调压变压器	TDGC2—10/0.5	1
KM	交流接触器	CJ10—20	1
QS1	三极开关	HK1—15/3	1
QS2	二极开关	HK1—15/2	1
EL	指示灯 控制板 连接导线	220V、25W 500mm×400mm×30mm BVR10mm^2	3 1 若干

任务实施

1. 交流接触器的拆卸

（1）卸下灭弧罩的紧固螺钉，取下灭弧罩。

（2）拉紧主触头定位弹簧夹，取下主触头及主触头压力弹簧片。拆卸主触头时必须将主触头侧转 45°后取下。

（3）松开辅助常开静触头的线桩螺钉，取下常开静触头。

（4）松开接触器底部盖板的螺钉，取下盖板。在松开盖板的螺钉时，要用手按住螺钉并慢慢放开。

（5）取下静铁芯缓冲绝缘纸片及静铁芯。

（6）取下静铁芯支架及缓冲弹簧。

（7）拔出线圈接线端的弹簧夹片，取下线圈。

（8）取下反作用弹簧。

（9）取下衔铁和支架。

（10）从支架上取下动铁芯定位销。

（11）取下动铁芯及缓冲绝缘纸片。

2. 交流接触器的检修

（1）检查灭弧罩有无破裂或烧损，清除灭弧罩内的金属飞溅物和颗粒。

（2）检查触头的磨损程度，磨损严重时应更换触头。若不需更换，则清除触头表面上烧毛的颗粒。

（3）清除铁芯端面的油垢，检查铁芯有无变形及端面接触是否平整。

（4）检查触头压力弹簧及反作用弹簧是否变形或弹力不足，如有需要则更换弹簧。

（5）检查电磁线圈是否有短路、断路及发热变色的现象。

3. 交流接触器的装配

按拆卸的逆顺序进行装配。

4. 交流接触器的自检

用万用表欧姆挡检查线圈及各触点是否良好，用兆欧表测量各触头间及主触头对地电阻是否符合要求，用手按动主触头检查运动部分是否灵活，以防产生接触不良、振动和噪声。

任务检查

1. 考核要求

（1）拆卸接触器时，应备有盛放零件的容器，以免丢失零件。

（2）拆装过程中不许硬撬元件，以免损坏电器。装配辅助静触头时，要防止卡住动触头。

(3) 接触器通电校验时，应有教师监护，以确保安全。
(4) 调整触头压力时，注意不要损坏接触器的触头。

2. 评分标准

交流接触器的拆卸、装配与检修评分标准见表 3-4。

表 3-4 交流接触器的拆卸、装配与检修评分标准

项目内容	配分	评分标准	扣分
交流接触器的拆装与检修、校验与调整触头压力	100	(1) 拆装方法不正确或不会拆装，扣 20 分 (2) 损坏、丢失或漏装零件，每件扣 10 分 (3) 未进行检修或检修方法不正确，扣 10 分 (4) 不能进行通电校验，扣 20 分 (5) 通电时有振动或噪声，扣 10 分 (6) 校验方法或结果不正确，扣 10 分 (7) 仅凭经验判断触头压力大小，扣 10 分 (8) 不会调整触头压力，扣 10 分	
安全文明生产		违反安全文明生产规程，扣 5~40 分	
定额时 1h		每超过 5 分钟扣 5 分	
备注		除额定时间外，各项的最高扣分不应超过配分数	成绩

任务总结

本任务主要通过对各种不同类型低压电器的故障分析，要求学生掌握常用低压电器的故障检修的步骤和方法。通过教师现场对常用低压电器的展示和介绍，使学生能识别低压电器的类型及其结构，引领学生学习常用低压电器的拆装、检修方法，并示范操作要领，充分调动学生的学习积极性，培养学生的自主探究能力。

任务二　三相异步电动机单向连续运行控制电路的安装、调试与故障排除

任务目标

(1) 熟悉三相异步电动机单向连续运转控制电路的安装步骤和工艺要求。
(2) 掌握三相异步电动机单向连续运转控制电路的安装、调试和维修方法。

一、手动控制电路

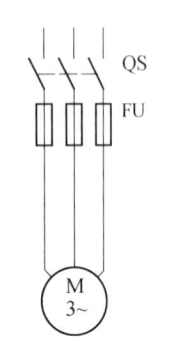

图 3-17 三相笼型异步电动机手动控制电路

对小型台钻、砂轮机、冷却泵、风扇等，可用铁壳开关、胶盖开关或用组合开关和熔断器来直接控制三相异步电动机的启动和停止。

图 3-17 是用胶盖开关控制的三相笼型异步电动机手动控制电路。QS 起到接通和断开电源的作用，FU 作短路保护用。线路的工作原理比较简单，简述如下。

启动：合上胶盖开关，电动机接通电源启动运转。

停止：断开胶盖开关，电动机电源断开，电动机停转。

这种手动控制电路使用的电器数量少，电路结构简单，但在启动、停止控制频繁的场所这种手动控制方法既不方便，也不安全，操作强度大，不能实现自动控制。为了克服上述缺点，使用按钮、接触器等电器来控制电动机。

二、接触器直接启动控制

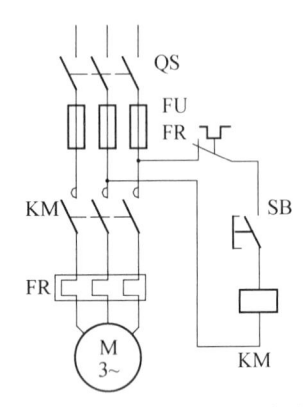

图 3-18 电动机点动控制电路

图 3-18 是由接触器、按钮、开关、熔断器和热继电器组成的电动机控制电路。电路的工作原理简述如下。

先将电源开关 QS 闭合，此时由于接触器不得电，电动机尚未接通电源，电动机并不会运转，要想使电动机运转必须使接触器得电。因此按下按钮 SB，接触器线圈得电，使衔铁吸合，同时带动接触器的三对主触点吸合，电动机的电源接通，电动机启动运转。当电动机需要停转时只要松开按钮，使接触器的线圈断电，衔铁在复位弹簧的作用下复位，带动接触器的主触点断开，电动机失电停转。由此可知该控制电路的特点是：当按下按钮电动机旋转，而松开按钮电动机停转。这种控制方式称为点动控制。

在要求电动机启动后能够连续运转时采用上述电路就不行了。因为要使电动机连续运转，启动按钮就不能断开，这不符合实际生产要求。为实现电动机的连续运转可采用图 3-19 所示电路。

电路工作分析：

合上电源开关 QS，引入三相电源。按下启动按钮 SB2，KM 线圈通电，其常开主触点闭合，电动机 M 接通电源启动。当松开启动按钮 SB2 时，KM 线圈通过其自身辅助触点继续保持通电状态，从而保证了电动机连续运转。当需要电动机停止运转时，可按下停止按钮 SB1，切断 KM 线圈的电源，KM 线圈常开主触点与辅助触点均断开，切断电动机电源和控制电路，电动机停止运转。

(a) 电气原理图

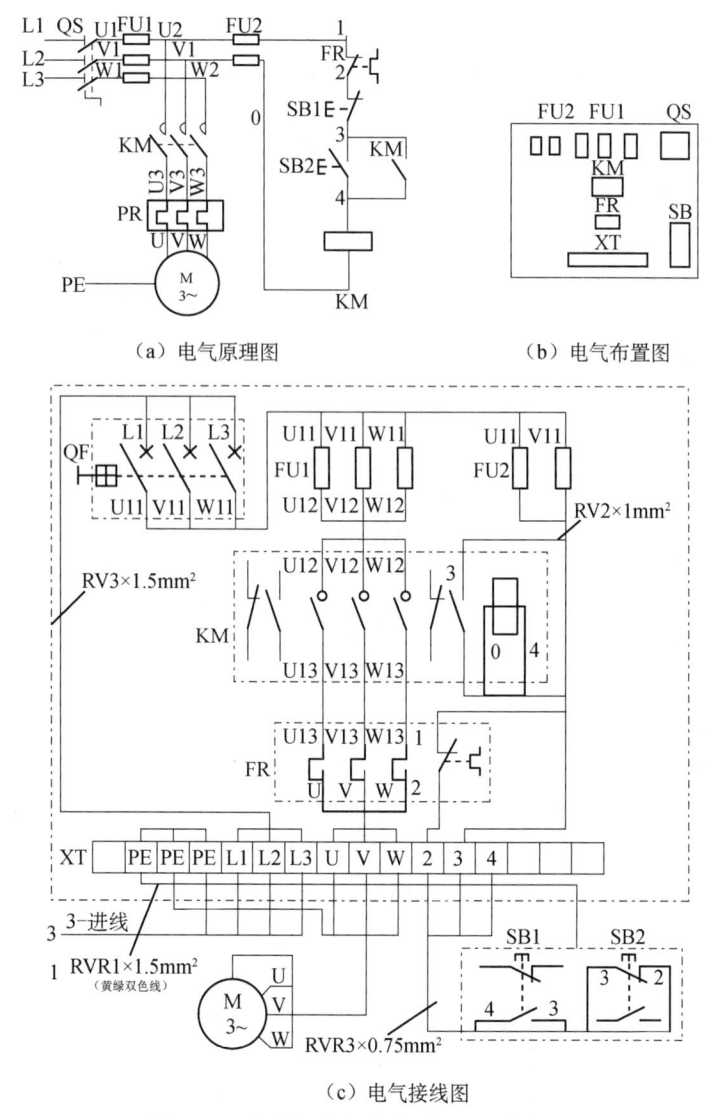

(b) 电气布置图

(c) 电气接线图

图 3-19 电动机单向连续运行控制电气图

这种依靠接触器自身辅助触点保持线圈通电的电路,称为自锁电路,辅助触点称为自锁触点。

上述控制电路可以实现短路保护、过载保护、零电压和欠电压保护等。

1. 短路保护

电动机、电器以及导线的绝缘损坏或线路发生故障时,都可能造成短路事故。很大的短路电流和电动力可能使电器设备损坏。因此,要求一旦发生短路故障时,控制电路应能迅速、可靠地切断电路进行保护,并且保护装置不应受启动电流的影响而误动作。

常用的短路保护元件有熔断器和自动开关。

熔断器价格便宜、断弧能力强,所以一般电路几乎无例外地使用它作短路保护。但是熔体的品质、老化及环境温度等因素对其动作值影响较大,用其保护电动机时,可能会因一相熔体熔断而造成电动机单相运行。因此,熔断器适用于动作准确度和自动化程度较差的系统,如小容量的笼型电动机、普通交流电源等。

自动开关又称为自动空气熔断器，它有短路保护、过载保护和欠电压保护功能。这种开关能在电路发生短路故障时，因电流线圈动作而自动跳闸，将三相电源同时切断。自动开关的结构复杂、价格较贵，不宜频繁操作，广泛应用于要求较高的场合。

2. 过载保护

过载保护是指在电动机出现过载时能切断电动机的电源，使电动机停止转动的一种保护措施。

电动机不正确的启动、运行中负载转矩剧烈增加、长期负载过大或启动操作频繁、电动机缺相运行等都会引起电动机过电流运行，实际电流超过额定数值。在这种情况下，过电流比短路电流小，但比电动机额定电流却大得多，此时熔断器往往不会熔断。过电流的危害虽没有短路故障那么严重，但会造成电动机的绕组过热，若温度超过允许温升会使绝缘损坏，缩短电动机的使用寿命，严重时会烧毁电动机绕组。因此，应对电动机实施过载保护措施。常见的过载保护措施是使用热继电器。把热继电器的热元件串联在电动机的三相绕组中，将辅助常闭触点串接在接触器线圈的控制电路中。如果电动机运行中由于过载或其他原因导致电动机的工作电流超过额定数值，经过一定时间，串接在主电路中的热元件因受热发生弯曲，通过动作机构将串接在控制电路中的辅助常闭触点断开，切断控制电路，接触器的线圈失电，其主触点、自锁辅助常开触点断开，电动机失电停转，达到了过载保护的目的。

原则上，短路保护所用元件可以用于过电流保护，不过断弧能力可以要求低些。但对电动机的控制电路来说，熔断器只能作短路保护。这是因为电动机的启动电流很大，若用熔断器作过载保护，则应选择熔断器的额定电流等于或大于电动机的额定电流。电动机在启动时，由于启动电流大于熔断器的额定电流，熔断器在瞬间熔断，使电动机无法正常启动。所以熔断器只能作短路保护，其额定电流应为电动机额定电流的1.5～3倍。

热继电器在电动机控制电路中仅能作过载保护，不能作短路保护。这是因为热继电器的热惯性大，即热继电器的双金属片受热膨胀弯曲需要一定的时间。当电动机发生短路时，由于短路电流很大，热继电器还没来得及动作，供电线路和电源设备可能已经损坏。在电动机启动时，由于启动时间很短，热继电器还没动作，电动机已启动完毕。总之，热继电器与熔断器两者不能互相代替。

3. 零电压和欠电压保护

在电动机运行中，如果电源电压因某种原因消失，那么在电源电压恢复时，如果电动机自行启动，将可能使生产设备损坏，也可能造成人身事故。对供电系统的电网来说，同时有许多电动机及其他用电设备自行启动也会引起不允许的过电流及瞬间网络电压下降。为防止电网失电后恢复供电时电动机自行启动的保护称为零电压保护。

电动机正常运行时，电源电压过分的降低将引起一些电器释放，造成控制电路工作不正常，甚至产生事故。电网电压过低，如果电动机负载不变，由于三相异步电动机的电磁转矩与电压的二次方成正比，则会因电磁转矩的降低而带不动负载，造成电动机堵转停车，电动机电流增大使电动机发热，严重时烧毁电动机。因此，在电源电压降到允许值以下时，需要采用保护措施，及时切断电源，这就是欠电压保护。欠电压保护通常采用欠电压继电器或设置专门的零电压继电器来实现。

主电路和控制电路由同一个电源供电时,具有电气自锁的接触器兼有欠电压保护和零电压保护作用。若因故障电网电压下降到允许值以下时,接触器线圈释放,从而切断电动机电源;当电网电压恢复时,由于自锁已解除,电动机也不会再自行启动。

欠电压继电器的线圈直接跨接在定子的两相电源线上,其常开触点串接在控制电动机的接触器线圈控制电路中。自动开关的欠压脱扣器亦可进行欠压保护。主令控制器的零位操作是零电压保护的典型环节。

三、点动与连续运转的控制

在生产实践中,某些生产机械常会要求既能正常启动,又能实现位置调整的点动工作。所谓点动,即按下按钮时电动机转动工作,松开按钮后,电动机立即停止工作。点动控制主要用于机床刀架、横梁、立柱的快速移动等方面。

图3-20为电动机点动与连续运转控制的几种典型电路,其具体电路的工作分析如下。

图3-20(a)为基本点动控制电路。按下按钮SB,接触器KM线圈通电,常开主触点闭合,电动机启动运转;松开按钮SB,接触器KM线圈断电,其常开主触点断开,电动机停止运转。

(a)基本点动控制电路　　(b)开关选择运行状态的点动控制电路　　(c)两个按钮控制的点动控制电路

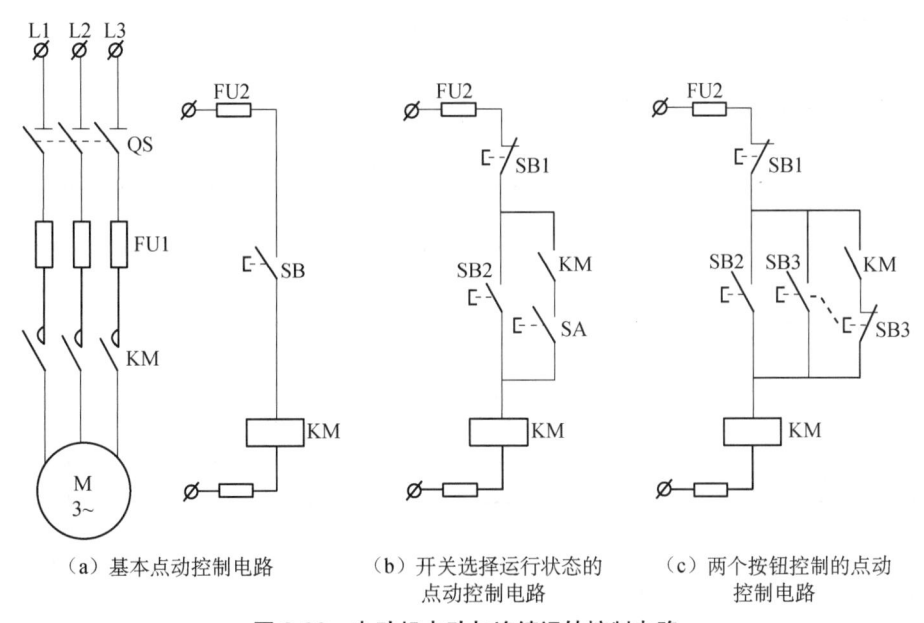

图3-20　电动机点动与连续运转控制电路

图3-20(b)为采用开关SA选择运行状态的点动控制电路。当需要点动控制时,只要把开关SA断开,即断开接触器KM线圈的自锁触点,由按钮SB2进行点动控制;当需要电动机正常运转时,只要把开关SA合上,将接触器KM线圈的自锁触点接入控制电路,即可实现连续控制。

图3-20(c)为两个按钮控制的点动控制电路。电路中,SB1为停止按钮,SB2为连续运转启动按钮,SB3为点动控制按钮。当需要点动控制,按下SB3时,其常闭触点先将自锁回路切断,然后其常开触点接通接触器KM线圈使其通电,接触器KM线圈常开主触点闭合,电动机启动运转;当松开SB3时,其常开触点先断开,接触器KM线圈断电,接触器KM线圈常开主触点断开,电动机停转,然后SB3常闭触点闭合,但此时接触器KM线

圈常开触点已断开，KM 线圈无法保持通电，即可实现点动控制。

由以上电路工作的分析看出，点动控制电路的最大特点是取消了自锁触点。

任务计划

1. 实训项目

电动机单向连续运转控制电路的安装、调试与故障排除。

2. 目的要求

掌握电动机单向连续运转控制电路的安装方法，并能对常见故障进行正确的检修。

3. 工具、仪表及器材

（1）电工常用工具：试电笔、电工钳（剥线钳等）、螺钉旋具、电工刀等。
（2）仪表：万用表。
（3）自制木台（控制板）一块（650mm×500mm×50mm）。
（4）导线。
（5）电器元件明细表见表 3-5。

表 3-5　电器元件明细表

代号	名称	型号	规格	数量
M	三相异步电动机	Y—112M—4	4kW、380V、△接法、8.8A、1440r/min	1
QS	组合开关	HZ10—25/3	三相额定电流 25A	1
FU1	螺旋式熔断器	RL1—60/25	500V、60A，所配熔体的额定电流 25A	3
FU2	螺旋式熔断器	RL1—15/2	500V、15A，所配熔体的额定电流 2A	2
KM	交流接触器	CJ10—20	20A、线圈电压 380V	1
SB	按钮	LA10—3H	保护式按钮数 3（代用）	1
XT	端子板	JX2—1015	10A、15 节	1

任务实施

1. 实训内容

（1）按图 3-19 所示电气图装接电动机单向连续运行控制电路。
（2）通电空运转校验。

2. 实训步骤

（1）按电器元件明细表将所需器材配齐并检验元件质量。
（2）在控制板上按图 3-19（c）所示电气接线图安装除电动机以外的所有电器元件。
（3）按图 3-19（b）所示电气布置图进行电器、导线的布置。

（4）按图 3-19（a）所示电气原理图检验控制板布线的正确性。
（5）连接电源、电动机等控制板外部的导线。
（6）经教师检查后，通电试车。
（7）拆去外接线，评分。

3. 工艺要求

（1）检验元件质量

在不通电的情况下，用万用表检查各触点的分、合情况是否良好。检验接触器时，应拆卸灭弧罩，用手同时按下三副主触点且用力应均匀；若不拆卸灭弧罩检验，切忌对旋具用力过猛，以防触点变形。同时应检查接触器线圈的电压与电源电压是否相符。

（2）安装电器元件

必须按图 3-19（c）所示电气接线图进行安装，同时应做到：

① 组合开关、熔断器的受电端子应安装在控制板的外侧，并使熔断器的受电端为底座的中心端。

② 各元件的安装位置应整齐、匀称、间距合理，便于更换元件。

③ 紧固各元件时应用力均匀，紧固程度适当。在紧固熔断器、接触器等易碎裂元件时，应先按住元件，再一边轻轻摇动，一边用旋具轮流旋紧对角线的螺钉，直至摇不动后再适当旋紧一些即可。

（3）板前明线布线

布线时，应符合平直、整齐、紧贴敷设面、走线合理及接点不得松动等要求。其原则如下：

① 走线通道应尽可能少，同一通道中的沉底导线，按主、控电路分类集中，单层平行密排，并紧贴敷设面。

② 同一平面的导线应高低一致或前后一致，不能交叉。当必须交叉时，该根导线应从接线端子引出，水平架空跨越，但必须走线合理。

③ 布线应横平竖直，变换走向应垂直。

④ 导线与接线端子或线桩连接时，应不压绝缘层、不反圈及不露铜过长，并做到同一元件、同一回路的不同接点的导线间距离保持一致。

⑤ 一个电器元件接线端子上的连接导线不得超过两根，每个接线端子板上的连接导线一般只允许连接一根。

⑥ 布线时，严禁损伤线芯和导线绝缘层。

⑦ 如果线路简单可不套编码套管。

（4）自检

用万用表进行检查时，应选用电阻挡的适当倍率并进行校零，以防出现错、漏、短路等故障。

① 检查控制电路，可将表棒分别搭在 U1、V1 线端上，读数应为"∞"，按下按钮 SB2 时读数应为接触器线圈的直流电阻阻值。

② 检查主电路时，可以手动检查接触器受电线圈励磁吸合时的情况。

（5）通电试车

通电前必须征得教师同意，由教师接通电源线 L1、L2、L3，并进行现场监护。

① 学生合上电源开关 QS 后，允许用万用表或试电笔等检查主、控电路中的熔体是否完好，但不得对电路接线是否正确进行带电检查。

② 第一次按下按钮 SB 时，应短时点动，以观察电路和电动机运行有无异常现象。

③ 试车成功率从通电后第一次按下按钮 SB 开始计算。

④ 出现故障后，学生应独立进行检修，若要带电检查，必须有教师在场监护。检修完毕再次试车，也应有教师在场监护。实训中应做好本任务的实训记录。

⑤ 实训任务应在规定的定额时间内完成。

试车时，若发现接触器振动，且有噪声，主触点燃弧严重，电动机发出"嗡嗡"响声但转不起来，应立即停车检查，重新检查电源、线路、各连接点有无虚接，电动机绕组有无断路，必要时拆开接触器检查电磁机构，排除故障后重新试车。

任务检查

1. 考核要求

（1）电动机及按钮的金属外壳必须可靠接地。接至电动机的导线必须穿在导线通道内加以保护，或采用坚韧的四芯橡皮线或塑料护套线进行临时通电校验。

（2）电源进线应接在螺旋式熔断器底座的中心端上，出线应接在螺纹外壳上。

（3）按钮内接线时，用力不能过猛，以防止螺钉打滑。

2. 评分标准

单向连续运转控制电路的安装、调试与故障排除评分标准见表3-6。

表3-6 单向连续运转控制电路的安装、调试与故障排除评分标准

项目内容	配分	评分标准		扣分
安装元件	15	（1）不按电气布置图安装，扣15分 （2）元件安装不紧固，每只扣4分 （3）元件安装不整齐、不匀称、不合理，每只扣3分 （4）损坏元件，扣15分		
布线	35	（1）不按电气原理图接线，扣25分 （2）布线不符合要求 　　主电路每根扣4分 　　控制电路每根扣2分 （3）接点不符合要求，每个接点扣1分 （4）损伤导线绝缘或线芯，每根扣5分		
通电试车	50	（1）第一次试车不成功，扣20分 　　第二次试车不成功，扣35分 　　第三次试车不成功，扣50分 （2）违反安全、文明生产，扣5～50分		
定额时间		2.5小时，每超时5分钟以扣5分计算		
备注		除定额时间外，各项目的最高扣分不应超过配分数	成绩	
开始时间		结束时间	实际时间	

任务总结

本任务主要通过对三相异步电动机单向连续运转控制电路的安装及故障排除，培养学生

自主分析继电-接触器控制电路的能力，通过教师现场展示三相异步电动机单向连续运转控制电路的各种故障排除技巧，并示范操作要领，充分调动学生的学习积极性，培养学生的自主探究能力。

任务三　三相异步电动机正反转控制电路的安装、调试与故障排除

任务目标

（1）熟悉三相异步电动机正反转控制电路的安装步骤和工艺要求。
（2）掌握三相异步电动机正反转控制电路的电路安装、调试和维修方法。

任务资讯

一、接触器连锁的正反转控制电路

前面讨论的电动机运转控制电路只能使电动机向一个方向运转，在实际工作中，生产机械常常需要运动部件可以进行相反方向的运动，这就要求电动机能够实现可逆运行，如机床工作台的前进和后退、铣床主轴的正反转等。由电动机原理可知，三相交流电动机可改变定子绕组相序来改变电动机的旋转方向。因此，借助于接触器来实现三相电源相序的改变，即可实现电动机的可逆运转。

接触器连锁的正反转控制电路原理图如图 3-21 所示。电路中采用了两个接触器，即正转用的接触器 KM1 和反转用的接触器 KM2，它们分别由正转按钮 SB1 和反转按钮 SB2 控制。从主电路图中可以看出，这两个接触器的主触头所接通的电源相序不同，KM1 按 L1—L2—L3 相序接线，KM2 则按 L3—L2—L1 相序接线。相应地，控制电路有两条，一条是由按钮 SB1 和 KM1 线圈等组成的正转控制电路，另一条是由按钮 SB2 和 KM2 线圈等组成的反转控制电路。

必须指出，接触器 KM1 和 KM2 的主触头绝不允许同时闭合，否则将造成两相电源（L1 相和 L3 相）短路事故。为了避免两个接触器 KM1 和 KM2 同时得电动作，就在正反转控制电路中分别串接了对方接触器的一对常闭辅助触头，这样，当一个接触器得电动作时，通过其常闭辅助触头使另一个接触器不能得电动作，接触器间这种相互制约的作用称为接触器连锁（或互锁）。实现连锁作用的常闭辅助触头称为连锁触头（或互锁触头），连锁符号用"v"表示。

电路的工作原理：先合上电源开关 QS，其正反转控制动作顺序如下。

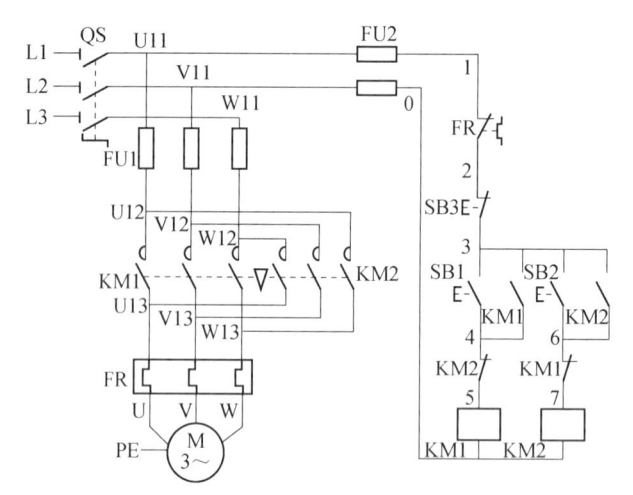

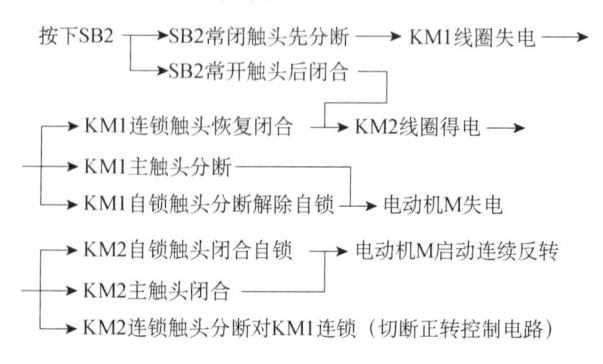

图 3-21 接触器连锁的正反转控制电路原理图

1. 正转控制

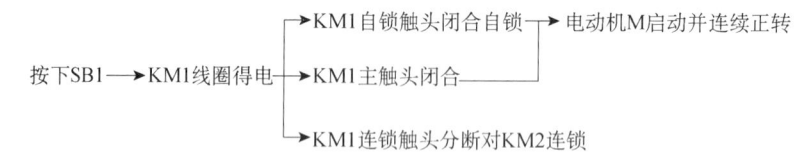

按下SB1 → KM1线圈得电 → ┬─ KM1自锁触头闭合自锁 ┐
　　　　　　　　　　　　　├─ KM1主触头闭合 ──────┼→ 电动机M启动并连续正转
　　　　　　　　　　　　　└─ KM1连锁触头分断对KM2连锁

2. 反转控制

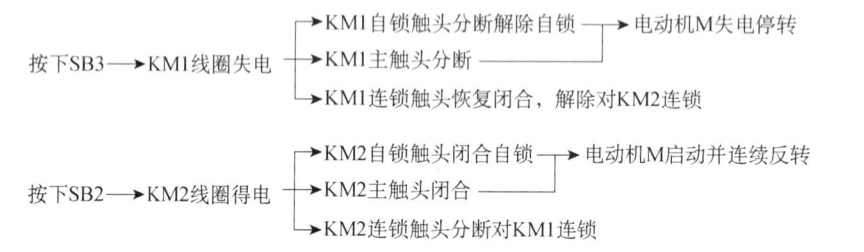

按下SB3 → KM1线圈失电 → ┬─ KM1自锁触头分断解除自锁 → 电动机M失电停转
　　　　　　　　　　　　　├─ KM1主触头分断
　　　　　　　　　　　　　└─ KM1连锁触头恢复闭合，解除对KM2连锁

按下SB2 → KM2线圈得电 → ┬─ KM2自锁触头闭合自锁 → 电动机M启动并连续反转
　　　　　　　　　　　　　├─ KM2主触头闭合
　　　　　　　　　　　　　└─ KM2连锁触头分断对KM1连锁

停止时，按下停止按钮SB3 → 控制电路失电 → KM1（或KM2）主触头分断 → 电动机M失电停转

从以上分析可见，接触器连锁正反转控制电路的优点是工作安全可靠，缺点是操作不便。因电动机从正转变为反转时，必须先按下停止按钮后，才能按反转启动按钮，否则由于接触器的连锁作用，不能实现反转。为克服此电路的不足，可采用按钮连锁（见图 3-22）或按钮和接触器双重连锁的正反转控制电路（见图 3-23）。

按下SB2 ┬→ SB2常闭触头先分断 → KM1线圈失电 →
　　　　└→ SB2常开触头后闭合
　　　┬→ KM1连锁触头恢复闭合 → KM2线圈得电 →
　　　├→ KM1主触头分断
　　　├→ KM1自锁触头分断解除自锁 → 电动机M失电
　　　├→ KM2自锁触头闭合自锁 → 电动机M启动连续反转
　　　├→ KM2主触头闭合
　　　└→ KM2连锁触头分断对KM1连锁（切断正转控制电路）

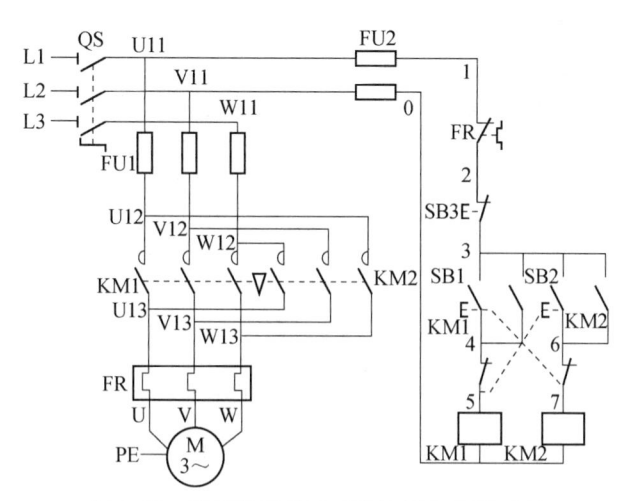

图 3-22 按钮连锁的正反转控制电路原理图

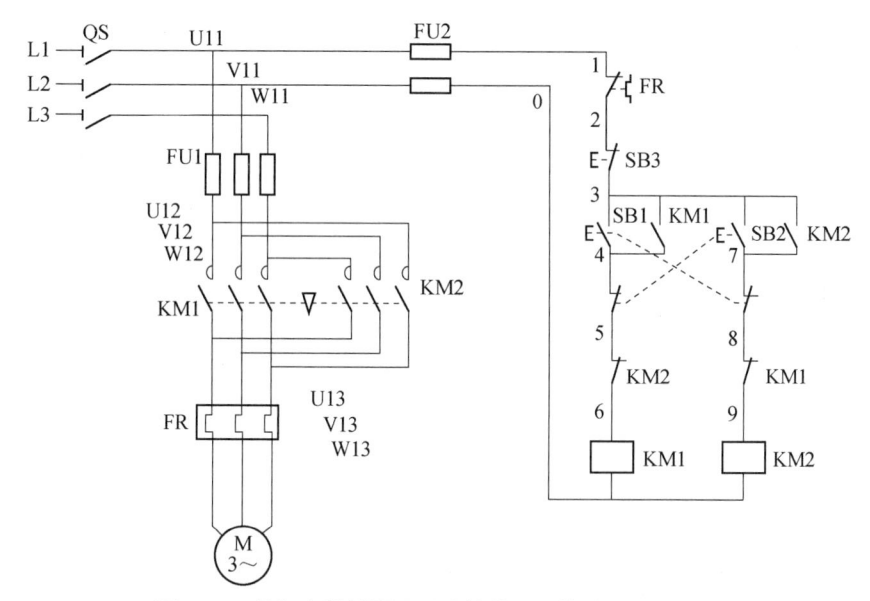

图 3-23 按钮和接触器双重连锁的正反转控制电路原理

二、按钮、接触器双重连锁的正反转控制电路

1. 控制原理图

为克服接触器连锁正反转控制电路和按钮连锁正反转控制电路的不足，在按钮连锁的基础上，又增加了接触器连锁，构成按钮、接触器双重连锁正反转控制电路，如图 3-23 所示。该电路兼有两种连锁控制电路的优点，操作方便，工作安全可靠。

2. 电路的器件组成

QS（电源开关）、FU（熔断器）、KM（交流接触器）、FR（热继电器）、SB（按钮）、M（主轴电动机）。

3. 电路结构分析

结合了接触器连锁正反转控制电路、按钮连锁正反转控制电路这两个电路的结构，把两个电路组合起来。

4. 电路的工作原理

先合上电源开关 QS。

① 正转控制。

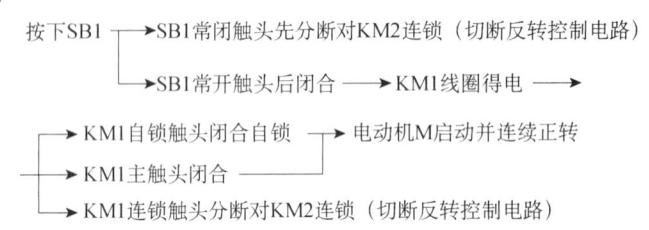

按下SB1 ─→ SB1常闭触头先分断对KM2连锁（切断反转控制电路）
         └─→ SB1常开触头后闭合 ─→ KM1线圈得电 ─→

      ┌─→ KM1自锁触头闭合自锁 ─→ 电动机M启动并连续正转
      ├─→ KM1主触头闭合
      └─→ KM1连锁触头分断对KM2连锁（切断反转控制电路）

② 反转控制。

③ 停止。

按下SB3 ─→ 控制电路失电 ─→ 接触器线圈失电 ─→
─→ 接触器主触点分断 ─→ 电动机M停转

任务计划

1. 目的要求

掌握双重连锁正反转控制电路的正确安装和检修。

2. 工具、仪表及器材

（1）工具

测电笔、螺钉旋具、尖嘴钳、斜口钳、剥线钳、电工刀。

（2）仪表

5050 型兆欧表、T301—A 型钳形电流表、MF30 型万用校验灯等。

（3）器材

接触器连锁正反转控制电路板一块。导线规格：动力电路采用 BV1.5mm² 和 BVR1.5mm²（黑色）塑铜线，控制电路采用 BVR1mm² 塑铜线（红色），接地线采用 BVR（黄绿双色）塑铜线（截面积至少 1.5mm²）。紧固体及编码套管等，其数量按需要而定。

任务实施

1. 安装训练

（1）根据如图 3-23 所示的电路图，画出双重连锁正反转控制电路的接线图（见图 3-24）。

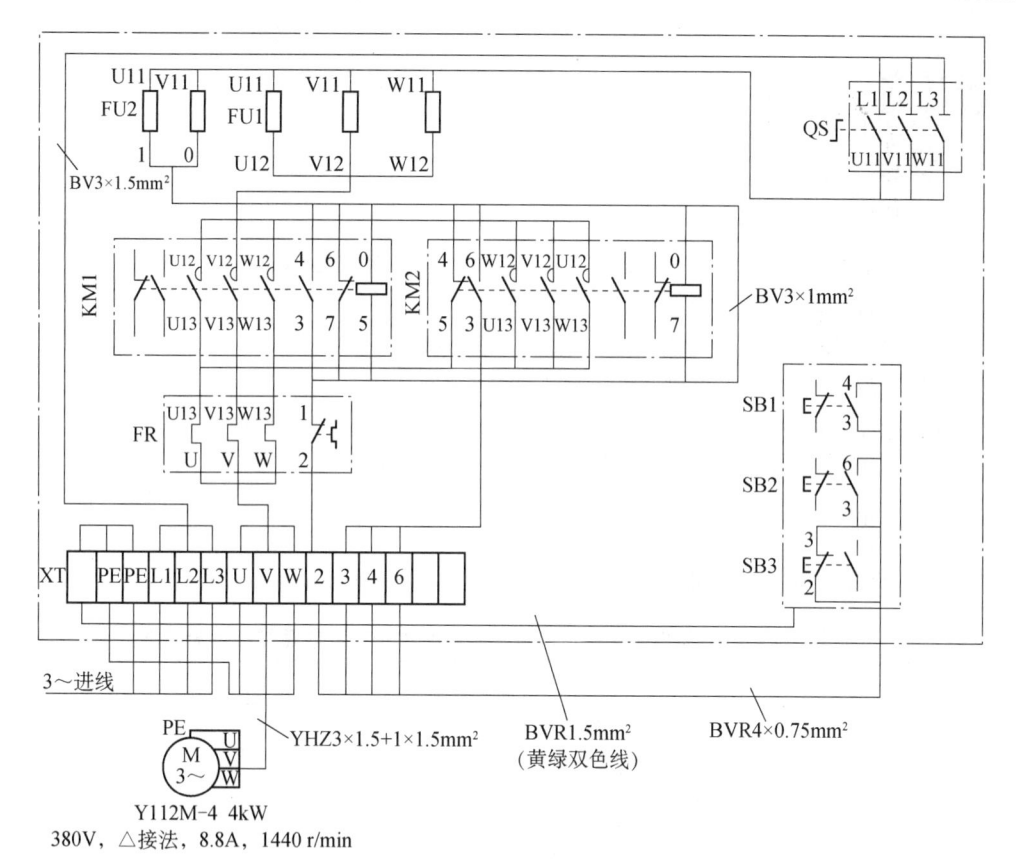

图3-24 双重连锁正反转控制电路的接线图

（2）根据电路图和接线图，装好留用的电路板，改装成双重连锁的正反转控制电路。操作时，注意体会该电路的优点。

2. 检修训练

（1）故障设置。在控制电路或主电路中人为设置电气自然故障两处。

（2）教师示范检修。教师进行示范检修时，可把下述检修步骤及要求贯穿其中，直至故障排除。

① 用试验法观察故障现象。主要注意观察电动机的运行情况、接触器的动作情况和电路的工作情况等，如发现有异常情况，应马上断电检查。

② 用逻辑分析法缩小故障范围，并在电路图上用虚线标出故障部位的最小范围。

③ 用测量法正确、迅速地找出故障点。

④ 根据故障点的不同情况，采取正确的修复方法，迅速排除故障。

⑤ 排除故障后通电试车。

3. 学生检修

教师示范检修后，再由指导教师重新设置两个故障点，让学生进行检修。在学生检修的过程中，教师可进行启发性的示范指导。

任务检查

1. 考核要求

① 认真听取和仔细观察指导教师在示范过程中的讲解和检修操作。
② 熟练掌握电路图中各个环节的作用。
③ 在排除故障过程中，故障分析的思路和方法要正确。
④ 工具和仪表的使用要正确。
⑤ 带电检修故障时，必须有指导教师在现场监护，并要确保用电安全。
⑥ 检修必须在定额时间内完成。

2. 评分标准

三相异步电动机正反转控制电路的安装及故障排除评分标准见表3-7。

表3-7　三相异步电动机正反转控制电路的安装及故障排除评分标准

项目内容	配分	评分标准	扣分	
安装元件	15	（1）不按电气布置图安装，扣15分 （2）元件安装不紧固，每只扣4分 （3）元件安装不整齐、不匀称、不合理，每只扣3分 （4）损坏元件，扣15分		
布线	35	（1）不按电气原理图接线，扣25分 （2）布线不符合要求 　主电路每根扣4分 　控制电路每根扣2分 （3）接点不符合要求，每个接点扣1分 （4）损伤导线绝缘或线芯，每根扣5分		
通电试车	50	（1）第一次试车不成功，扣20分 　　第二次试车不成功，扣35分 　　第三次试车不成功，扣50分 （2）违反安全、文明生产，扣5～50分		
定额时间		2.5小时，每超时5分钟以内以扣5分计算		
备注		除定额时间外，各项目的最高扣分不应超过配分数	成绩	
开始时间		结束时间	实际时间	

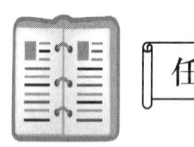

任务总结

本任务主要通过对三相异步电动机正反转控制电路的安装及故障排除，培养学生自主分析继电-接触器控制电路的能力，通过教师现场展示三相异步电动机正反转控制电路的各种故障排除技巧，并示范操作要领，充分调动学生的学习积极性，培养学生的自主探究能力。

任务四　三相异步电动机降压启动控制电路的安装、调试与故障排除

任务目标

（1）熟悉三相异步电动机降压启动控制电路的安装步骤和工艺要求。
（2）掌握三相异步电动机降压启动控制电路的安装、调试和维修方法。

任务资讯

三相笼型异步电动机容量较大时，一般应采用降压启动，有时为了减小和限制启动时对机械设备的冲击，对于即使允许直接启动的电动机，也往往采用降压启动。

三相笼型异步电动机降压启动的实质，就是在电源电压不变的情况下，启动时减小加在电动机定子绕组上的电压，以限制启动电流，而在启动后再将电压恢复至额定值，电动机进入正常运行状态。降压启动可以减小启动电流，减小电路电压降，也就减小了启动时对电路的影响，但电动机的电磁转矩与定子端电压平方成正比，所以降压启动使得电动机的启动转矩相应减小，故降压启动适用于空载或轻载下启动。

三相笼型异步电动机降压启动的方法有：定子串电阻启动、星形（Y）-三角形（△）连接降压启动、使用自耦变压器启动等。

一、定子串电阻降压启动

1. 控制原理

定子串电阻降压启动控制电路如图 3-25 所示。电动机启动时在三相定子绕组电路中串接电阻，使电动机定子绕组电压降低，启动后再将电阻短接，电动机仍然在正常电压下运行。

2. 工作原理

合上电源开关 QS，按下 SB2 按钮，KM1 和 KT 线圈得电。KM1 得电主触点闭合，电动机定子绕组串接电阻，电动机降压启动。同时时间继电器延时，经过一定时间后时间继电器的延时闭合触点闭合，KM2 线圈得电，主触点闭合将电阻短接，电动机全压运转。

按下停止按钮电动机停转。此电路中当电动机全压正常运转时，接触器 KM1、KM2 和时间继电器 KT 需要长时间通电，从而能耗增加，电器寿命缩短。针对此问题进行改进，如图 3-26 所示。这样，KM1 和 KT 只用作短时间的降压启动，待电动机全压运行时从电路中切除，从

而延长了接触器 KM1 和时间继电器 KT 的使用寿命，节省了电能。

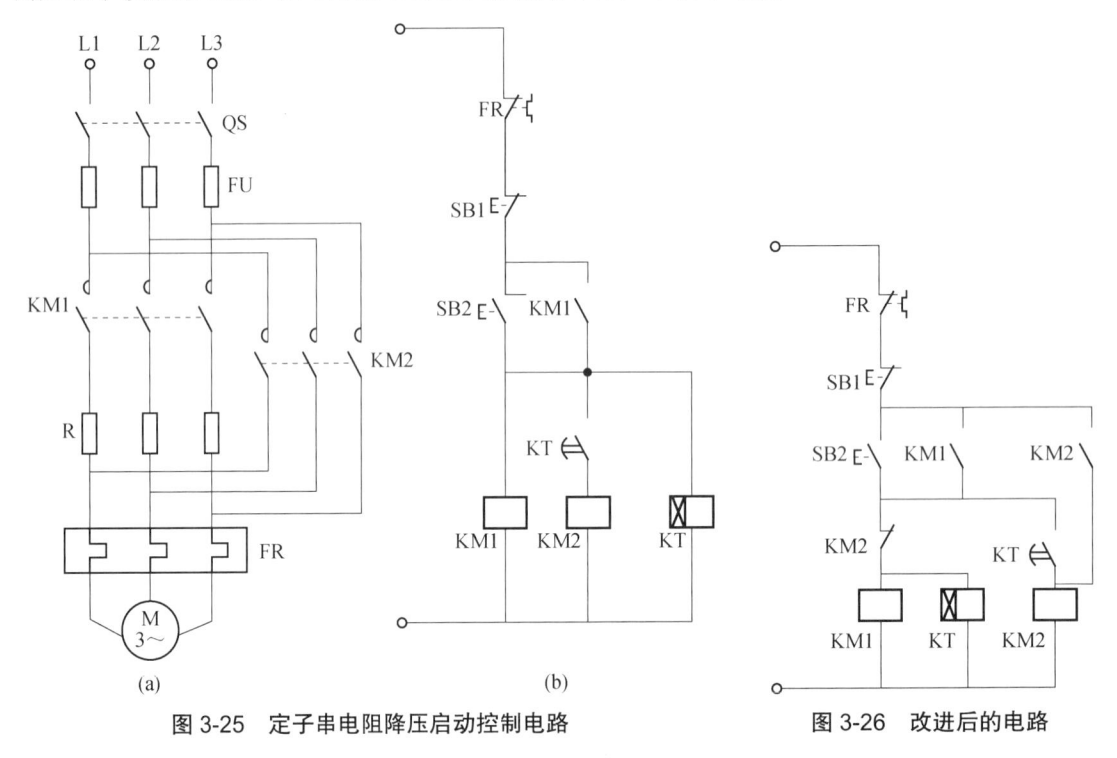

图 3-25 定子串电阻降压启动控制电路

图 3-26 改进后的电路

二、星形-三角形降压启动

正常运行时定子绕组接成三角形的三相笼型异步电动机可采用星形-三角形降压启动的方法以达到限制启动电流的目的，其电气原理图如图 3-27 所示。

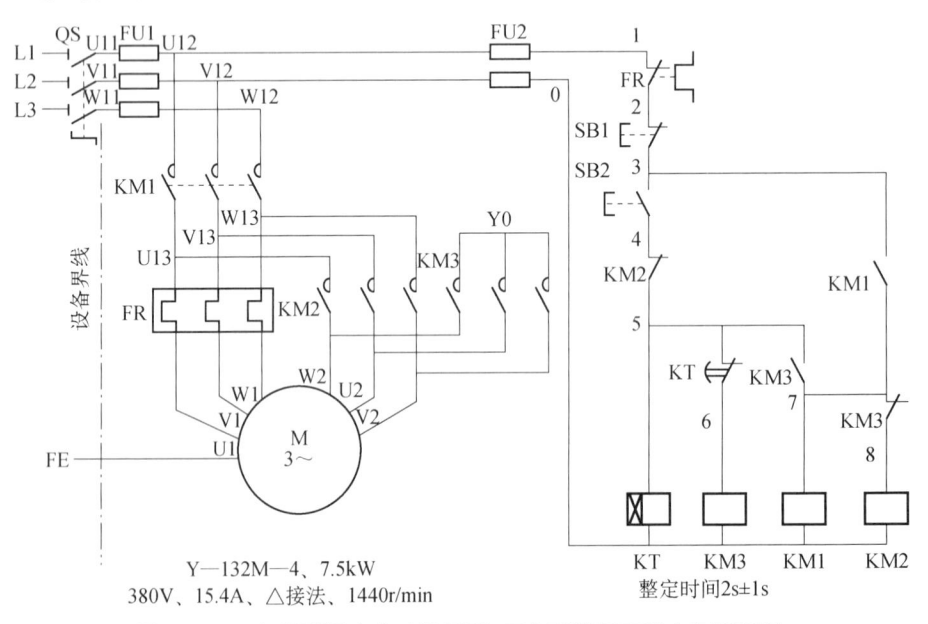

Y—132M-4、7.5kW
380V、15.4A、△接法、1440r/min

整定时间 2s±1s

图 3-27 三相笼型异步电动机星形-三角形降压启动电气原理图

启动时，定子绕组接成星形，待转速上升到接近额定转速时，再将定子绕组的接线换接成三角形，电动机进入全电压正常运转状态。由电工基础知识可知：启动时加在定子绕组上的启动电压只有三角形接法的 $1/\sqrt{3}$，启动电流为三角形接法的 1/3，相应的启动转矩也是三角形连接时的 1/3。

图 3-27 为三相笼型异步电动机星形-三角形降压启动电路，该电路由接触器 KM1、KM2、KM3，热继电器 FR，时间继电器 KT，按钮 SB1、SB2 等元件组成，并具有短路保护、过载保护和失压保护等功能。

电路工作分析：

合上电源开关 QS，按下启动按钮 SB2，接触器 KM3 和时间继电器 KT 线圈同时得电，KM3 的常开主触点闭合，把定子绕组连接成星形；其常开辅助触点闭合，使接触器 KM1 线圈得电。接触器 KM1 的常开主触点闭合，将定子绕组接入电源，使电动机在星形接法下启动。KM1 的常开辅助触点闭合自锁。时间继电器的常闭触点经一定延时后断开，接触器 KM3 线圈失电，其全部主、辅触点复位，使接触器 KM2 线圈得电。接触器 KM2 的常开主触点闭合，将定子绕组连接成三角形，使电动机在全电压下正常运转。与 SB2 串联的 KM2 常闭触点的作用是：电动机正常运行时，这个常闭触点断开，切断了 KT 和 KM3 的通路，即使误动作按下 SB2，KT 和 KM3 也不会通电，以免影响电路正常运行。

按下停止按钮 SB1，接触器 KM1 和 KM3 同时失电，电动机停止转动。

三、自耦变压器降压启动

电动机自耦变压器降压启动是将自耦变压器一次侧接在电网上，启动时定子绕组接在自耦变压器二次侧上。启动时定子绕组得到的电压是自耦变压器的二次侧电压，待电动机转速接近额定转速时，切断自耦变压器电路，把额定电压直接加在电动机的定子绕组上，电动机进入全压正常运转状态。

图 3-28 为 XJ01 系列自耦变压器降压启动电路图。图中 KM1 为降压启动接触器，KM2 为全压运行接触器，KA 为中间继电器，KT 为降压启动时间继电器，HL1 为电源指示灯，HL2 为降压启动指示灯，HL3 为正常运行指示灯。

表 3-8 列出了部分 XJ01 系列自耦变压器降压启动的技术参数。

电路工作分析：

合上主电路与控制电路电源开关 QS，指示灯 HL1 亮，表示电源电压正常。按下启动按钮 SB2，KM1、KT 线圈同时通电并自锁，将自耦变压器接入主电路，电动机由自耦变压器供电做降压启动，同时指示灯 HL1 灭，指示灯 HL2 亮，显示电动机正进行降压启动。当电动机转速接近额定转速时，时间继电器 KT 通电延时闭合触点闭合，使 KA 线圈通电并自锁，其常闭触点断开 KM1 线圈供电控制电路，KM1 线圈断电释放，将自耦变压器从主电路切除；KA 的另一对常闭触点断开，指示灯 HL2 灭；KA 的常开触点闭合，接触器 KM2 线圈通电吸合，电源电压全部加在电动机定子上，电动机在额定电压下正常运转，同时，KM2 常开触点闭合，指示灯 HL3 亮，表示电动机降压启动结束。由于自耦变压器星形连接部分的电流为自耦变压器一、二次侧电流之差，所以用 KM2 辅助触点来连接。

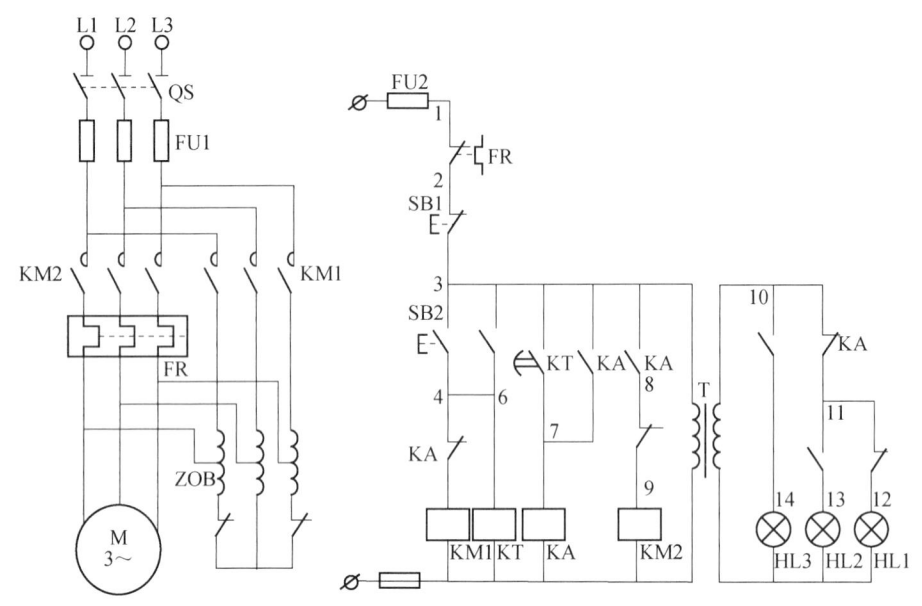

图 3-28 XJ01 系列自耦变压器降压启动电路图

表 3-8 XJ01 系列自耦降压启动的技术参数

型号	被控制电动机功率/kW	最大工作电流/A	自耦变压器功率/kW	电流互感器变比	热继电器整定电流/A
XJ01—14	14	28	14	—	32
XJ01—20	20	40	20	—	40
XJ01—28	28	58	28	—	63
XJ01—40	40	77	40	—	85
XJ01—55	55	110	55	—	120
XJ01—75	75	142	75	—	142
XJ01—80	80	152	115	300/5	2.8
XJ01—95	95	180	115	300/5	3.2
XJ01—100	100	190	115	300/5	3.5

自耦变压器绕组一般具有多个抽头以获得不同的变化，自耦变压器降压启动比 Y—△降压启动获得的启动转矩要大得多，所以自耦变压器又称启动补偿器，是三相笼型异步电动机最常用的一种降压启动装置。

任务计划

（1）电工常用工具：试电笔、尖嘴钳、扁嘴钳、剥线钳、一字形和十字形螺钉旋具、电工刀、校验灯等。

（2）仪表：万用表、兆欧表等。

(3) 器材：控制板、走线槽、各种规格的软线和紧固件、针形与叉形轧头、金属软管、编码套管等。

(4) 电器元件：电器元件明细表见表 3-9。

表 3-9 电器元件明细表

代号	名称	型号	规格	数量
M	三相异步电动机	Y—132M—4	7.5kW、380V、△接法、15.4A、1440r/min	1
FU1	熔断器	RL1—60/35	60A，所配熔体的额定电流为 35A	3
FU2	熔断器	RL1—15/2	15A，所配熔体的额定电流为 2A	2
KM1、KM2、KM3	交流接触器	CJ10—20	20A、线圈电压为 380V	3
FR	热继电器	JR16—20/3	三极、20A、整定电流为 15.4A	1
KT	时间继电器	JS7—2A	线圈电压为 380V（代用）	1
SB1、SB2	按钮	LA4—3H	保护式、按钮数为 3（代用）	1
XT	端子板	JD$_0$—1020	380V、10A、20 节（代用）	1
	走线槽		18mm×25mm	若干
	控制板	自制	50mm×650mm×500mm	1

任务实施

1. 三相笼型异步电动机星形-三角形降压启动控制电路的安装

（1）实训内容

① 按图 3-26 所示装接控制电路。

② 通电空运转校验。

（2）实训步骤

① 按电器元件明细表将所需器材配齐并检验元件的质量，选用合适规格的导线。

② 在控制板上按图进行划线并安装走线槽和所有电器元件。

③ 按图进行控制板正面的线槽内配线，并在线头上套入编码套管和冷压接线头。

④ 检验控制板内部布线的正确性。

⑤ 进行控制板外部配线。

⑥ 经教师检查后，通电校验。

⑦ 拆去控制板外部接线，进行评分。

（3）工艺要求

① 检验元件的质量应在不通电情况下进行，若有损坏的元件要立即向指导老师报告。

② 安装控制板上的走线槽及电器元件时，必须根据电器元件布置图划线后进行安装，并做到安装牢固、排列整齐、匀称、合理和便于走线及更换元件。

③ 紧固各元件时，要受力均匀，紧固程度适当，以防止损坏元件。

④ 控制板内部布线采用控制板正面线槽内配线方法。布线时，在线槽外的导线也应做到

横平竖直、整齐、走线合理；进入线槽的导线要完全置于走线槽内，并能方便盖上线槽盖；各接点应不能松动。

⑤ 检验控制板内部布线的正确性，一般应在不通电的情况下进行，必要时，也可进行通电校验，但鉴于目前的实训条件和安全等因素，不允许在通电情况下检验。

⑥ 控制板外部配线时，全部配线必须装在导线通道内，使导线有适当的机械保护，能防止液体、铁屑和灰尘的侵入，在实训时可适当降低要求。但必须以能确保安全为条件，如移动电动机、启动电阻器等负载或调整部件上电气设备的配线，可以用多芯橡皮线或塑料护套软线。

⑦ 通电校验必须有指导老师在现场监护，学生应根据电气原理图的控制要求独立进行校验，若出现故障也应自行排除。同时，要做好考核记录。

⑧ 实训任务应在规定的定额时间内完成，做到安全、文明生产。

2. 三相笼型异步电动机星形-三角形降压启动控制电路的检修

（1）实训内容

① 找出故障现象，并在图 3-26 上标出故障电路的最短线段。
② 依据图 3-26 排除主电路或控制电路中人为设置的两个电气故障。

（2）实训步骤及工艺要求

① 学生应先用通电试验法来发现故障现象。
② 根据故障现象进行分析，并在原理图上用虚线标出故障电路的最小范围。
③ 用逻辑分析及测量等检查方法迅速缩小故障范围，准确地找出故障点。
④ 采用正确方法迅速排除故障。
⑤ 通电校验。

任务检查

1. 考核要求

① 掌握电气原理图中各个控制环节的作用和原理，并熟悉电动机的接线方法。
② 在检修过程中严禁扩大和产生新的故障，否则应立即停止检修。
③ 检修必须在定额时间内完成。
④ 在带电检查、检修故障时，必须有指导老师在现场监护，并确保安全。

2. 评分标准

三相笼型异步电动机星形-三角形降压启动控制电路的安装、检修评分标准分别见表 3-10 和表 3-11。

表 3-10　三相笼型异步电动机星形-三角形降压启动控制电路的安装评分标准

项目内容	配分	评分标准	扣分
安装元件	15	（1）元件安装不整齐、不匀称、不合理，每只扣 3 分 （2）元件安装不牢固，每只扣 4 分 （3）安装元件时漏装木螺钉，每只扣 2 分 （4）损坏元件，扣 5～15 分	

（续表）

项目内容	配分	评分标准	扣分
布线	35	（1）不按电气原理图接线，扣25分 （2）布线不符合要求： 　　主电路，每根扣2分 　　控制电路，每根扣1分 （3）接点松动、露铜过长、压接绝缘层、反圈等，每个扣1分 （4）损伤导线绝缘或线芯，每根扣4分 （5）漏接接地线，扣10分	
通电试车	50	（1）整定值错误，每只扣5分 （2）配错熔体，主、控电路每个扣4分 （3）第一次试车不成功，扣20分 　　第二次试车不成功，扣35分 　　第三次试车不成功，扣50分 （4）违反安全、文明生产，扣5～50分 （5）导线敷设杂乱，扣10分	
定额时间		3小时，每超时5分钟以内以扣5分计算	
备注	除定额时间外，各项目的最高扣分，不得超过配分数		成绩	
开始时间		结束时间	实际时间	

表 3-11　三相笼型异步电动机星形–三角形降压启动控制电路的检修评分标准

项目内容	配分	评分标准	扣分
故障分析	30	（1）标错故障电路，每个扣15分 （2）不能标出最小的故障范围，每故障扣10分 （3）在实际排除故障过程中无思路，每个故障扣5～10分	
排除故障	70	（1）不能查出故障点，每个扣35分 （2）查出故障点，但不能排除，每个故障扣25分 （3）产生新的故障： 　　不能排除，每个扣35分 　　已经排除，每个扣15分 （4）损坏电动机，扣70分 （5）损坏电器元件或排除故障的方法不正确，每只（次）扣5～20分 （6）违反安全、文明生产，扣10～70分	
定额时间		30分钟，不允许超时检查，若在修复故障中才允许超时，但以每超1分钟扣5分计算	
备注	除定额时间外，各项目的最高扣分，不得超过配分教		成绩	
开始时间		结束时间	实际时间	

任务总结

　　本任务主要通过对三相笼型异步电动机星形-三角形降压启动控制电路的安装及故障排除，培养学生自主分析继电-接触器控制电路的能力，通过教师现场展示三相笼型异步电动机星形-三角形降压启动控制电路的各种故障排除技巧，并示范操作要领，充分调动学生的学习积极性，培养学生的自主探究能力。

任务五　三相异步电动机制动控制电路的安装、调试与故障排除

任务目标

（1）熟悉三相异步电动机制动控制电路的安装步骤和工艺要求。
（2）掌握三相异步电动机制动控制电路的安装、调试和维修方法。

任务资讯

在生产过程中，许多机床（如万能铣床、组合机床等）都要求能迅速停车和准确定位，这就要求必须对拖动电动机采取有效的制动措施。制动控制的方法有两大类：机械制动和电气制动。

机械制动是采用机械装置产生机械力来强迫电动机迅速停车；电气制动是使电动机产生的电磁转矩方向与电动机旋转方向相反，起制动作用。电气制动有反接制动、能耗制动、再生制动以及派生电容制动等。这些制动方法各有特点，适用于不同的环境。

一、反接制动控制电路

反接制动实质上是改变异步电动机定子绕组中的三相电源相序，使定子绕组产生与转子方向相反的旋转磁场，进而产生制动转矩的一种制动方法。

电动机反接制动时，转子与旋转磁场的相对速度接近于两倍的同步转速，所以定子绕组流过的反接制动电流相当于全压启动电流的两倍，因此反接制动的制动转矩大，制动迅速，但冲击大，通常适用于 10kW 及以下的小容量电动机。为防止绕组过热、减小冲击电流，通常在三相异步电动机的定子电路中串入反接制动电阻。另外，采用反接制动，当电动机转速降至零时，要及时将反接电源切断，防止电动机反向再启动，通常用速度继电器来检测电动机转速并控制电动机反接电源的断开。

1. 电动机单向反接制动控制

图 3-29 为电动机单向反接制动控制电路。图中，KM1 为电动机单向运行接触器，KM2 为反接制动接触器，KS 为速度继电器，R 为反接制动电阻。

电路工作分析：
（1）单向启动及运行　合上电源开关 QS，按下 SB2，KM1 通电并自锁，电动机全压启动并正常运行，与电动机有机械连接的速度继电器 KS 的转速超过其动作值时，其相应的触

点闭合,为反接制动做准备。

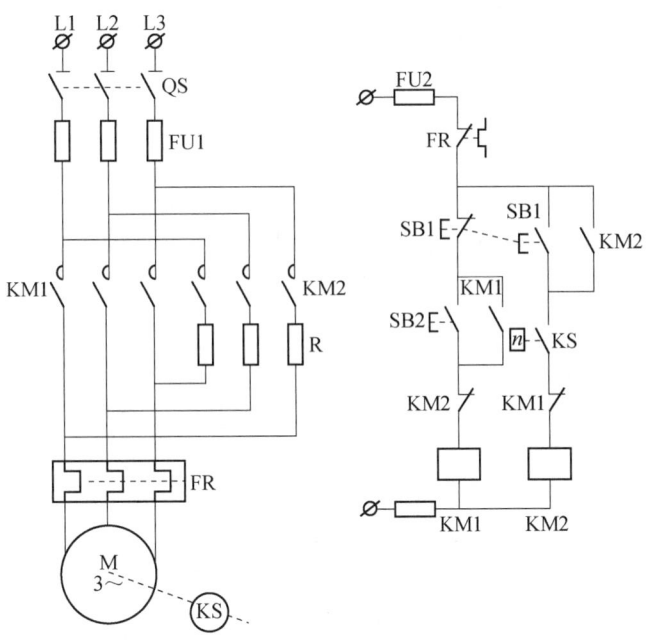

图 3-29 电动机单向反接制动控制电路

(2) 反接制动　停车时,按下 SB1,其常闭触点断开,KM1 线圈断电释放,KM1 常开主触点和常开辅助触点同时断开,切断电动机原相序三相电源,电动机惯性运转;当 SB1 按到底时,其常开触点闭合,使 KM2 线圈通电并自锁,KM2 常闭辅助触点断开,切断 KM1 线圈的控制电路;同时其常开主触点闭合,电动机串接三相对称电阻接入反相序三相电源进行反接制动,电动机转速迅速下降;当转速下降到速度继电器 KS 释放转速时,KS 释放,其常开触点复位断开,切断 KM2 线圈控制电路,KM2 线圈断电释放,其常开主触点断开,切断电动机反相序三相交流电源,反接制动结束,电动机自然停车。

2. 电动机可逆运转反接制动控制

图 3-30 为电动机可逆运转反接制动控制电路。图中,KM1、KM2 为电动机正、反向控制接触器,KM3 为短接电阻接触器,KA1、KA2、KA3、KA4 为中间继电器,KS 为速度继电器,其中 KS-1 为正向闭合触点,KS-2 为反向闭合触点,R 为限流电阻,具有限制启动电流和制动电流的双重作用。

电路工作分析:

(1) 正向降压启动　合上电源开关 QS,按下 SB2,正向中间继电器 KA3 线圈通电并自锁,其常闭触点断开互锁了反向中间继电器 KA4 的线圈控制电路;KA3 常开触点闭合,使 KM1 线圈控制电路通电,KM1 主触点闭合使电动机定子绕组串电阻 R 接通正相序三相交流电源,电动机减压启动。同时 KM1 常闭触点断开,互锁了反向接触器 KM2,其常开触点闭合为 KA1 线圈通电做准备。

(2) 全压运行　当电动机转速上升至一定值时,速度继电器 KS 正转,常开触点 KS-1 闭合,KA1 线圈通电并自锁。此时 KA1、KA3 的常开触点均闭合,接触器 KM3 线圈通电,其常开主触点闭合短接限流电阻 R,电动机全压运行。

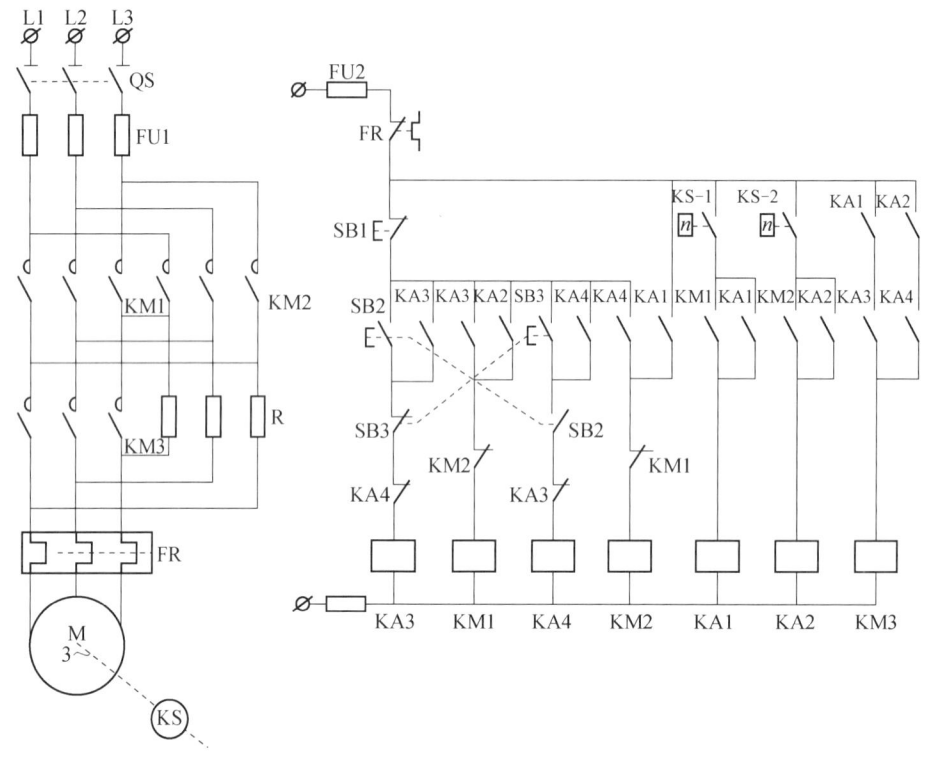

图 3-30 电动机可逆运转反接制动控制电路

反接制动　需要停车时，按下 SB1，KA3、KM1、KM3 线圈相继断电释放，KM1 主触点断开，电动机惯性高速旋转，使 KS-1 维持闭合状态，同时 KM3 主触点断开，定子绕组串接电阻 R。由于 KS-1 维持闭合状态，使得中间继电器 SA1 仍处于吸合状态，KM1 常闭触点复位后，反向接触器 KM2 线圈通电，其常开主触点闭合，使电动机定子绕组串接电阻 R 获得反相序三相交流电源，对电动机进行反接制动，电动机转速迅速下降。同时，KM2 常闭触点断开并互锁正向接触器 KM1 线圈的控制电路。当电动机转速低于速度继电器释放值时，速度继电器常开触点 KS-1 复位断开，KA1 线圈断电释放，其常开触点断开，切断接触器 KM2 线圈的控制电路，KM2 线圈断电释放，其常开主触点断开，反接制动过程结束。

电动机反向启动和反接制动停车控制电路的工作情况与上述相似，在此不再复述。所不同的是速度继电器起作用的是反向触点 KS-2，中间继电器 KA2 替代了 KA1，请读者自行分析。

二、能耗制动控制电路

能耗制动就是在电动机脱离三相交流电源之后，向定子绕组内通入直流电流，建立静止磁场，利用转子感应电流与静止磁场的作用产生制动的电磁转矩，达到制动的目的。

在制动过程中，电流、转速和时间三个参量都在变化，原则上可以任取其中一个参量作为控制信号。下面就分别以时间原则和速度原则控制能耗制动电路为例进行分析。

1. 电动机单向运转能耗制动

图 3-31 为时间原则控制电动机单向运转能耗制动电路。图中，KM1 为单向运行接触器，

KM2 为能耗制动接触器，KT 为时间继电器，T 为整流变压器，VC 为桥式整流电路。

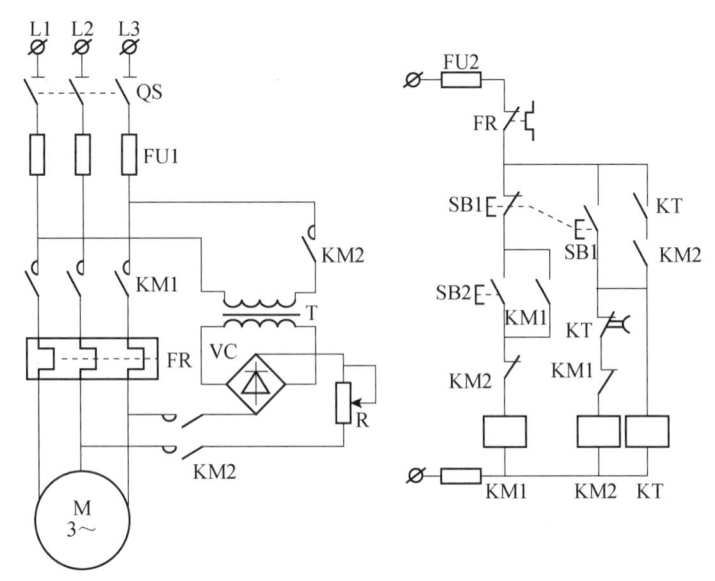

图 3-31　时间原则控制电动机单向运转能耗制动电路

电路工作分析：

按下 SB2，KM1 通电并自锁，电动机单向正常运行。此时若要停机，按下停止按钮 SB1，KM1 断电，电动机定子脱离三相交流电源；同时 KM2 通电并自锁，将两相定子接入直流电源进行能耗制动，在 KM2 通电的同时 KT 也通电。电动机在能耗制动作用下转速迅速下降，当接近零时，KT 延时时间到，其延时触点动作，使 KM2、KT 相继断电，制动过程结束。

电路中，KT 的瞬动常开触点与 KM2 自锁触点串接，其作用是：当发生 KT 线圈断线或机械卡住故障，致使 KT 常闭通电延时断开触点断不开，常开瞬动触点也合不上时，只有按下停止按钮 SB1，成为点动能耗制动。若无 KT 的常开瞬动触点串接 KM2 常开触点，在发生上述故障时，按下停止按钮 SB1 后，将使 KM2 线圈长期通电吸合，使电动机两相定子绕组长期直接接入电源。

2. 电动机可逆运转能耗制动

图 3-32 为速度原则控制电动机可逆运转能耗制动电路。图中，KM1、KM2 为电动机正反向接触器，KM3 为能耗制动接触器，KS 为速度继电器。

电路工作分析：

（1）正反向启动　合上电源开关 QS，按下正转或反转启动按钮 SB2 或 SB3，相应接触器 KM1 或 KM2 通电并自锁，电动机正常运转。速度继电器相应触点 KS-1 或 KS-2 闭合，接通 KM3，实现能耗制动做准备。

（2）能耗制动　停车时，按下停止按钮 SB1，定子绕组脱离三相交流电源，同时 KM3 通电，电动机定子接入直流电源进行能耗制动，转速迅速下降，当转速降至 100r/min 时，速度继电器释放，其 KS-1 或 KS-2 触点复位断开，此时 KM3 断电。能耗制动结束，此后电动机自然停车。

对于负载转矩较为稳定的电动机，能耗制动时采用时间原则控制为宜，因为此时对时间继电器的延时整定较为固定。而对于能够通过传动机构来反映电动机转速的情况，采用速度原则控制较为合适，应视具体情况而定。

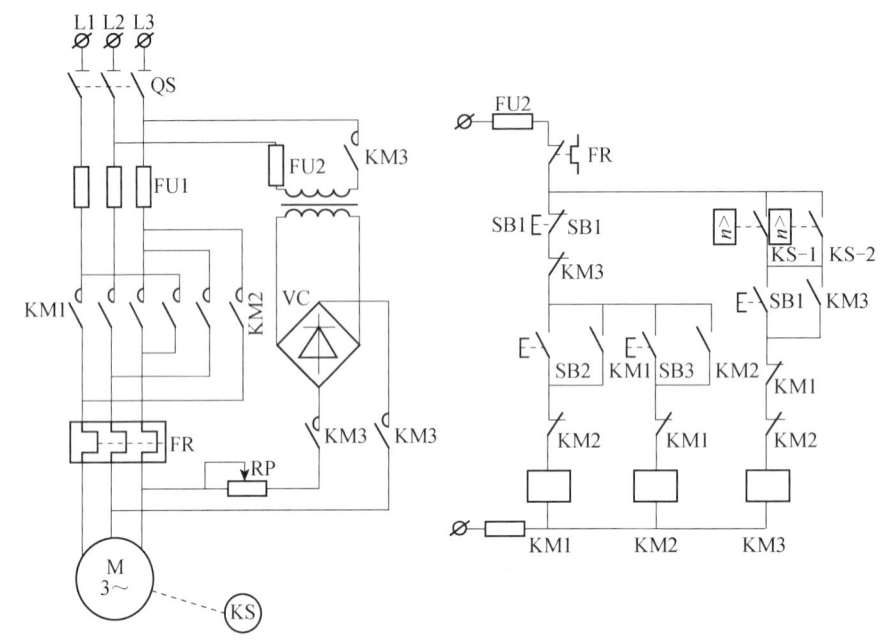

图 3-32 速度原则控制电动机可逆运转能耗制动电路

任务计划

（1）电工常用工具：试电笔、尖嘴钳、扁嘴钳、剥线钳、一字形和十字形螺钉旋具、电工刀、校验灯等。

（2）仪表：万用表、兆欧表等。

（3）器材：控制板、走线槽、各种规格的软线和紧固件、叉形轧头、金属软管、编码套管等。

（4）电器元件：电器元件及部分电工仪表、器材的明细表见表 3-12。

表 3-12 电器元件及部分电工仪表、器材的明细表

序号	名称	型号与规格	数量
1	三相异步电动机	Y112M—2，4kW，380V，8.2A，△接法，2890r/min	1
2	组合开关	HZ10—25/3	1
3	熔断器及熔体配套	RT18—32/25	3
4	熔断器及熔体配套	RT18—32/4	2
5	接触器	U10—20，线圈电压 380V	1
6	热继电器	JR16—20/3，整定电流 8.2A	1
7	速度继电器	JY1 或 JFZ0	1
8	三连按钮	LA10—3H 或 LA4—3H	1

（续表）

序号	名称	型号与规格	数量
9	端子排	JX2—1015，380V，10A，15节	1
10	主电路导线	BVR1.5mm^2	若干
11	控制电路导线	BVR1.0mm^2	若干
12	按钮线	BVR0.75mm^2	若干
13	接地线	BVR1.5mm^2	若干
14	走线槽	18mm×25mm	若干
15	控制板	500mm×450mm×20mm	1
16	异型编码套管	ϕ3.5mm	若干
17	电工常用工具	验电笔、钢丝钳、螺丝刀、电工刀、尖嘴钳、剥线钳、手电钻、活动扳手、压接钳等	1
18	万用表	自定	1
19	兆欧表	自定	1
20	钳形电流表	自定	1
21	劳保用品	绝缘鞋、工作服等	1

任务实施

1. 能耗制动电动机基本控制电路的安装

（1）实训内容

① 按图3-32所示装接控制电路。

② 通电空运转校验。

（2）实训步骤

① 按表3-12将所需器材配齐并检验元件的质量，选用合适规格的导线。

② 在控制板上按图3-32所示进行划线并安装走线槽和所有电器元件。

③ 按图3-32所示进行控制板正面的线槽内配线，并在线头上套入编码套管和冷压接线头。

④ 检验控制板内部布线的正确性。

⑤ 进行控制板外部配线。

⑥ 经教师检查后，通电校验。

⑦ 拆去控制板外部接线并进行评分。

（3）工艺要求

① 检验元件质量应在不通电情况下进行，若有损坏的元件要立即向指导老师报告。

② 安装控制板上的走线槽及电器元件时，必须根据电器元件的布置图划线后进行安装，并做到安装牢固、排列整齐、匀称、合理和便于走线及更换元件。

③ 紧固各元件时，要受力均匀、紧固程度适当，以防止损坏元件。

④ 控制板内部布线采用控制板正面线槽内配线的方法。布线时，在线槽外的导线也应做

到横平竖直、整齐、走线合理；进入线槽的导线要完全置于走线槽内，并能方便盖上线槽盖；各接点应不能松动。

2. 能耗制动电动机基本控制电路的检修

（1）实训内容

① 找出故障现象，并在图 3-31 上标出故障电路中的最短线路。

② 依据图 3-31 排除主电路或控制电路中人为设置的 2 个电气故障。

（2）实训步骤及工艺要求

① 应先用通电试验法来发现故障现象。

② 根据故障现象进行分析，并在原理图上用虚线标出故障电路的最小范围。

③ 用逻辑分析及测量等检查方法迅速缩小故障范围，准确地找出故障点。

④ 采用正确方法迅速排除故障。

⑤ 通电校验。

任务检查

1. 考核要求

① 时间继电器的整定时间要在实际工作时根据制动过程的时间来调整。

② 制动直流电流不能太大，一般取 3～5 倍的电动机空载电流，可通过调节制动电阻 R 来实现。

③ 进行制动时，要将按钮 SB1 按到底才能实现。

④ 实训前要事先自制并安装全桥整流和制动电阻的支架，二极管应配有散热器，实训时可将制动电阻安装在控制板外面。

⑤ 掌握电路的控制过程和制动原理。

⑥ 带电检修时必须有指导老师在现场监护。

2. 评分标准

能耗制动电动机基本控制电路的安装、检测评分标准分别见表 3-13 和表 3-14。

表 3-13 能耗制动电动机基本控制电路的安装评分标准

项目内容	配分	评分标准	扣分
安装元件	15	（1）元件安装不整齐、不匀称、不合理，每只扣 2 分 （2）元件安装不牢固，每只扣 3 分 （3）安装元件时漏装木螺钉，每只扣 1 分 （4）损坏元件，扣 5～15 分	
布线	35	（1）不按电气原理图接线，扣 20 分 （2）布线不符合要求： 　　主电路，每根扣 2 分 　　控制电路，每根扣 1 分 （3）接点松动、露铜过长、压接绝缘层、反圈等，每个扣 1 分 （4）损伤导线绝缘或线芯，每根扣 4 分 （5）漏接地线，扣 10 分	

（续表）

项目内容	配分	评分标准	扣分
通电试车	50	（1）整定值错误，每只扣 5 分 （2）配错熔体，主控电路中每个扣 4 分 （3）第一次试车不成功，扣 20 分 　　　第二次试车不成功，扣 35 分 　　　第三次试车不成功，扣 50 分 （4）违反安全、文明生产，扣 5～50 分 （5）导线敷设杂乱，加扣不安全分，扣 10 分	
定额时间		3 小时，每超时 5 分钟以内以扣 5 分计算	
备注	除定额时间外，各项目的最高扣分，不得超过配分数	成绩	
开始时间		结束时间		实际时间	

表 3-14　能耗制动电动机基本控制电路的检修评分标准

项目内容	配分	评分标准	扣分
故障分析	30	（1）标错故障电路，每个扣 15 分 （2）不能标出最小的故障范围，每故障扣 10 分 （3）在实际排除故障过程中无思路，每个故障扣 10 分	
排除故障	70	（1）不能查出故障点，每个扣 35 分 （2）查出故障点，但不能排除，每个故障扣 25 分 （3）产生新的故障： 　　不能排除，每个扣 35 分 　　已经排除，每个扣 15 分 （4）损坏电器元件，每只扣 10～20 分 （5）排故方法不正确，每次扣 5 分 （6）违反安全、文明生产，扣 10～70 分	
定额时间		30 分钟，不允许超时检查，若在修复故障中才允许超时，但以每超 1 分钟扣 5 分计算	
备注	除定额时间外，各项目的最高扣分，不得超过配分数	成绩	
开始时间		结束时间		实际时间	

任务总结

通过本任务的学习，使学生了解三相异步电动机制动控制电路的有关知识，学会三相异步电动机能耗制动控制电路的安装、维修方法，并且对此电路进行研究，了解能耗制动在生产过程以及生活中的应用，这对学生将来从事电气维修工作具有重大的意义。

项目四　机床电路故障排除

任务一　CA6140 型车床控制电路的故障排除

任务目标

（1）掌握 CA6140 型车床的电气控制原理。
（2）掌握 CA6140 型车床控制电路故障的维修方法。
（3）掌握基本控制电路的故障分析及故障排除的方法。

任务资讯

知识点一　CA6140 型车床电气控制电路的工作原理分析

车床是一种应用最为广泛的金属车削机床，主要用来车削外圆、内圆、端面、螺纹和定型表面，也可用钻头、铰刀等进行加工。普通车床有两个主要的运动部分，一是卡盘或顶尖带动工件的旋转运动，也是车床主轴的运动；另外一个是溜板带动刀架的直线运功，称为进给运动。车床工作时，绝大部分功耗在主轴运动上。下面以 CA6140 型车床为例介绍机床的结构、运动形式和控制电路。

该车床型号的含义如图 4-1 所示。

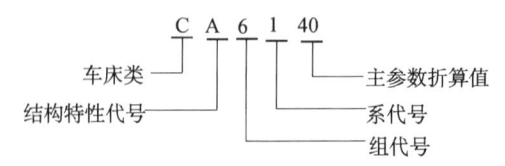

图 4-1　CA6140 型车床型号的含义

一、主要结构和运动形式

CA6140型车床是我国自行设计、制造的普通车床，其外形图如图4-2所示。它主要由主轴箱、进给箱、溜板箱、刀架、丝杠、光杠、床身、尾架等部分组成。

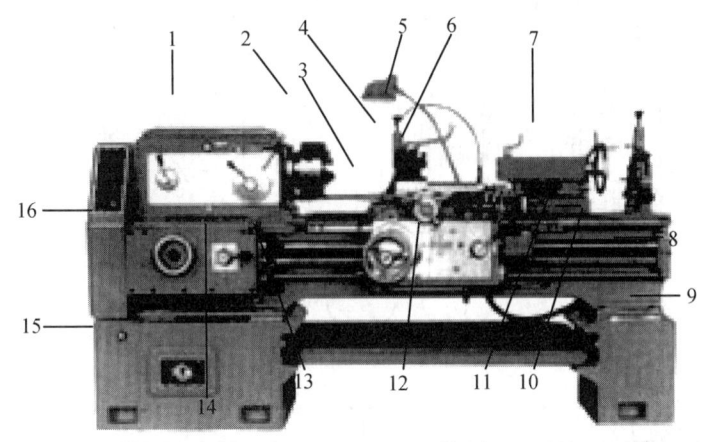

1—主轴箱；2—卡盘；3—纵溜板；4—转盘；5—方刀架；6—横溜板；7—尾架；8—床身；9—右床座；10—光杠；11—丝杠；12—溜板箱；13—操纵手柄；14—进给箱；15—左床座；16—挂轮架

图4-2 CA6140型普通车床外形图

车床的主运动为工件的旋转运动，主轴通过卡盘或顶尖带动工件旋转，其承受车削加工时的主要切削功率。车削加工时，应根据被加工工件材料、刀具种类、工件尺寸、工艺要求等选择不同的切削速度。其主轴正转速度有24种（10～1400r/min），反转速度有12种（14～1580r/min）。

车床的进给运动是溜板带动刀架的纵向或横向直线运动。溜板箱把丝杠或光杠的转动传递给刀架部分，变换溜板箱外的手柄位置，经刀架部分使车刀做纵向或横向进给。

车床的辅助运动有刀架的快速移动、尾架的移动以及工件的夹紧与放松等。

二、电力拖动的特点及控制要求

（1）主拖动电动机一般选用三相笼型异步电动机，为满足调速要求，采用机械变速。

（2）为车削螺纹，主轴要求正反转，由主拖动电动机正反转或采用机械方法来实现。

（3）采用齿轮箱进行机械有级调速。主轴电动机采用直接启动，为实现快速停车，一般采用机械制动。

（4）车削加工时，由于刀具与工件温度高，所以需要冷却。为此，设有冷却泵电动机且要求冷却泵电动机应在主轴电动机启动后方可选择启动与否；当主轴电动机停止时，冷却泵电动机应立即停止。

（5）为实现溜板箱的快速移动，由单独的快速移动电动机拖动，采用点动控制。

（6）刀架移动和主轴转动有固定的比例关系，以便满足螺纹的加工需要。

（7）电路应具有必要的保护环节和安全可靠的照明和信号指示。

三、电气控制电路分析

图4-3为CA6140型卧式车床电路图。

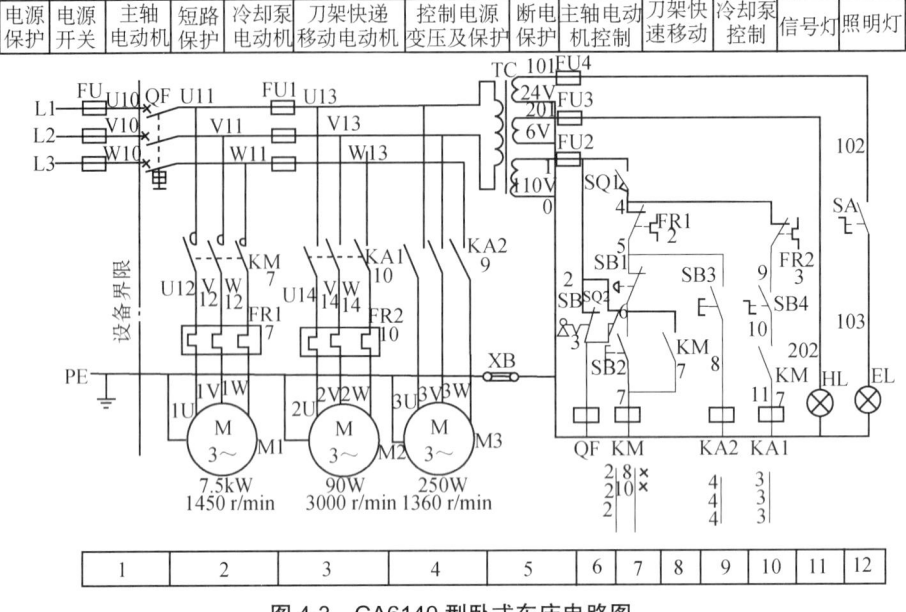

图 4-3 CA6140 型卧式车床电路图

1. 绘制和阅读机床电路图的基本知识

机床电路图所包含的电器元件和电器设备的符号较多，要正确绘制和阅读机床电路图，除了前面讲述的一般原则外，还要明确以下几点。

（1）将电路图按功能划分若干图区，通常是一条回路或一条支路划为一个图区，并从左向右依次用阿拉伯数字编号，标注在图形下部的图区栏内，如图 4-3 所示。

（2）电路图中每个电路在机床电气操作中的用途，必须用文字标明在电路图上部的用途栏内，如图 4-3 所示。

（3）在电路图中每个接触器的文字符号 KM 的下面有两条竖直线，分成左、中、右三栏，将受其控制而动作的触头所处的图区号按表 4-1 的规定填入相应的栏内。对备用的触头，在相应的栏中用记号"×"标出或不标出任何符号。接触器线圈符号下的数字标记见表 4-1。

表 4-1 接触器线圈符号下的数字标记

栏目	左栏	中栏	右栏
触头类型	主触头所处的图区号	辅助常开触头所处的图区号	辅助常闭触头所处的图区号
举例 KM 2 | 8 | × 2 |10 | × 2	表示三对主触头均在图区 2	表示一对辅助常开触头在图区 8，另一对辅助常开触头在图区 10	表示两对辅助常闭触头未用

（4）在电路图中每个继电器线圈符号下面画一条竖直线，分成左、右两栏，将受其控制而动作的触头所处的图区号按表 4-2 的规定填入相应的栏内。同样，对备用的触头在相应的栏中用记号"×"标出或不标出任何符号。继电器线圈符号下的数字标记见表 4-2。

（5）电路图中触头文字符号下面的数字表示该电器线圈所处的图区号。如图 4-3 所示在图区 4 标有 KA2，表示中间继电器 KA2 的线圈在图区 9。

表 4-2 继电器线圈符号下的数字标记

栏目	左栏	右栏
触头类型	常开触头所处的图区号	常闭触头所处的图区号
举例 KA2 4 | 4 4	表示三对常开触头均在图区 4	表示常闭触头未用

2. 电路分为主电路、控制电路和照明电路三部分

1）主电路分析

主电路中共有三台电动机，M1 为主轴电动机，带动主轴旋转和刀架的进给运动；M2 为冷却泵电动机，输送冷却液；M3 为刀架快速移动电动机。

将钥匙开关 SB 向右转动，再扳动断路器 QF 将三相电源引入。主轴电动机 M1 由接触器 KM 控制，熔断器 FU 实现短路保护，热继电器 FR1 实现过载保护；冷却泵电动机 M2 由中间继电器 KA1 控制，热继电器 FR2 实现过载保护。刀架快速移动电动机 M3 由中间继电器 KA2 控制，熔断器 FU1 实现对电动机 M2、M3 和变压器 TC 的短路保护。

2）控制电路分析

控制电路的电源由变压器 TC 的二次侧输出 110V 电压提供。在正常工作时，位置开关 SQ1 的常开触头处于闭合状态。但当床头皮带罩被打开后，SQ1 常开触头断开，将控制电路切断，保证人身安全。在正常工作时，钥匙开关 SB 和位置开关 SQ2 是断开的，保证断路器 QF 能合闸。但当配电盘壁龛门被打开时，位置开关 SQ2 闭合使断路器 QF 线圈获电，则自动切断电路，以确保人身安全。

（1）主轴电动机 M1 的控制

按下SB2 → KM线圈获电 → KM主触头闭合 → M1启动运转
　　　　　　　　　　　→ KM自锁触头闭合
　　　　　　　　　　　→ KM常开辅助触头闭合 → 为KA1获电做准备

M1 停止：

按下停止按钮 SB1 → KM 线圈失电 → KM 触头复位断开 → M1 停转。

主轴的正反转是采用多片摩擦离合器实现的。

（2）冷却泵电动机 M2 的控制

由电路图可知，主轴电动机 M1 与冷却泵电动机 M2 之间实现顺序控制。只有当电动机 M1 启动运转后，合上旋钮开关 SB4，中间继电器 KA1 线圈才会获电，其主触头闭合使电动机 M2 释放冷却液。

（3）刀架快速移动电动机 M3 的控制

刀架快速移动的电路为点动控制，因此在主电路中未设置过载保护。刀架移动方向（前、后、左、右）的改变，是由进给操作手柄配合机械装置来实现的。如需要快速移动，按下按钮 SB3 即可。

3. 照明、信号电路分析

照明灯 EL 和指示灯 HL 的电源分别由变压器 TC 二次侧输出的 24V 和 6V 电压提供。开关 SA 为照明灯开关。熔断器 FU3 和 FU4 可分别用于指示灯 HL 和照明灯 EL 的短路保护。CA6140 型车床电器位置图如图 4-4 所示，接线图如图 4-5 所示。

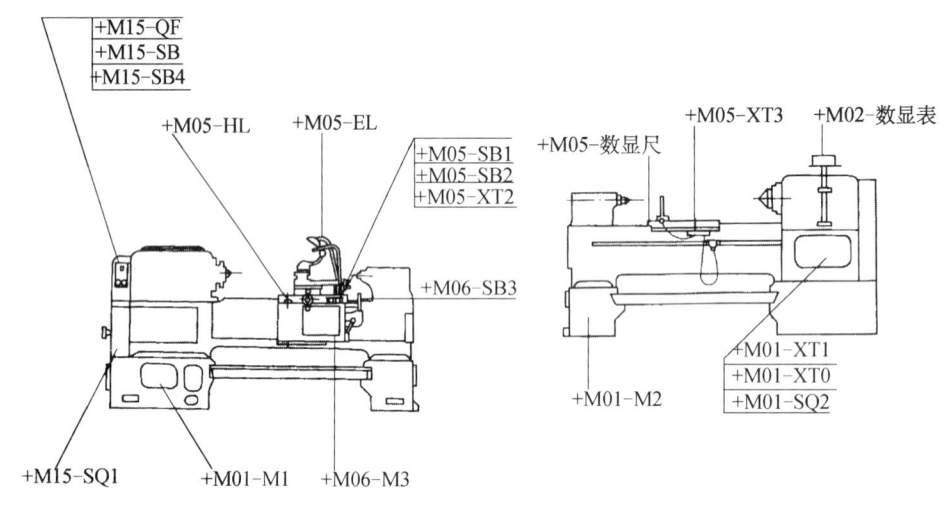

图 4-4 CA6140 型车床电器位置图

电器位置代号索引见表 4-3。

表 4-3 电器位置代号索引

序号	部件名称	代号	安装的电器元件
1	床身底座	+M01	—M1、—M2、—XT0、—XT1、—SQ2
2	床鞍	+M05	—HL、—EL、—SB1、—SB2、—XT2、—XT3 数显尺
3	溜板	+M06	—M3、—SB3
4	传动带罩	+M15	—QF、—SB、—SB4、—SQ1
5	床头	+M02	数显表

知识点二　CA6140 型车床电气控制电路故障的分析方法

一、全无故障

1. 试车

所谓全无故障，即试车时，信号灯、照明灯、电动机都不工作，且控制电动机的接触器、继电器等均无动作和响声。

2. 分析

全无故障通常发生在电源电路，读图发现，信号灯、照明灯、电动机控制电路的电源均由变压器 TC 提供，经逻辑分析，故障范围确定在变压器 TC 以及 TC 供电电路，即 U11～FU1～

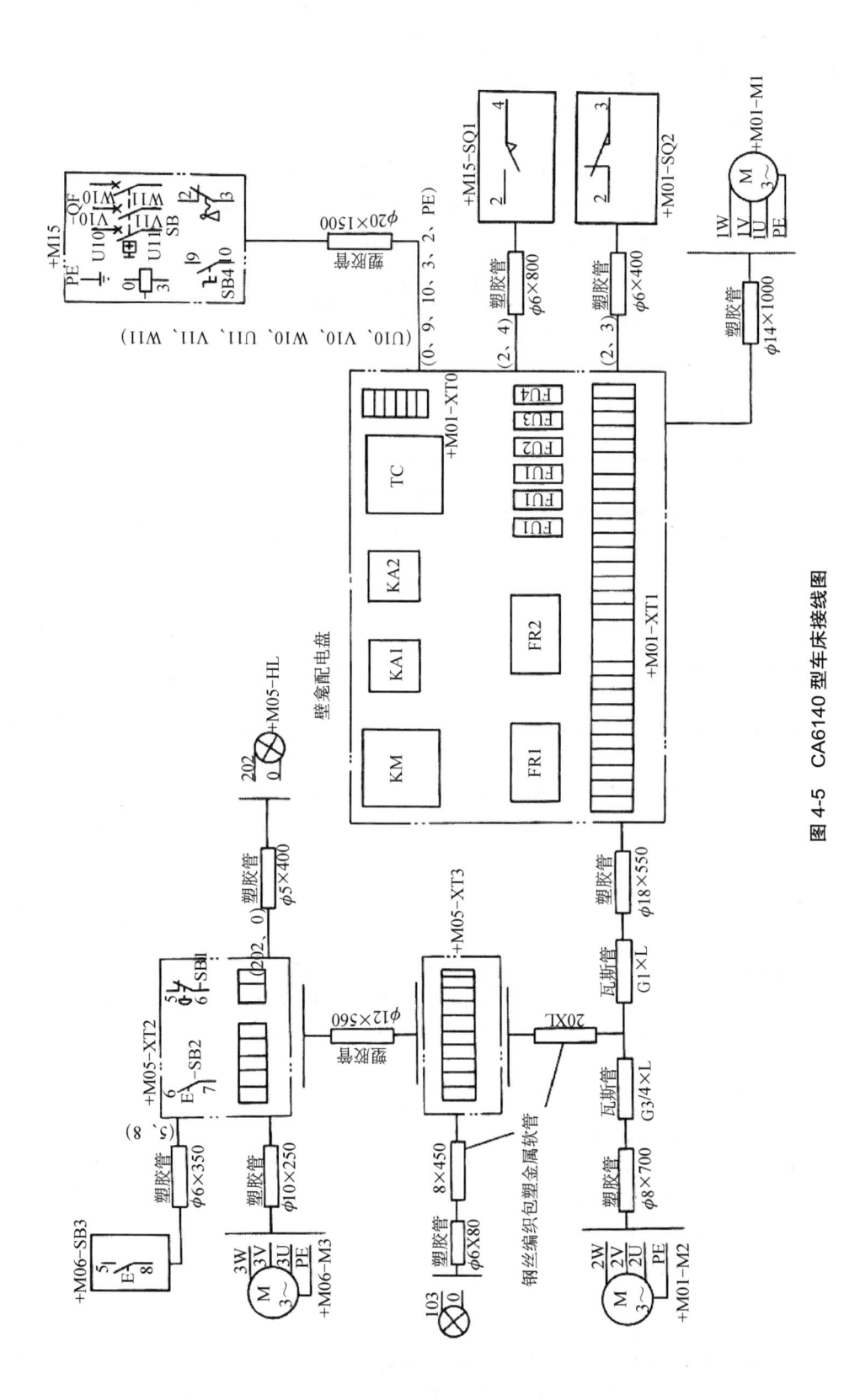

图 4-5 CA6140 型车床接线图

U13～TC，V11～FU1～V13～TC。值得注意的是，变压器 TC 副边三个绕组公共连接点 0 号线断路或接触不良时，也会造成全无故障。

3. 检查方法

①电压法。由电源侧向变压器 TC 方向测量，根据测量结果找出故障点，见表 4-4。

②电阻法。由变压器 TC 向电源方向测量，根据测量结果找出故障点，见表 4-5。该方法利用 TC 原边回路进行测量，可称为电阻双分阶测量法。

表 4-4　电压法

故障现象	测试状态	U11～V11	U13～V13	故障点
全无现象	接通电源	0	0	机床无电源
		380V	0	FU1 断路
		380V	380V	TC 断路或 0 号线断路

表 4-5　电阻法

故障现象	测试状态	U13～V13	U11～V11	故障点
全无现象	切断电源	∞	∞	TC 断路
		R	∞	FU1 熔路或接触不良
		R	R	0 号线断路

注：R 为 TC 绕组电阻。

修复措施：若熔断器 FU1 熔断，要查明原因，如为短路，排除短路点后，方可重新更换熔丝，通电试车。

若变压器绕组断路，检查变压器配置的熔断器的熔体是否符合要求后，方可更换变压器试车。

二、主轴电动机 M1 不能启动

1. 通电试车

主轴电动机 M1 不能启动的原因较多，试车时首先观察接触器 KM 线圈是否得电，若不得电，检测刀架快速移动电动机，并观察中间继电器 KA2 线圈是否得电。若接触器 KM 线圈得电，应观察电动机 M1 是否转动，是否发出"嗡嗡"声，如发出"嗡嗡"声，为缺相故障。

2. 故障分析

若接触器 KM 线圈不得电，故障在控制电路。如检测刀架快速移动电动机时，中间继电器 KA2 线圈也不能得电，经逻辑分析知故障范围在接触器 KM、中间继电器 KA2 线圈的公共线路上，即 0～TC～1～FU2～2～SQ1～4。如中间继电器 KA2 线圈得电，故障范围在 5～SB1～4～SB2～7～KM 线圈～0 线路上。

若接触器 KM 线圈正常得电，电动机 M1 不启动，则故障在电动机 M1 主电路上。

3. 检查方法

① 控制电路故障的检查使用电压法或电阻法皆可。值得注意的是，控制电路由变压器 TC 110V 绕组提供电源，该绕组与接触器线圈电路串联。使用电阻法测量时，要在确认变压

器 TC 绕组无故障后,将其当作二次回路断开,将 FU2 拧下即可;或不断开,利用其构成回路来测量,测量方法见表 4-6。

表 4-6 利用二次回路测量法

故障现象	测试状态	7—5	7—4	7—2	7—1	7—0	故障点
KM、KA2 均不能得电,照明灯亮	切断电源,不按 SB2	∞	R	R	R	R	FR1 动作或接触不良
		∞	∞	R	R	R	SQ1 接触不良
		∞	∞	∞	R	R	FU2 熔断或接触不良
		∞	∞	∞	∞	R	TC 线圈断路
		∞	∞	∞	∞	∞	KM 线圈断路

注:R 为 KM 线圈、TC 绕组串联后的电阻。

该方法合理利用了 TC 绕组 110V 电压所构成二次回路。若测量中发现位置开关 SQ1 断路,要检查窗头皮带罩是否关紧。

② 主电路故障检查。主电路故障多为电动机缺相故障,电动机缺相时,不允许长时间通电,故主电路故障检查不宜采用电压法,只有接触器 KM 主触头以上电路且在接触器 KM 主触头不闭合时,可采用电压法测量。若必须使用电压法测量,可将电动机 M1 与主电路分开,再接通电源,使接触器 KM 主触点闭合后进行测量,但拆、接工作比较烦琐,不宜采用。

测量缺相故障,使用电阻法也很简单。测量时,利用电动机绕组构成的回路进行测量,方法是切断电源后,用万用表测量 U12—V12、U12—W12、V12—W12 之间的电阻,如三次测量的电阻值相等且较小(电动机绕组直流电阻较小),判断 U12、V12、W12 三点至电动机三段电路间无故障;若某一相与其他两相的电阻无穷大,则该相断路,可用此法继续按图向下测量,找到故障点,或用电阻分段测量法测量断路相,找到故障点。接触器 KM 主触头上端电路用电阻分段法测量即可。

若上述两次检查后未发现故障点,则故障在 KM 主触头上。

注意,使用电阻法测量时如果压下接触器触头进行测量,变压器绕组会与电动机绕组构成回路,影响测量结果。

如维修者能灵活使用各种测量方法,接触器 KM 主触头上方电路可采用电压法,接触器 KM 主触头下端电路采用电阻法,若都没找到故障,故障点必定在 KM 主触头上。

三、主轴电动机 M1 启动后不能自锁

故障现象是按下按钮 SB2 时,主轴电动机 M1 能启动运行,但松开按钮 SB2 后,主轴电动机 M1 也随之停止。造成这种故障的原因是接触器 KM 的自锁常开触头接触不良或连接导线松脱。

四、主轴电动机 M1 不能停车

造成这种故障的原因多是接触器 KM 的主触头熔焊,停止按钮 SB1 击穿或线路中 5、6 两点的连接导线短路,接触器铁芯表面黏牢污垢。可采用下列方法判明是哪种原因造成电动机 M1 不能停车:若断开 QF,接触器 KM 释放,则说明故障为 SB1 击穿或导线短接;若接触器过一段时间释放,则故障为铁芯表面黏牢污垢;若断开 QF,接触器 KM 不释放,则故障为主触头熔焊,打开接触器灭弧罩,可直接观察到该故障。根据具体故障情况采取

相应的措施。

五、刀架快速移动电动机不能启动

故障分析方法、检查方法与主轴电动机 M1 基本相同，若中间继电器 KA2 线圈不得电，故障多发生在按钮 SB3 上；按钮 SB3 安装在十字手柄上，经常活动，造成 FU2 熔断的短路点也常发生在按钮 SB3 上。试车时，注意将十字手柄扳到中间位置后再进行，否则不易分清故障是电气部分故障还是机械部分故障。

六、冷却泵电动机不能启动

故障分析方法与电动机 M1 的故障分析方法基本相同，如发生热继电器 FR2 的热元件因冷却泵电动机接线盒进水发生短路而烧断，应考虑 FU1 是否超过额定值。

新安装冷却泵，如转动但不上水，多为冷却泵电动机电源相序错误，不能离心上水。

知识点三　　电压分阶测量法

一、测量电路

电压分阶测量法电路如图 4-6 所示，接通电源，按下按钮 SB2，接触器 KM 线圈不能得电工作。逻辑分析故障的范围是 L1～1～2～3～4～5～6～0～L2。故障范围较大，故障只有一个，需要采用测量法找出故障点。

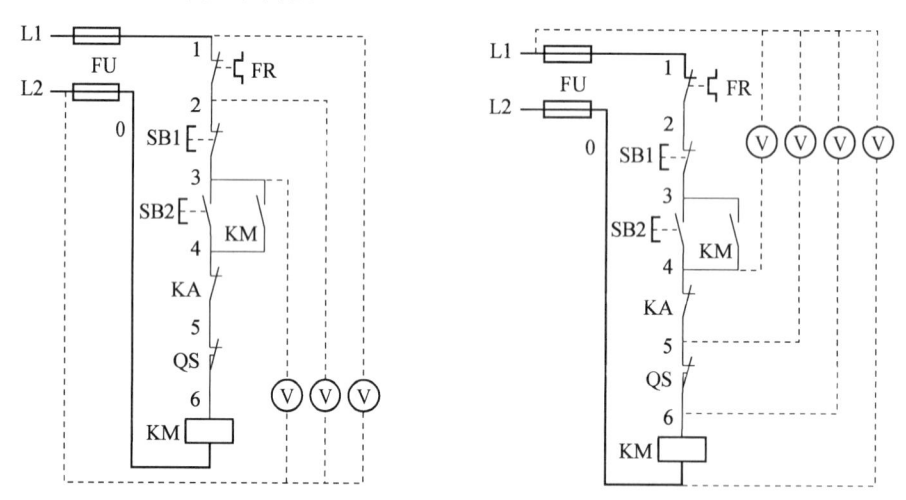

图 4-6 电压分阶测量法的电路（原理）

二、电压分阶测量法

电压分阶测量法原理如图 4-6 所示，电路正常时，不按下按钮 SB2，1、2、3 点的电位为 L1 相，4、5、6、0 点的电位为 L2 相。只有 L1、L2 两相之间才有电位差（380V），如测不出电压，即可显示出故障点。

首先，将万用表调到交流电压挡 500V 量程，将电路按 L2～1、L2～2、L2～3 点分阶，或按 L1～0、L1～6、L1～5、L1～4 点分阶，然后逐阶测量，即可找出故障点。

测量结果（数据）及判断方法见表 4-7 和表 4-8。

表 4-7 电压分阶测量法的测量结果

故障现象	测试状态	L2～1	L2～2	L2～3	故障点
按 SB2 时，接触器 KM 线圈不吸合	接通电源	0V	0V	0V	FU 熔断或接触不良
		380V	0V	0V	FR 动作或接触不良
		380V	380V	0V	SB1 接触不良
		380V	380V	380V	故障不在 L1～3 电路段

表 4-8 判断方法

故障现象	测试状态	L1～0	L1～6	L1～5	L1～4	故障点
按 SB2 时，接触器 KM 线圈不吸合	接通电源	0V	0V	0V	0V	FU 熔断或接触不良
		380V	0V	0V	0V	KM 线圈断路
		380V	380V	0V	0V	SQ 接触不良
		380V	380V	380V	0V	KA 接触不良
		380V	380V	380V	380V	故障不在 L2～4 电路段

如测得 L2～3、L1～4 点间的电压正常，则故障在按钮 SB2 上。找到故障点后，可用电阻法进行验证。

【注意】实际测量时，电路中每个点至少有两个以上接线桩，电路的分阶更多，电器元件之间的连接导线也是故障范围，不要漏测。

三、电压长分阶测量法

为了提高测量速度或检验逻辑分析的正确性，还可采用电压长分阶测量法。电压长分阶测量法可将故障范围快速缩小 50%。

电压长分阶测量法的原理如图 4-7 所示。

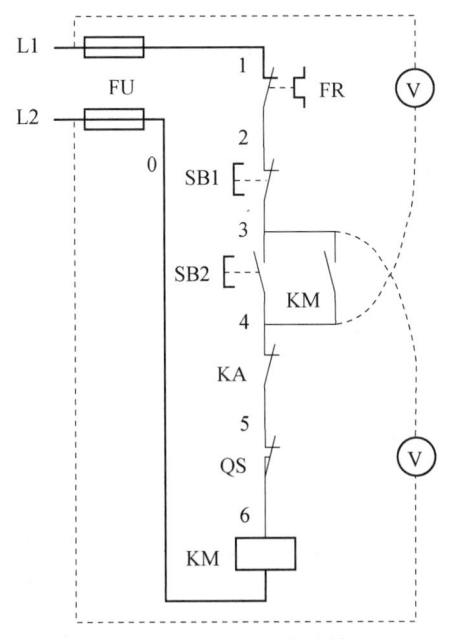

图 4-7 电压长分阶测量法的原理

电压长分阶测量法的测量结果（数据）及判断方法见表 4-9。

表 4-9　电压长分阶测量法的测量结果及判断方法

故障现象	测试状态	L2～3	L1～4	故障范围
按 SB2 时，接触器 KM 线圈不吸合	接通电源	0V	380V	L1～1～2～3
		380V	0V	L2～0～6～5～4
		380V	380V	SB2 接触不良

如测得 L2～3、L1～4 点间的电压正常，则故障在按钮 SB2 上。找出故障点后，可用电阻法进行验证。

四、灵活运用电压分阶测量法和电压长分阶测量法

实际工作中操作者要根据电路实际情况，灵活运用电压分阶测量法和电压长分阶测量法，也可交替运用两种测量方法。如电路较短可采用电压分阶测量法，如电路较长可采用电压长分阶测量法，当采用电压长分阶测量法将故障范围缩小到一定程度后，再采用电压分阶测量法测量出故障点。

五、注意事项

（1）电压法属带电操作，操作中要严格遵守带电作业的安全规定，确保人身安全。测量前将万用表的转换开关置于相应的电压种类（直流、交流）和合适的量程（依据电路的电压等级）。

（2）通电测量前，先查找被测各点所处位置，为通电测量做好准备。

（3）发现故障点后，先切断电源，再排除故障。

（4）电压测量法较电阻测量法能更真实、直观地反映电路的状态，电阻测量法较电压测量法更安全。建议初学者首先掌握电阻测量法，能够用电阻测量法解决问题时尽量采用电阻测量法，待能力提高后再将两种方法结合使用。

任务计划

实训要求：根据故障现象，能够实际、准确地分析出 CA6140 型车床控制电路的故障范围，熟练运用电阻测量法及电压分段测量法查找故障点，正确排除故障，恢复电路正常运行。

1. 实训器具

CA6140 型车床（实物）或 CA6140 型车床模拟控制电路。CA6140 型车床电器元件明细表见表 4-10。

表 4-10　CA6140 型车床电器元件明细表

代号	名称	型号及规格	数量	用途
KM	交流接触器	CJ0—20B，线圈电压 110V	1	控制电动机 M1
KA1	中间继电器	JZ7—44，线圈电压 110V	1	控制电动机 M2
KA2	中间继电器	JZ7—44，线圈电压 110V	1	控制电动机 M3

（续表）

代号	名称	型号及规格	数量	用途
M1	主轴电动机	Y132M—4—B3 7.5kW，1450r/min	1	主传动用
M2	冷却泵电动机	AOB—25，90W，3000r/min	1	输送冷却液用
M3	快速移动电动机	AOS5634，250W	1	溜板快速移动用
FR1	热继电器	JR16—20/3D，15.4A	1	M1 的过载保护
FR2	热继电器	JR16—20/3D，0.32A	1	M2 的过载保护
SB1	按钮	LAY3—01ZS/1	1	停止电动机 M1
SB2	按钮	LAY3—10/3.11	1	启动电动机 M1
SB3	按钮	LA9	1	启动电动机 M3
SB4	旋钮开关	LAY3—10X/2	1	控制电动机 M2
SQ1、SQ2	位置开关	JWM6—11	2	断电保护
HL	信号灯	ZSD—0，6V	1	刻度照明
QF	断路器	AM2—40，20A	1	电源引入
TC	控制变压器	JBK2—100 380V/110V/24V/6V	1	控制电源电压
EL	机床照明灯	JC11	1	工作照明
SB	旋钮开关	LAY3—01Y/2	1	电源开关锁
FU1	熔断器	BZ001，熔体 6A	3	M2、M3、TC 短路保护
FU2	熔断器	BZ001，熔体 1A	1	110V 控制电路短路保护
FU3	熔断器	BZ001，熔体 1A	1	信号灯电路短路保护
FU4	熔断器	BZ001，熔体 2A	1	照明电路短路保护
SA	开关		1	照明灯开关

2．工具与仪表

（1）工具：常用电工工具。

（2）仪表：MF30 型万用表、5050 型兆欧表、T301—A 型钳形电流表。

任务实施

一、设备及工具

（1）CA6140 型车床模拟控制电路 1～2 套。

（2）具有漏电保护功能的三相四线制电源 3～5 台，常用电工工具 3～5 套，万用表 3～5 块，绝缘胶带 3～5 盘。

二、学生分配

将学生分成 3～5 个小组，每小组分配一套设备和工具。

三、实训步骤

（1）在老师或操作师傅的指导下，参照电器位置图和机床接线图，在不通电情况下熟悉 CA6140 型车床电器元件的分布位置和走线情况。

（2）在老师的指导下对车床进行操作，了解CA6140型车床的各种工作状态及操作方法。

（3）在老师的指导下，通电试车，观察各接触器及电动机的运行情况。

合上电源，变压器二次侧输出电压正常时，让学生观察模拟盘上各电器的动作情况以及三台电动机的运行情况。

① 主轴运行：按下启动按钮SB2，观察模拟盘上主接触器KM1的动作情况，以及电动机M1与卡盘的运行情况。

② 冷却泵运行：M1主轴电动机运转后，转换按钮SB4使之闭合，观察模拟盘上中间继电器KA1、接触器KM1的动作情况，电动机M1、M2的运行情况；转换按钮SB4使之断开，再观察上述电器的运行情况。

③ 刀架快速移动：用手按下点动按钮SB3，观察模拟盘上中间继电器KA的动作情况、电动机M3的运行情况；手抬起时再观察上述电器的运行情况。

（4）由教师在CA6140型车床上设置1至2处典型的故障点，学生通过询问或通电试车的方法观察故障点。

（5）学生练习排除故障点。

① 教师示范检修，指导学生如何从故障现象着手进行分析，逐步引导学生采用正确的检修步骤和检修方法。

② 可由小组内学生共同分析并排除故障。

③ 可由具备一定能力的学生独立排除故障。

排除故障步骤：

① 询问操作者故障现象。

② 通电试车并观察故障现象。

③ 根据故障现象，依据电路图采用逻辑分析法确定故障范围。

④ 采用电压分阶测量法和电阻测量法相结合的方法查找故障点。

⑤ 使用正确的方法排除故障。

⑥ 通电试车，复核设备正常工作。

⑦ 学生之间相互设置故障，练习排除故障。

采用竞赛方式，比一比谁观察故障现象更仔细、分析故障范围更准确、测量故障更迅速、排除故障方法更得当。

【注意事项】

（1）人为设置的故障要符合自然故障逻辑。

（2）切忌设置更改电路的人为非自然故障。

（3）设置一处以上故障点时，故障现象尽可能不要相互掩盖，在同一电路上不设置重复性的故障（不符合自然故障逻辑）。

（4）应尽量设置不容易造成人身和设备事故的故障点。

（5）学生检修时，教师要密切注意学生的检修动态，随时做好采取应急措施的准备。

（6）检修时，严禁扩大故障范围或产生新的故障。

（7）检修所用工具、仪表使其符合使用要求。

（8）排除故障时，必须修复故障点，但不得采用元件代换法。

（9）带电检修时，必须有指导教师在现场监护，观察的学生要保持安全距离。

任务检查

CA6140 型车床控制电路的故障排除评分标准见表 4-11。

表 4-11 CA6140 型车床控制电路的故障排除评分标准

项目内容	配分	评分标准		扣分
故障分析	30	(1) 不进行调查研究，扣 5 分 (2) 标不出故障范围或标错故障范围，每个故障点扣 15 分 (3) 不能标出最小故障范围，每个故障点扣 10 分		
排除故障	70	(1) 不验电，扣 5 分 (2) 仪器、仪表使用不正确，每次扣 5 分 (3) 排除故障的方法不正确，扣 10 分 (4) 损坏电器元件，每个扣 40 分 (5) 不能排除故障点，每处扣 35 分 (6) 扩大故障范围，每处扣 40 分		
安全文明生产		违反安全文明生产规程，扣 10~70 分		
定额时间 30min		不许超时检查，修复故障过程中允许超时，但以每超时 5min 扣 5 分计算		
备注		除定额时间外，各项内容的最高扣分不得超过配分数	成绩	
开始时间		结束时间	实际时间	

任务二　Z37 型摇臂钻床控制电路的故障排除

任务目标

（1）掌握 Z37 型摇臂钻床的电气控制原理。
（2）掌握 Z37 型摇臂钻床机床控制电路故障的维修方法。
（3）掌握 Z37 型摇臂钻床控制电路的故障分析及故障排除的方法。

任务资讯

知识点一　Z37 型摇臂钻床电气控制电路的分析

钻床是一种用途广泛的孔加工机床，主要用来加工精度要求不高的孔，另外还可以用来扩孔、绞孔、镗孔以及攻螺纹等。它的结构形式很多，有立式、卧式、深孔及多轴钻床等。Z37 型摇臂钻床是一种立式钻床，它适用于单件或批量生产中带有多孔的大型零件的孔加工。本任务仅以 Z37 型摇臂钻床为例分析其电气控制电路。

该钻床型号的含义如图 4-8 所示。

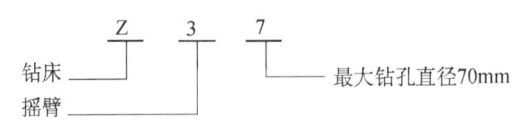

图 4-8　Z37 型摇臂钻床型号的含义

一、主要结构及运动形式

Z37 型摇臂钻床主要由底座、外立柱、内立柱、主轴箱、摇臂、工作台等部分组成，其外形图如图 4-9 所示。底座上固定着内立柱，空心的外立柱套在内立柱外面，外立柱可绕着内立柱回转一周。摇臂一端的套筒部分与外立柱滑动配合，借助于丝杠，摇臂可沿外立柱上下移动，但不能做相对转动。主轴箱中包括主轴旋转和进给运动的全部机构，它被安装在摇臂的水平导轨上，通过手轮使其沿着水平导轨做径向移动。当进行加工时，利用夹紧机构将外立柱紧固在内立柱上，摇臂紧固在外立柱上，主轴箱紧固在摇臂导轨上，从而保证主轴固定不动，刀具不振动。

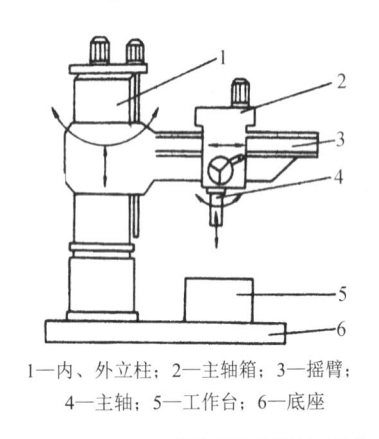

1—内、外立柱；2—主轴箱；3—摇臂；
4—主轴；5—工作台；6—底座

图 4-9　Z37 型摇臂钻床的外形图

摇臂钻床的主运动是主轴带动钻头的旋转运动；进给运动是钻头的上下运动；辅助运动是摇臂沿外立柱的上下移动、主轴箱沿摇臂的水平移动，以及摇臂连同外立柱一起相对于内立柱的回转运动。

二、电力拖动的特点及控制要求

（1）由于摇臂钻床的运动部件较多，为了简化传动装置，故采用多台电动机拖动。主轴电动机 M2 只要求单方向旋转，主轴的正反转控制则通过双向片式摩擦离合器来实现，主轴的转速和进刀量则由变速机构调节。

（2）摇臂升降电动机 M3 要求实现正反转控制，摇臂的升降要求有限位保护。

（3）外立柱和主轴箱的夹紧与放松由电动机配合液压装置完成，摇臂的夹紧与放松由机械和电器联合控制。

（4）该钻床的各种工作状态都是通过十字开关 SA 操作的，为防止误动作，控制电路设有零压保护环节。

（5）冷却泵电动机 M1 拖动冷却泵输送冷却液。

三、电气控制电路

Z37 型摇臂钻床的电路图如图 4-10 所示，它分为主电路、控制电路和照明电路三部分。

1. 主电路分析

该钻床共有四台三相异步电动机。M1 为冷却泵电动机，主要是释放冷却液，由开关 QS2 控制，熔断器 FU1 作短路保护；M2 为主轴电动机，由接触器 KM1 控制，热继电器 FR 作过载保护；M3 为摇臂升降电动机，上升和下降分别由接触器 KM2 和 KM3 控制，FU2 作短路保护；M4 为立柱松紧电动机，夹紧和松开分别由接触器 KM4 和 KM5 控制，FU3 作短路保护。设备电源由开关 QS1 和汇流环 YG 引入。

图 4-10 Z37 型摇臂钻床的电路图

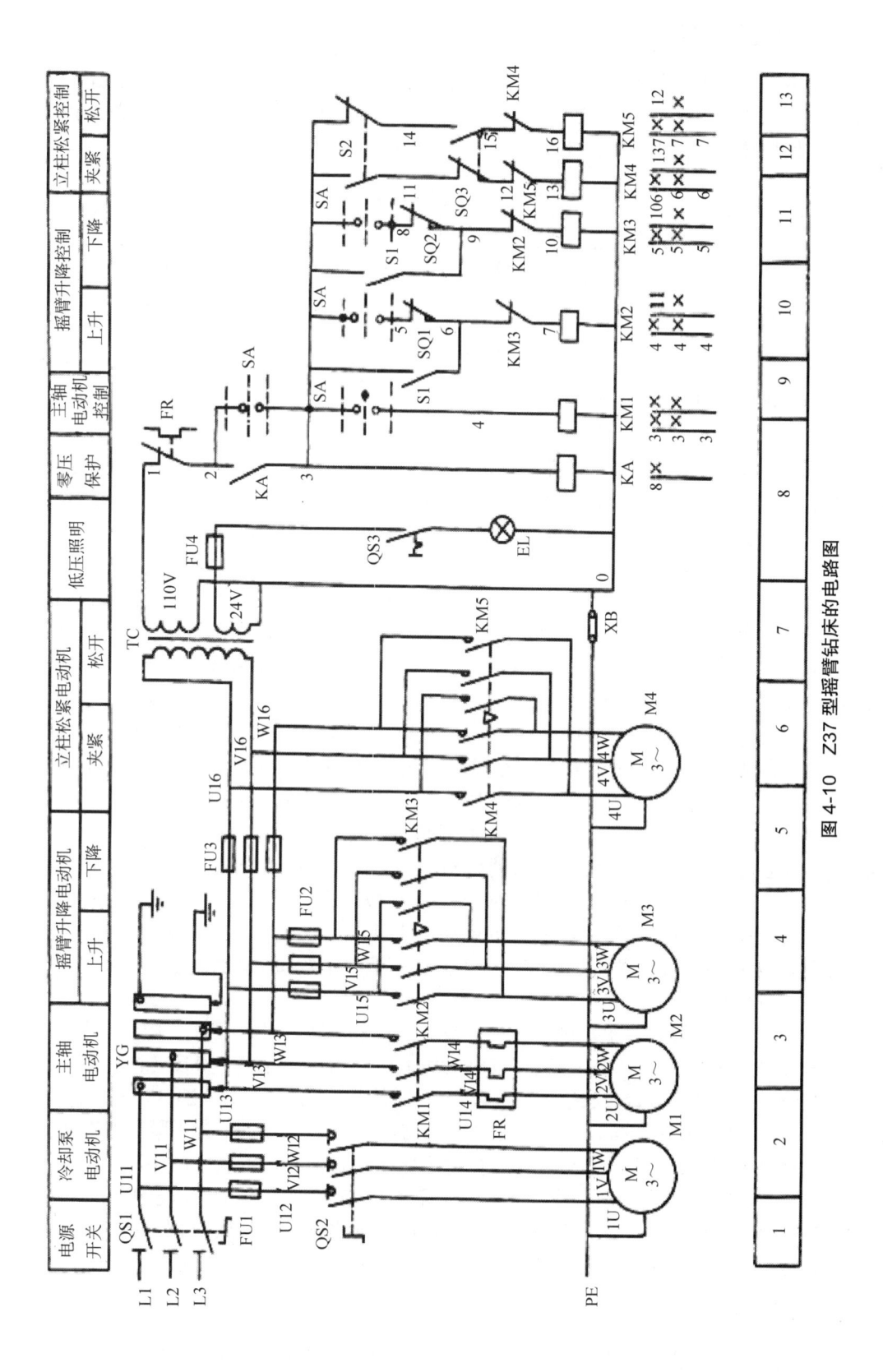

2. 控制电路分析

控制电路采用十字开关 SA 操作。SA 由十字手柄和四个微动开关组成。根据工作需要，可以选择左、右、上、下和中间五个位置中的任意一个。十字开关操作说明见表 4-12。电路设有零压保护环节，是为了防止突然停电又恢复供电而造成的危险。

表 4-12　十字开关操作说明

手柄位置	接通微动开关的触头	工作情况
上	SA（3-5）	KM2 线圈吸合，摇臂上升
下	SA（3-8）	KM3 线圈吸合，摇臂下降
左	SA（2-3）	KA 获电并自锁
右	SA（3-4）	KM1 获电，主轴旋转
中	均不通	控制电路断电

（1）主轴电动机 M2 的控制

首先将十字开关 SA 扳到左边位置，SA（2-3）触头闭合，中间继电器 KA 获电吸合并自锁，为控制电路的接通做准备。再将十字开关 SA 扳到右边位置，此时 SA（2-3）触头分断后，SA（3-4）触头闭合，KM1 线圈获电吸合，KM1 主触头闭合，使电动机 M2 通电旋转。停车时则将十字开关 SA 扳回中间位置即可。主轴的正反转则由摩擦离合器手柄控制。

（2）摇臂升降的控制

① 摇臂上升：将十字开关 SA 扳到向上位置，则 SA（3-5）触头闭合，接触器 KM2 线圈获电吸合，电动机 M3 启动正转。在 M3 刚启动时，摇臂被夹紧，在立柱上是不会上升的，先通过传动装置将摇臂松开，此时鼓形组合开关 S1（见图 4-11）的常开触头（3-9）闭合，为上升后的夹紧做好准备，然后摇臂开始上升。当摇臂上升到合适的位置时，将 SA 扳到中间位置，KM2 线圈断电释放，电动机 M3 停转。由于 S1（3-9）已闭合，KM2 的连锁触头（9-10）由于 KM2 线圈的失电也闭合，使 KM3 线圈获电吸合，电动机 M3 反转，带动夹紧装置将摇臂夹紧，夹紧后 S1 的常开触头（3-9）断开，接触器 KM3 线圈断电释放，电动机 M3 停转，完成了摇臂的松开→上升→夹紧的整套动作。

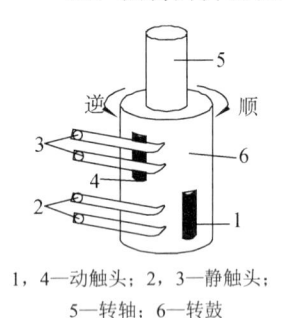

1、4—动触头；2、3—静触头；
5—转轴；6—转鼓

图 4-11　鼓形组合开关

② 摇臂下降：将 SA 扳到向下位置，其余动作情况与上升相似，请参照摇臂上升自行分析。位置开关 SQ1 和 SQ2 作限位保护，使摇臂上升或下降时不致超出极限位置。

③ 立柱松紧的控制。

立柱的松开与夹紧是靠电动机 M4 的正反转拖动液压装置来完成的。扳动机械手柄使位置开关 SQ3 的常开触头（14-15）闭合，KM5 线圈获电吸合，M4 电动机反转拖动液压泵使立柱夹紧装置放松。当夹紧装置放松后，组合开关 S2 的常闭触头（3-14）断开，使接触器 KM5 线圈断电释放，M4 停转，同时组合开关 S2 常开触头（3-11）闭合，为夹紧做好准备。当摇臂和外立柱绕内立柱转动到合适位置时，扳动手柄使 SQ3 复位，其常开触头（14-15）断开，常闭触头（11-12）闭合，使接触器 KM4 获电吸合，电动机 M4 带动液压泵正转，将内立柱夹紧。当完全夹紧后，组合开关 S2 复位，使 KM4 线圈失电，电动机 M4 停转。

主轴箱在摇臂上的松开与夹紧也是由电动机 M4 拖动液压装置完成的。

3. 照明电路

照明电路电源是由变压器 TC 提供的 24V 安全电压。开关 QS3 控制照明灯 EL，FU4 作短路保护。

知识点二　　Z37 型摇臂钻床电气控制电路故障的分析方法

一、合上开关 QS1，照明灯 EL 不亮，操作 SA 无反应（全无故障现象）

该故障是电源电路故障，检查开关 QS1、汇流环 YG、熔断器 FU3、变压器 TC 是否正常，注意变压器 TC 副边 0 号线断路或线头接触不良也会造成全无故障。

二、将十字开关 SA 扳到左边位置，中间继电器 KA 线圈不得电（其他动作都不能进行）

故障范围是 0-TC 绕组～1～FR～2～SA，如果中间继电器 KA 线圈能得电，但将十字开关 SA 扳回到中间位置时，中间继电器 KA 线圈断电。说明中间继电器 KA 不能自锁，检查中间继电器 KA 自锁触头。

三、摇臂上升或下降后不能夹紧

故障原因是鼓形组合开关 S1 未按要求闭合。正常情况下，当摇臂上升到所需位置，将十字开关 SA 扳回到中间位置时，S1（3-9）触头应早已接通，使接触器 KM3 线圈获电吸合，摇臂会自动夹紧。若因触头位置偏移或接触不良，使 S1（3-9）触头未按要求闭合接通，接触器 KM3 不动作，电动机 M3 也就不能启动反转并进行夹紧，故摇臂仍处于放松状态。若当摇臂下降到所需位置时不能夹紧，故障在 S1（3-6）触头上。

四、摇臂上升或下降后不能按需要停止

故障原因是鼓形组合开关 S1 动作机构严重移位，导致其两对常开触头（3-6）或（3-9）闭合顺序颠倒。当摇臂上升或下降到位置后，将十字开关 SA 由上升或下降位置扳到中间位置时，不能切断控制上升或下降的接触器线圈电路，上升或下降运动不能停止，甚至到了极限位置也不能使控制升降的接触器线圈断电，由此可引发很危险的机械事故。若出现这种情况，应立即切断电源总开关 QS1，使摇臂停止运动。

五、主轴箱和立柱的松紧故障

主轴箱和立柱的夹紧与放松是通过电动机 M4 配合液压装置来完成的。电动机 M4 通过接触器 KM4、KM5 实现正反转控制，出现故障时，观察并确定故障是属于正转部分还是反转部分，加以排除即可。检修时还要注意观察并区分液压故障和电气故障。

知识点三　　电压分段测量法

一、电压分段测量法

1. 测量电路

测量电路如图 4-12 所示，接通电源，按下按钮 SB2，接触器 KM 线圈不能得电工作。逻辑分析故障范围是 L1～1～2～3～4（不包含 KM 辅助常开触头）～5～6～0～L2。

故障范围较大，但故障只有一个，需要采用测量法找出故障点。

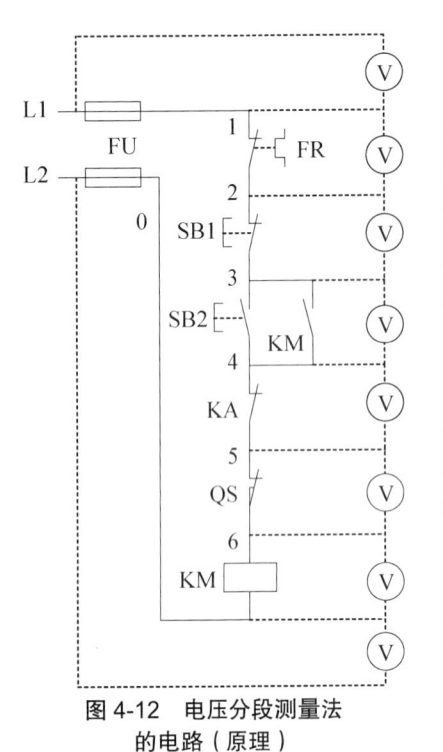

2. 电压分段测量法

电压分段测量法的原理如图 4-12 所示，电路正常时，不按下按钮 SB2，1、2、3 点的电位为 L1 相，4、5、6、0 点的电位为 L2 相。当按下 SB2（或 KM 已自锁）时，1、2、3、4、5、6 点的电位为 L1 相，0 点的电位为 L2 相。此时，等相位（电位）各点之间无电压，即 L1、1、2、3、4、5、6 各点之间无电压，L2、0 点之间无电压。若在等电位两点之间测得电压，说明该两点之间断路或接触不良。只有 KM 线圈两端才有 380V 电压（电压加在负载两端）。若测得 KM 线圈两端之间有 380V 电压，但是 KM 线圈仍不吸合，说明 KM 线圈断路或接触不良。依据上述分析进行测量，即可显示出故障点。

首先，将万用表调到交流电压挡 500V 量程，将电路按 L1~1、1~2、2~3、3~4、4~5、5~6、6~0、0~L2 分段；然后，一人按住按钮 SB2，另一人用万用表逐段测量，即可找到故障点。

图 4-12 电压分段测量法的电路（原理）

测量结果（数据）及判断方法见表 4-13。

【注意】实际测量时，每个点至少有两个以上接线桩，电路分段更多，电器元件之间的连接导线也属故障范围，不要漏测。

表 4-13 电压分段测量法的测量结果及判断方法

故障现象	测试状态	L1~1	1~2	2~3	3~4	4~5	5~6	6~0	0~L2	故障点
按下 SB2 时，KM 线圈不吸合	电源电压正常，按住 SB2	380V	0V	0V	0V	0V	0V	0V	0V	FU 熔断或接触不良
		0V	380V	0V	0V	0V	0V	0V	0V	FR 接触不良或动作
		0V	0V	380V	0V	0V	0V	0V	0V	SB1 接触不良
		0V	0V	0V	380V	0V	0V	0V	0V	SB2 接触不良
		0V	0V	0V	0V	380V	0V	0V	0V	KA 接触不良
		0V	0V	0V	0V	0V	380V	0V	0V	SQ 接触不良
		0V	0V	0V	0V	0V	0V	380V	0V	KM 线圈断路
		0V	0V	0V	0V	0V	0V	0V	380V	FU 熔断或接触不良

3. 电压长分段测量法

为了提高测量速度或检验逻辑分析的正确性，还可采用电压长分段测量法。电压长分段测量法可将故障范围快速缩小 50%。

电压长分段测量法的原理如图 4-13 所示，将电路分成 L1~4、L2~4 两段进行测量。

测量结果（数据）及判断方法见表 4-14。

表 4-14 电压长分段测量法的测量结果及判断方法

故障现象	测试状态	L1~4	L2~4	故障范围
按下按钮 SB2，KM 线圈不得电	电源电压正常，按下按钮 SB2 不放	380V	0V	1~2~3~4
		0V	380V	4~5~6~0

4. 灵活运用电压分段测量法和电压长分段测量法

实际工作中操作者要根据电路实际情况，灵活运用电压分段测量法和电压长分段测量法，也可交替运用两种测量方法。如电路较短可采用电压分段测量法，如电路较长可采用电压长分段测量法，当采用电压长分段测量法将故障范围缩小到一定程度后，再采用电压分段测量法测量出故障点。

5. 安全注意事项

（1）电压法属带电操作，操作中要严格遵守带电作业的安全规定，确保人身安全。测量前将万用表的转换开关置于相应的电压种类（直流、交流）及合适的量程（依据电路的电压等级）。

（2）通电测量前，先查找被测各点所处位置，为通电测量做好准备。

（3）发现故障点后，先切断电源，再排除故障。

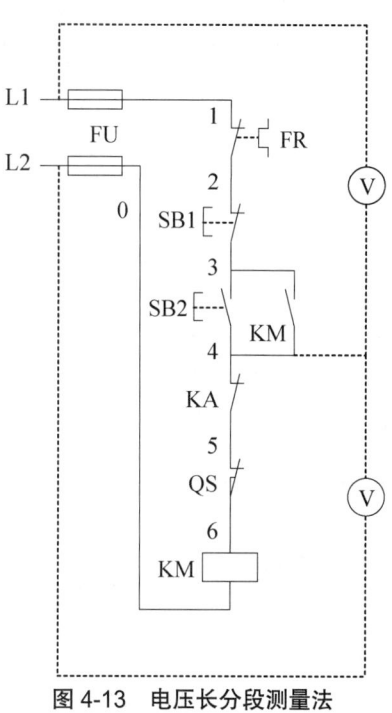

图 4-13 电压长分段测量法的原理

任务计划

实训要求：根据故障现象，能够准确、实地地在模拟板上分析出 Z37 型摇臂钻床控制电路的故障范围，熟练运用电压分段测量及电压长分段测量法查找故障点，正确排除故障，恢复电路正常运行。

实训器具：

（1）Z37 型摇臂钻床（实物）或 Z37 型摇臂钻床模拟控制电路（电器元件明细表见表 4-15）。

（2）工具与仪表。

① 工具：常用电工工具。

② 仪表：MF30 型万用表、5050 型兆欧表、T301—A 型钳形电流表。

表 4-15 Z37 型摇臂钻床电器元件明细表

代号	元件名称	型号	规格	数量
M1	冷却泵电动机	JCB—22—2	0.125kW、2790r/min	1
M2	主轴电动机	Y132M—4	7.5 kW、1440r/min	1
M3	摇臂升降电动机	Y100L2—4	3 kW、1440r/min	1
M4	立柱夹紧、松开电动机	Y802—4	0.75 kW、1390r/min	1
KM1	交流接触器	CJ0—20	20A、线圈电压 110V	1
KM2～KM5	交流接触器	CJ0—10	10A、线圈电压 110V	4
FU1、FU4	熔断器	RL1—15/2	15A、熔体 2A	4
FU2	熔断器	RL1—15/15	15A、熔体 15A	3
FU3	熔断器	RL1—15/5	15A、熔体 5A	3
QS1	组合开关	HZ2—25/3	25A	1

（续表）

代号	元件名称	型号	规格	数量
QS2	组合开关	HZ2—10/3	10A	1
SA	十字开关	定制		1
KA	中间继电器	JZ7—44	线圈电压 110V	1
FR	热继电器	JR16—20/3D	整定电流 14.1A	1
SQ1、SQ2	位置开关	LX5—11		2
SQ3	位置开关	LX5—11		1
S1	鼓形组合开关	HZ4—22		1
S2	组合开关	HZ4—21		1
TC	变压器	BK—150	150VA、380V/110V、24V	1
EL	照明灯	KZ 型带开关、灯架、灯泡	24V、40W	1
YG	汇流环			

任务实施

Z37 型摇臂钻床电气控制电路故障的排除，灵活运用各种测量方法查找故障点。

一、设备及工具

（1）Z37 型摇臂钻床模拟控制电路 1～2 套。

（2）具有漏电保护功能的三相四线制电源 3～5 台，常用电工工具 3～5 套，万用表 3～5 块，绝缘胶带 3～5 盘。

二、学生分配

根据人数及个人能力将学生分成 3～5 个小组，每小组分配一套设备和工具。

三、实训步骤

（1）在老师或操作师傅的指导下对钻床进行操作，了解 Z37 型摇臂钻床的各种工作状态及操作方法。

（2）在教师指导下，弄清钻床电器元件的安装位置及走线情况；结合机械、电气、液压几方面相关的知识，搞清钻床电气控制的特殊环节。

（3）通电试车，观察各接触器及电动机的运行情况。

合上电源开关，变压器二次侧输出电压正常。

① 电路零压保护状态：将十字开关 SA 扳至左侧，观察继电器 KA 的动作情况。

② 主轴电动机运行及停转状态：将十字开关 SA 扳至右侧，观察继电器 KA、接触器 KM1 的动作情况，以及主轴电动机 M2 的运行情况；将 SA 扳至中间，观察继电器 KA、接触器 KM1 的动作情况。

③ 摇臂上升及停止状态：将十字开关 SA 扳至向上，观察继电器 KA、接触器 KM2 的动作情况，以及电动机 M3 的运行情况；将 SA 扳至中间，再观察各电器及电动机的动作情况。

④ 摇臂下降及停止状态：将十字开关 SA 扳至下，观察继电器 KA、接触器 KM3 的动作情况，以及电动机 M3 的运行情况；将 SA 扳至中间，再观察各电器及电动机的动作情况。

⑤ 立柱松开状态：拨动手柄使之压合 SQ3，观察继电器 KA、接触器 KM5 的动作情况，以及电动机 M4 的运行情况；扳动手柄使 SQ3 恢复，再观察各电器及电动机的动作情况。

⑥ 立柱夹紧状态：在模拟盘上转换组合开关 S2 时，观察继电器 KA、接触器 KM4 的动作情况，以及电动机 M4 的运行情况；恢复组合开关 S2，再观察各电器及电动机的动作情况。

⑦ 冷却泵电动机运行及停车状态：转换组合开关 QS2 使之闭合，观察电动机 M1 的运行情况；断开 QS2，再观察电动机的运行情况。

（4）由教师在 Z37 型摇臂钻床电气控制电路上设置 1 至 2 处典型的故障点，学生通过询问或通电试车的方法观察故障点。

（5）学生练习排除故障点。

① 教师示范检修，指导学生如何从故障现象着手进行分析，逐步引导学生采用正确的检修步骤和检修方法。

② 可由小组内学生共同分析并排除故障。

③ 可由具备一定能力的学生独立排除故障。

排除故障步骤：

① 询问操作者故障现象。

② 通电试车，观察故障现象。

③ 根据故障现象，依据电路图用逻辑分析法确定故障范围。

④ 采用电压分阶测量法和电阻测量法相结合的方法查找故障点。

⑤ 使用正确的方法排除故障。

⑥ 通电试车，复核设备正常工作。

（6）学生之间相互设置故障，练习排除故障。

采用竞赛方式，比一比谁观察故障现象更仔细、分析故障范围更准确、测量故障更迅速、排除故障方法更得当。

【注意事项】

（1）人为设置的故障要符合自然故障逻辑。

（2）切忌设置更改电路的人为非自然故障。

（3）设置一处以上故障点时，故障现象尽可能不要相互掩盖，在同一电路上不设置重复性的故障（不符合自然故障逻辑）。

（4）应尽量设置不容易造成人身和设备事故的故障点。

（5）学生检修时，教师要密切注意学生的检修动态，随时做好采取应急措施的准备。

（6）检修时，严禁扩大故障范围或产生新的故障。

（7）检修所用工具、仪表使其符合使用要求。

（8）排除故障时，必须修复故障点，但不得采用元件代换法。

（9）带电检修时，必须有指导教师在现场监护，观看的学生要保持安全距离。

【任务检查】

Z37 型摇臂钻床电气控制电路的故障分析与排除评分标准见表 4-16。

表 4-16　Z37 型摇臂钻床电气控制电路的故障分析与排除评分标准

项目内容	配分	评分标准	扣分
故障分析	30	（1）不进行调查研究，扣 5 分 （2）标不出故障范围或标错故障范围，每个故障点扣 15 分 （3）不能标出最小故障范围，每个故障点扣 10 分	
排除故障	70	（1）不验电，扣 5 分 （2）仪器、仪表使用不正确，每次扣 5 分 （3）排除故障的方法不正确，扣 10 分 （4）损坏电器元件，每个扣 40 分 （5）不能排除故障点，每处扣 35 分 （6）扩大故障范围，每个扣 40 分	
安全文明生产		违反安全文明生产规程，扣 10～70 分	
定额时间 30min		不许超时检查，修复故障过程中允许超时，但以每超时 5min 扣 5 分计算	
备注		除定额时间外，各项内容的最高扣分不得超过配分数	成绩
开始时间		结束时间	实际时间

任务三　X62W 型卧式万能铣床控制电路的故障排除

任务目标

（1）掌握 X62W 型卧式万能铣床的电气控制原理。
（2）掌握 X62W 型卧式万能铣床控制电路故障的维修方法。
（3）掌握 X62W 型卧式万能铣床控制电路的故障分析及故障排除的方法。

任务资讯

知识点一　X 62W 型卧式万能铣床电气控制电路的分析

铣床可用来加工平面、斜面、沟槽，装上分度头可以铣切直齿齿轮和螺旋面，装上圆工作台还可铣切凸轮和弧形槽，所以铣床在机械加工行业的机床设备中占有相当大的比重。铣床的种类很多，按照结构形式和加工性能的不同可分为卧式铣床、龙门铣床、立式铣床、仿形铣床和专用铣床等。

万能铣床是一种通用的多用途机床，它可以用圆柱铣刀、角度铣刀、端面铣刀等各种刀具对零件进行平面、斜面及成型表面等的加工，还可以加装圆工作台、万能铣头等附件来扩大加工范围。常用的万能铣床有两种：一种是 X52K 型立式万能铣床，铣头垂直方向放置；另一种是 X62W 型卧式万能铣床，铣头水平方向放置。这两种铣床在结构上大体相似，差别在于铣头的放置方向不同，而工作台的进给方式、主轴变速的工作原理等都一样，电气控制线路经过系列化以后也基本一样。本任务以 X62W 型卧式万能铣床为例分析其控制电路。

该铣床型号的含义如图 4-14 所示。

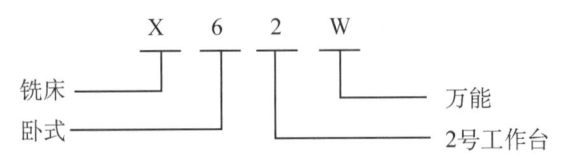

图 4-14　X62W 型卧式万能铣床型号的含义

一、主要结构及运动形式

X62W 型卧式万能铣床的外形结构图如图 4-15 所示。它主要由主轴、刀杆、悬梁、工作台、横溜板、升降台、床身、底座等组成。床身固定在底座上，在床身的顶部有水平导轨，上面的悬梁装有一个或两个刀杆支架。刀杆支架用来支撑铣刀心轴的一端，另一端则固定在主轴上，由主轴带动铣刀铣削。刀杆支架在悬梁上以及悬梁在床身顶部的水平导轨上都可以做水平移动，以便安装不同的心轴。在床身的前面有垂直导轨，升降台可沿着它上下移动。在升降台上面的水平导轨上，装有可前后移动的溜板。溜板上有可转动的回转盘，工作台就在回转盘的导轨上做左右移动。工作台用 T 形槽来固定工件。这样，安装在工作台上的工件就可以在三个坐标上的六个方向上调整位置和进给。此外，由于回转盘相对于溜板可绕中心轴线左右转过一个角度，因此，工作台还可以在倾斜方向进给，加工螺旋槽，故称万能铣床。

铣削是一种高效率的加工方式。主轴带动铣刀的旋转运动是主运动，工作台的前、后、左、右、上、下六个方向的运动是进给运动，工作台的旋转等其他运动则属于辅助运动。

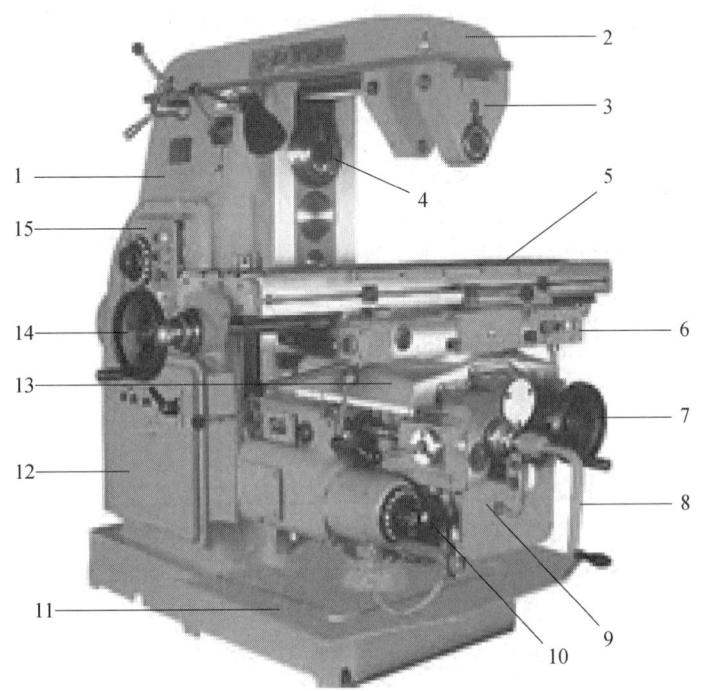

1—床身；2—悬梁；3—刀杆；4—主轴；5—工作台；6—前按钮板；7—横向进给手柄；8—升降进给手柄；9—升降台；10—进给变速手柄；11—底座；12—左配电柜；13—横溜板；14—纵向进给手柄；15—左按钮板

图 4-15　X62W 型卧式万能铣床的外形结构图

二、电力拖动的特点及控制要求

（1）由于主轴电动机的正反转并不频繁，因此采用组合开关来改变电源相序实现主轴电动机的正反转。由于主轴传动系统中装有避免振动的惯性轮，使主轴停车困难，故主轴电动机采用电磁离合器制动来实现准确停车。

（2）由于工作台要求有前、后、左、右、上、下六个方向的进给运动和快速移动，所以也要求进给电动机能正反转，并通过操纵手柄和机械离合器配合实现。进给的快速移动是通过电磁铁和机械挂挡来实现的。为了扩大其加工能力，在工作台上可加装圆形工作台，圆形工作台的回转运动是由进给电动机经传动机构驱动的。

（3）主轴运动和进给运动均采用变速盘来进行速度选择，为了保证齿轮的良好啮合，两种运动均要求变速后做瞬间点动。

（4）当主轴电动机和冷却泵电动机过载时，进给运动必须立即停止，以免损坏刀具和铣床。

（5）根据加工工艺的要求，该铣床应具有以下电气连锁措施。

① 由于六个方向的进给运动在某一时刻只能有一种运动产生，因此采用了机械手柄和位置开关相配合的方式来实现六个方向的连锁。

② 为了防止刀具和铣床的损坏，要求只有主轴旋转后才允许有进给运动。

③ 为了提高劳动生产率，在不进行铣削加工时，可使工作台快速移动。

④ 为了减少加工工件的表面粗糙度，要求只有进给停止后主轴才能停止或同时停止。

（6）要求有冷却系统、照明设备及各种保护措施。

三、电气控制线路分析

X62W 型卧式万能铣床的电气线路主要由主电路、控制电路和照明电路三部分组成（见图 4-16）。

1. 主电路分析

主电路中共有 3 台电动机。M1 是主轴电动机，拖动主轴带动铣刀进行铣削加工，SA3 是 M1 的转换开关；M2 是进给电动机，拖动工作台进行前、后、左、右、上、下 6 个方向的进给运动和快速移动，其正反转由接触器 KM3、KM4 控制；M3 是冷却泵电动机，供应冷却液，与主轴电动机 M1 之间实现顺序控制，即 M1 启动后，M3 才能启动。熔断器 FU1 作为 3 台电动机的短路保护装置，3 台电动机的过载保护由热继电器 FR1、FR2、FR3 实现。

2. 控制电路分析

1）主轴电动机 M1 的控制

为了方便操作，主轴电动机 M1 采用两地控制方式，启动按钮 SB1、SB2，停止按钮 SB5、SB6 分别装在床身和工作台上。YC1 是主轴制动用的电磁离合器，KM1 是主轴电动机 M1 的启动接触器，SQ1 是主轴变速冲动行程开关。

（1）主轴电动机 M1 的启动

启动前，首先选好主轴的转速，然后合上电源开关 QS1，再将主轴转换开关 SA3（2 区）扳到所需要的位置。SA3 的位置及动作说明见表 4-17。按下启动按钮 SB1（或 SB2），接触器 KM1 线圈获电动作，其主触头和自锁触头闭合，主轴电动机 M1 启动运转，KM1 常开辅助触头（9～10）闭合，为工作台进给电路提供电源。

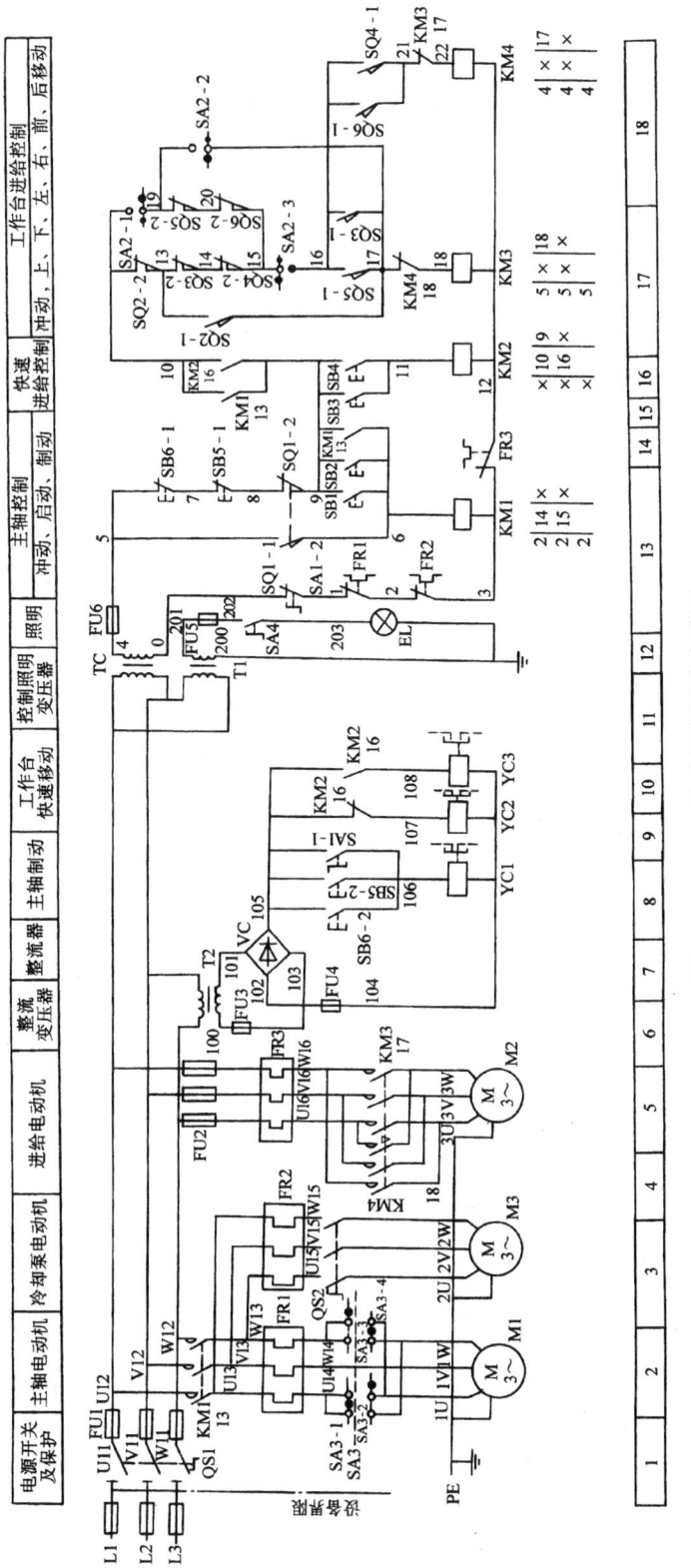

图 4-16 X62W 卧式万能铣床电路图

（2）主轴电动机 M1 的制动

按下停止按钮 SB5-1（或 SB6-1），接触器 KM1 线圈失电，主轴电动机 M1 断电惯性运转，同时 SB5-2（或 SB6-2）闭合，使电磁离合器 YC1 获电，使主轴电动机 M1 制动停转。

表 4-17 主轴转换开关 SA3 的位置及动作说明

位置	正转	停止	反转
SA3-1	－	－	＋
SA3-2	＋	－	－
SA3-3	＋	－	－
SA3-4	－	－	＋

（3）主轴换铣刀控制

主轴在更换铣刀时，为避免其转动，造成更换困难，应将主轴制动。方法是将转换开关 SA1 扳到换刀位置，此时常开触头 SA1-1（8 区）闭合，电磁离合器 YC1 线圈获电，使主轴处于制动状态以便换刀；同时常闭触头 SA1-2 断开，切断了整个控制电路，保证了人身安全。

（4）主轴变速冲动控制

主轴变速是由一个变速手柄和一个变速盘来实现的。主轴变速冲动控制是利用变速手柄与冲动行程开关 SQ1 通过机械上的联动机构来实现的，如图 4-17 所示。

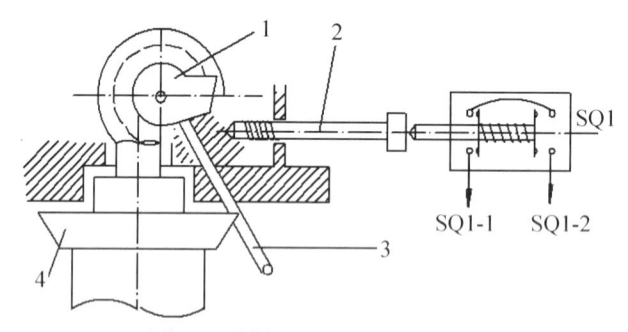

1—凸轮；2—弹簧杆；3—变速手柄；4—变速盘

图 4-17 主轴变速冲动控制示意图

变速时，先将变速手柄 3 压下，使手柄的榫块从定位槽中脱出，然后向外拉动手柄使榫块落入第二道槽内，使齿轮组脱离啮合。转动变速盘 4，选定所需要的转速，然后将变速手柄 3 推回原位，使榫块重新落进槽内，使齿轮组重新啮合。由于齿之间不能刚好对上，若冲动一下，则啮合十分方便。当手柄推进时，凸轮 1 将弹簧杆 2 推动一下又返回，则弹簧杆 2 又推动一下位置开关 SQ1（13 区），使常闭触头 SQ1-2 先分断，常开触头 SQ1-1 后闭合，接触器 KM1 线圈瞬时得电，主轴电动机 M1 也瞬时启动；但紧接着，凸轮 1 放开弹簧杆 2，位置开关 SQ1（13 区）复位，电动机 M1 断电。由于未采取制动而使电动机 M1 惯性运转，故电动机 M1 产生一个冲动力，使齿轮系统抖动，保证了齿轮的顺利啮合。变速前应先停车。

2）进给电动机 M2 的控制

工作台的进给是通过两个操作手柄和机械联动机构控制对应的位置开关使进给电动机 M2 正转或反转来实现的，并且前、后、左、右、上、下 6 个方向的运动之间实现连锁，不能同时接通。

（1）工作台的左右进给运动

工作台的左右进给运动是由工作台左右进给手柄与位置开关 SQ5、SQ6 联动来实现的，其控制关系见表 4-18，共有左、中、右三个位置。当手柄扳向左（或右）位置时，位置开关 SQ5（或 SQ6）的常闭触头 SQ5-2（或 SQ6-2（17 区））被分断，常开触头 SQ5-1（17 区）（或 SQ6-1（18 区））闭合，使接触器 KM3（或 KM4）获电动作，电动机 M2 正转或反转。在 SQ5 或 SQ6 被压合的同时，机械机构已将电动机 M2 的传动链与工作台的左右进给丝杆搭合，工作台则在丝杆带动下左右进给。当工作台向左或向右运动到极限位置时，工作台两端的挡铁就会撞动手柄使其回到中间位置，位置开关 SQ5 或 SQ6 复位，使电动机的传动链与左右丝杠脱离，电动机 M2 停转，工作台停止运动，从而实现左右进给的终端保护。

当手柄扳向中间位置时，位置开关 SQ5 和 SQ6 均未被压合，进给控制电路处于断开状态。

表 4-18 工作台左右进给的控制关系

手柄位置	位置开关动作	接触器动作	电动机 M2 转向	工作台运动方向
左	SQ5	KM3	正转	向左
右	SQ6	KM4	反转	向右
中	—	—	停止	停止

（2）工作台的上下和前后进给运动

工作台的上下和前后进给是由同一手柄控制的。该手柄与位置开关 SQ3 和 SQ4 联动，有上、下、前、后、中五个位置，其控制关系见表 4-19 所示。当手柄扳到中间位置时，位置开关 SQ3 和 SQ4 未被压合，工作台无任何进给运动；当手柄扳到上或后位置时，位置开关 SQ4 被压合，使其常闭触头 SQ4-2（17 区）分断，常开触头 SQ4-1（18 区）闭合，接触器 KM4 获电动作，电动机 M2 反转，机械机构将电动机 M2 的传动链与前后进给丝杆搭合，电动机 M2 则带动溜板向后运动；若传动链与上下进给丝杆搭合，电动机 M2 则带动升降台向上运动。当手柄扳到下或前位置时，请读者参照上或后位置自行分析。和左右进给一样，工作台的上、下、前、后四个方向也均有极限保护，使手柄自动复位到中间位置，使电动机和工作台停止运动。当手柄扳到中间位置时，位置开关 SQ3 和 SQ4 均未被压合，工作台无任何进给运动。

表 4-19 工作台上、下、前、后、中进给的控制系统

手柄位置	位置开关动作	接触器动作	电动机 M2 转向	工作台运动方向
上	SQ4	KM4	反转	向上
下	SQ3	KM3	正转	向下
前	SQ3	KM3	正转	向前
后	SQ4	KM4	反转	向后
中	—	—	停止	停止

（3）连锁控制

单独对上、下、前、后、左、右六个方向的进给只能选择其一，绝不可能出现两个

方向的可能性。在两个手柄中，当一个操作手柄被置于某一进给方向时，另一个操作手柄必须置于中间位置，否则将无法实现任何进给运动，实现了连锁保护。若将左右进给手柄扳向右时，而又将另一进给手柄扳到上时，则位置开关 SQ6 和 SQ4 均被压合，使 SQ6-2 和 SQ4-2 均分断，接触器 KM3 和 KM4 的通路均断开，电动机 M2 只能停转，保证了操作安全。

（4）进给变速冲动

与主轴变速时一样，为使齿轮进入良好的啮合状态，也要进行变速后的瞬时点动。进给变速时，必须先把进给操作手柄放在中间位置，然后将变速盘拉出，使进给齿轮松开，选好进给速度，再将变速盘原位。在推进过程中，挡块压下位置开关 SQ2（17 区），使触头 SQ2-2 分断，SQ2-1 闭合，接触器 KM3 经 10～19～20～15～14～13～17～18 路径获电动作，电动机 M2 启动；但随着变速盘的复位，位置开关 SQ2 也复位，使 KM3 断电释放，电动机 M2 失电停转。由于使电动机 M2 瞬时点动一下，齿轮系统产生一次抖动，使齿轮顺利啮合。

（5）工作台的快速移动

在加工过程中，在不进行铣削加工时，为了减少生产辅助时间，可使工作台快速移动；当进入铣削加工时，则要求工作台以原进给速度移动。6 个进给方向的快速移动是通过两个进给操作手柄和快速移动按钮配合实现的。

工件安装好后，扳动进给操作手柄选定进给方向，按下快速移动按钮 SB3 或 SB4（两地控制），接触器 KM2 得电，KM2 的一个常开触头接通进给控制电路，为工作台 6 个方向的快速移动做好准备；另一个常开触头接通电磁离合器 YC3，使电动机 M2 与进给丝杠直接搭合，实现工作台的快速进给；KM2 的常闭触头分断，电磁离合器 YC2 失电，使齿轮传动链与进给丝杠分离。当快速移动到预定位置时，松开快速移动按钮 SB3 或 SB4，接触器 KM2 断电释放，电磁离合器 YC3 断开，YC2 吸合，快速移动停止。

（6）圆形工作台的控制

为了提高铣床的加工能力，可在工作台上安装圆形工作台，进行对圆弧或凸轮的铣削加工。圆形工作台工作时，所有的进给系统均停止工作，实现连锁。转换开关 SA2 是用来控制圆形工作台的。当圆形工作台工作时，将 SA2 扳到接通位置，此时触头 SA2-1 和 SA2-3（17 区）断开，触头 SA2-2（18 区）闭合，电流经 10～13～14～15～20～19～17～18 路径，使接触器 KM3 得电，电动机 M2 启动，通过一根专用轴带动圆形工作台做旋转运动。当不需要圆形工作台工作时，则将转换开关 SA2 扳到断开位置，此时触头 SA2-1 和 SA2-3 闭合，触头 SA2-2 断开。

3）冷却和照明控制

冷却泵电动机 M3 只有在主轴电动机 M1 启动后才能启动，因而采用的是顺序控制。铣床照明由变压器 T1 供给 24V 安全电压，由开关 SA4 控制。照明电路的短路保护由熔断器 FU5 实现。

X62W 型卧式万能铣床电器位置图和电箱内电器布置图分别如图 4-18 和图 4-19 所示。

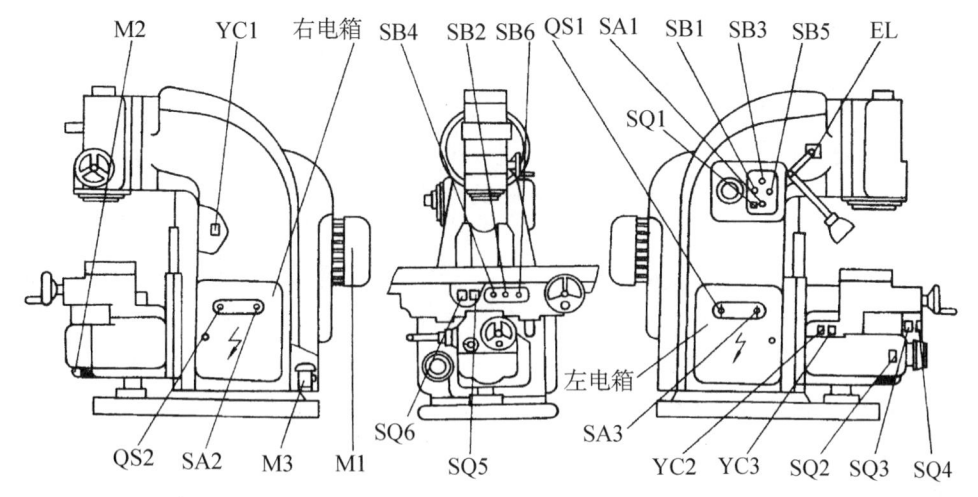

图 4-18　X62W 型卧式万能铣床电器位置图

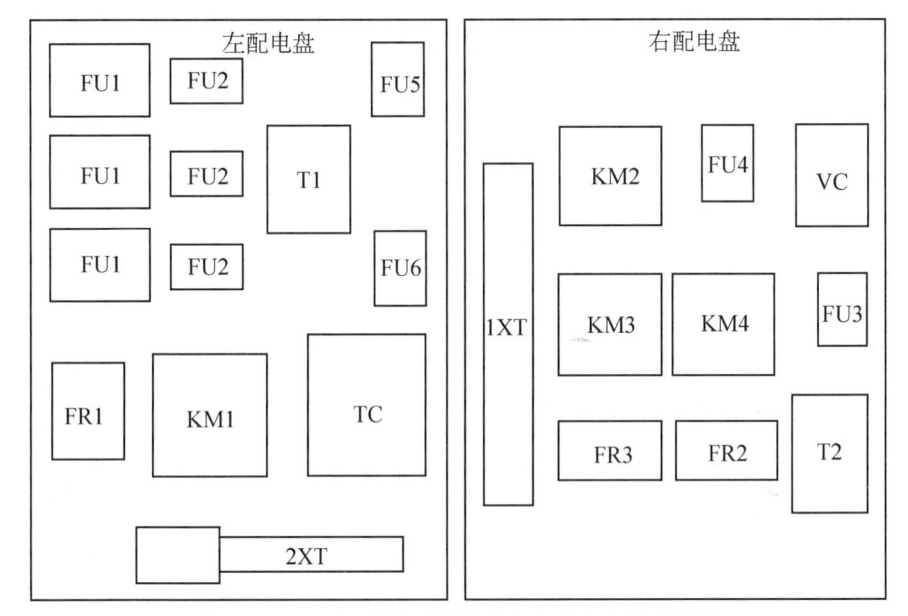

图 4-19　X62W 型卧式万能铣床电箱内电器布置图

知识点二　X62W 型卧式万能铣床电气控制电路故障的分析方法

一、全无故障

全无故障的分析方法与前面介绍的机床全无故障分析方法类似，故障范围是变压器供电的电源电路，采用电压法测量，很快便可找到故障点。

二、主轴电动机 M1 不能启动

主轴电动机 M1 不能启动故障应与主轴电动机 M1 变速冲动故障合并检查，因此，试车时，既要测试电动机 M1 的启动，也要测试其变速冲动。若主轴电动机 M1 既未启动，也无冲动（接触器 KM 线圈不得电），则故障在其控制电路的公共部分，即 5～FU6～4～TC～SA1-2～1～FR1～2～FR2～3～KM1 线圈～6。若变速冲动时接触器 KM1 线圈得电，启动时接触器 KM1 线圈不得电，则故障在 5～SB6-1～7～SB5-1～8～SQ1-2～9～SB1（或 SB2）～6。测量故障前要先查看换刀开关 SA1 是否处于断开位置，变速冲动开关是否复位。检测方法可参照 CA6140 型车床主轴电动机控制电路的检测方法。

若接触器 KM1 线圈得电，电动机 M1 仍不启动，且发出"嗡嗡"声，应立即停止试车，判断故障为主电路缺相，具体检测方法可参照 CA6140 型车床主轴电动机主电路的检测方法。若电动机 M1 正反转有一个方向缺相而另一方向正常，故障是正反转换向转换开关 SA3 触头接触不良造成的。

三、工作台各个方向都不能进给

工作台的进给运动是通过进给电动机 M2 的正反转配合机械传动来实现的，若各个方向都不能进给，且试车时接触器 KM3、KM4 线圈都不得电，则故障在进给电动机控制电路的公共部分，第一段的故障范围为 9～KM1～10，第二段的故障范围为转换开关 SA2-3，第三段的故障范围为 12～FR3～3。第一段的故障范围可通过试快速进给确认，如快速进给时，接触器 KM3、KM4 线圈得电，则故障范围必在接触器 KM1 常开触头或与 9 号、10 号的连线上。第二段很少出现断路故障，通常是因转换开关 SA2 的位置错转到"接通"位置而造成的。第三段通常是热继电器 FR3 脱扣，查明原因，复位即可。上述故障点还可用测量法确认。

若接触器 KM3、KM4 线圈可得电，则故障必在电动机 M2 的主电路，范围是正反转公共电路。

四、工作台能上、下、前、后进给，不能左、右进给

工作台左右进给电路：先启动主轴电动机，电流经 9～10～13～14～15～16～17～18～12～3，接触器 KM3 线圈得电，电动机 M2 正转，工作台向左；电流经 9～10～13～14～15～16～21～22～12～3，接触器 KM4 线圈得电，电动机 M2 反转，工作台向右。

因上、下、前、后可进给，首先排除进给电动机 M2 的主电路，再排除 9～10 段、15～16 段、17～18～12～3 段、21～22～12～3 段。位置开关 SQ5 和 SQ6 不可能同时损坏（除非压合 SQ5、SQ6 的纵向手柄发生机械故障），故还要排除 16～17 段、16～21 段。最终确定故障范围是 10～13～14～15 段。该段正是上、下、前、后及变速冲动，与左、右进给的连锁电路。如试车时进给变速冲动也正常，则排除 13～14～15 段，故障必在位置开关 10～SQ2-2～13 上。反之故障在 13～14～15 段，采用电阻法测量该电路时，为避免二次回路造成判断失误，可操作位置开关 SQ5、SQ6 或圆形工作台转换开关将寄生回路切断，再进行测量。该故障多因位置开关 SQ2、SQ3、SQ4 接触不良或没复位造成的。

五、工作台能左、右进给，不能上、下、前、后进给

参照故障四的分析方法，工作台不能上、下、前、后进给的故障范围是 10～19～20～15。检测方法同故障四。

六、工作台能上、下、前、后进给，能向左进给，不能向右进给

采用故障四所使用的方法分析，判定该故障的故障范围是位置开关 SQ6-1 的常开触头及连线。反之，如只能向左进给不能向右进给故障，故障范围是位置开关 SQ5-1 的常开触头及其连线。

由此可分析和判断只有下、前（下、前方向用不同的丝杠拖动，但电路是一个）进给时，故障范围是位置开关 SQ3-1 的常开触头及连线。

只有上、后不能进给时，故障范围是位置开关 SQ4-1 的常开触头及连线。造成上述故障的原因多是位置开关经常被压合，使螺钉松动、开关移位、触头接触不良、开关机构卡住等。

七、工作台能下、前、左进给，不能上、后、右进给

工作台上、后、右由电动机 M2 反转拖动，电动机 M2 反转由接触器 KM4 控制，经逻辑分析可知，若接触器 KM4 线圈不得电，故障范围是 21～KM3～22～KM4 线圈～12。若接触器 KM4 线圈得电，则故障必在接触器 KM4 的主触头及连线上。

如故障现象同上述情况正相反，则故障范围是 17～KM4～18～KM3 线圈～12，或接触器 KM3 的主触头及其连线。

八、工作台不能快速移动、主轴制动失灵

这种故障是因电磁离合器电源电路故障所致，故障范围是变压器 TC～FU3、VC、熔断器 FU4 以及连接线路。首先检查变压器 TC 输出的交流电压是否正常，再检查整流器 VC 输出的直流电压是否正常。如不正常，采用相应的测量方法找出故障点，加以排除。

检修时还应注意，若整流器 VC 中一只二极管损坏断路，将导致输出电压偏低，吸力不够。这种故障与离合器的摩擦片因磨损导致摩擦力不足的现象较相似。检修时应仔细检测辨认，以免误判。

九、变速时不能冲动

如电动机能正常启动，但变速时不能冲动，是由于位置开关 SQ1（主轴）、位置开关 SQ2（进给）经常受频繁冲击，致使开关位置移动、线路断开或接触不良而引起的。检修时，如位置开关没有撞坏，可调整好开关与挡铁的距离，重新固定，即可恢复冲动控制。

知识点三　　对地短路故障的检查方法

对地短路故障发生后，短路处往往有明显烧伤、发黑痕迹，仔细观察就可发现，如未发现上述现象可采用逐步接入法查找。

测量电路如图 4-20（a）所示，接通电源，L1 相的熔断器熔断，经逻辑分析可知故障是 L1 相对地短路。

检查方法：在此电路中串联一只 380V 或两只 220V 的白炽灯，如图 4-20（a）所示，通过观看灯泡的亮与灭来确定故障点。针对具体线路［见图 4-20（b）］的对地短路故障加以分析。先切断每一条支路，然后逐一与 L1 相线连接，通电观看灯泡是否亮。如图 4-20（c）所示，若亮，说明此支路有对地短路故障，再在此支路中查找短路故障点。具体查找方法如图 4-20（d）所示。测量结果及判断方法见表 4-20。注意，更换的熔断器规格要尽量小，满足查找要求即可。

表 4-20　串联灯泡对地短路检测法的测量结果及判断方法

故障现象	测试方法	断开状态	接入状态	灯亮情况	故障范围
接通电源，L1 相熔断器熔断	接通电源，串联一只 380V 或两只 220V 灯泡	1～3 号点	FU～1 号间	灯亮	FU～1 号间
		1～3 号点	FU～1 号间	灯不亮	1～3 号点
		2～3 号点	FU～2 号间	灯亮	FU～2 号间
		2～3 号点	FU～2 号间	灯不亮	2～3 号点

注意事项：

（1）串联灯泡对地短路检测法属带电操作，操作中要严格遵守带电作业的安全规定，确保人身安全。测量前将万用表的转换开关置于相应的电压种类（直流、交流）、合适的量程（依据电路的电压等级）。

（2）通电测量前，先查找被测各点所处位置，为通电测量做好准备。

（3）发现故障点后，先切断电源，再排除故障。

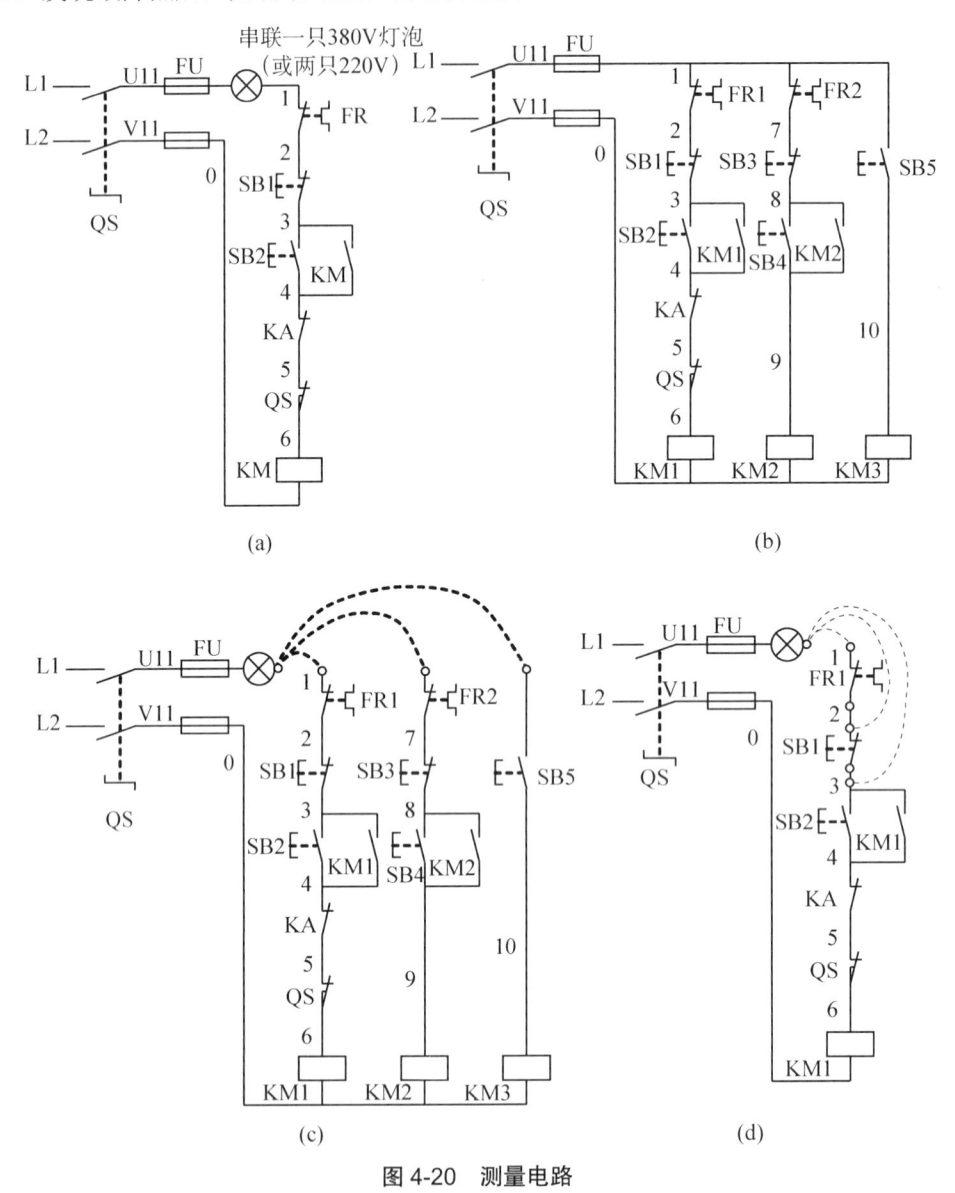

图 4-20　测量电路

任务计划

根据故障现象，能够准确、实地地分析出 X62W 型卧式万能铣床控制电路的故障范围，并能够熟练地运用电阻分段测量及电压分段测量法查找故障点，正确排除故障，恢复电路正常运行。

实训器具：

（1）X62W 型卧式万能铣床（实物）或 X62W 型卧式万能铣床模拟控制电路（电器元件明细表见表 4-21）。

（2）工具与仪表。

① 工具：常用电工工具。

② 仪表：MF30 型万用表、5050 型兆欧表、T301—A 型钳形电流。

表 4-21　X62W 型万能铣床电器元件明细表

代号	名称	型号及规格	数量	用途
QS1	开关	HZ10—60/3J　60A、380V	1	电源总开关
QS2	开关	HZ10—10/3J　10A、380V	1	冷却泵开关
SA1	开关	LS2—3A	1	换刀开关
SA2	开关	HZ10—10/3J　10A、380V	1	圆形工作台开关
SA3	开关	HZ3—133　10A、500V	1	M1 换向开关
M1	主轴电动机	Y132M—4—B3　7.5kW、380V、1450r/min	1	驱动主轴
M2	进给电动机	Y90L—4　1.5kW、380V、1400r/min	1	驱动进给
M3	冷却泵电动机	JCB—22　125W、380V、2790r/min	1	驱动冷却泵
FU1	熔断器	RL1—60　60A、熔体 50A	3	电源短路保护
FU2	熔断器	RL1—15　15A、熔体 10A	3	进给短路保护
FU3、FU6	熔断器	RL1—15　15A、熔体 4A	2	整流、控制电路短路保护
FU4、FU5	熔断器	RL1—15　15A、熔体 2A	2	直流、照明电路短路保护
FR1	热继电器	JR0—40　整定电流 16A	1	M1 过载保护
FR2	热继电器	JR0—10　整定电流 0.43A	1	M2 过载保护
FR3	热继电器	JR0—10　整定电流 3.4A	1	M3 过载保护
T2	变压器	BK—100　380/36V	1	整流电源
TC	变压器	BK—150　380/110V	1	控制电路电源
T1	照明变压器	BK—50　50VA、380/24V	1	照明电源
VC	整流器	2CZ×4　5A、50V	1	整流用
KM1	接触器	CJ0—20　20A、线圈电压 110V	1	主轴启动
KM2	接触器	CJ0—10　10A、线圈电压 110V	1	快速进给
KM3	接触器	CJ0—10　10A、线圈电压 110V	1	M2 正转
KM4	接触器	CJ0—10　10A、线圈电压 110V	1	M2 反转
SB1、SB2	按钮	LA2　绿色	1	启动电动机 M1
SB3、SB4	按钮	LA2　黑色	1	快速进给点动
SB5、SB6	按钮	LA2　红色	1	停止、制动
YC1	电磁离合器	B1DL—Ⅲ	1	主轴制动
YC2	电磁离合器	B1DL—Ⅱ	1	正常进给
YC3	电磁离合器	B1DL—Ⅱ	1	快速进给
SQ1	位置开关	LX3—11K　开启式	1	主轴冲动开关
SQ2	位置开关	LX3—11K　开启式	1	进给冲动开关
SQ3	位置开关	LX3—131　单轮自动复位	1	
SQ4	位置开关	LX3—131　单轮自动复位	1	M2 正、反转及连锁
SQ5	位置开关	LX3—11K　开启式	1	
SQ6	位置开关	LX3—11K　开启式	1	

任务实施

一、设备及工具

（1）X62W 型卧式万能铣床模拟控制电路 3～5 套。

（2）具有漏电保护功能的三相四线制电源 3～5 台，常用电工工具 3～5 套，万用表 3～5 块，绝缘胶带 3～5 盘。

二、学生分配

根据人数及个人能力将学生分成 3～5 个小组，每小组分配一套设备和工具。

三、实训步骤

（1）在老师或操作师傅的指导下，参照铣床电器位置图及电箱内电器布置图，在不通电情况下，熟悉电路的走线情况，了解 X62W 型卧式万能铣床的各种工作状态及操作方法，以及操作手柄处于不同位置时，位置开关的工作状态及运动部件的工作情况。

（2）在老师或操作师傅的指导下对铣床进行操作，观察操作手柄处于不同位置时，位置开关的工作状态及运动部件的工作情况。

合上电源开关 QS1 时，操作按钮 SB1 或 SB2，让学生观察主轴启动时，各继电器、电路及电动机的运行情况；操作按钮 SB5 或 SB6，让学生主要观察主轴制动时，各继电器、电磁离合器、电路及电动机的运行情况；扳动手柄压合 SQ1-1，观察主轴冲动时，各继电器、电路及电动机的运行情况；转换 SA1，观察主轴换刀时电动机及电磁离合器的运行情况；扳动手柄分别压合 SQ3、SQ4、SQ5、SQ6，观察工作台向上、下、左、右、前、后进给时，各继电器、电磁离合器、电路及电动机的运行情况；转换开关 SA2，观察圆形工作台运行时，各继电器、电路及电动机的运行情况；扳动手柄压合 SQ2，观察进给冲动时，各继电器、电路及电动机的运行情况；点动操作按钮 SB3 或 SB4，观察快速进给时，各继电器、线路及电动机的运行情况。

（3）由教师在 X62W 型卧式万能铣床电路上设置 1 至 2 处典型的故障点，学生通过询问或通电试车的方法观察故障点。

（4）学生练习排除故障点。

① 教师示范检修，指导学生如何从故障现象着手进行分析，逐步引导学生采用正确的检修步骤和检修方法。

② 可由小组内学生共同分析并排除故障。

③ 可由具备一定能力的学生独立排除故障。

排除故障步骤：

① 询问操作者故障现象。

② 通电试车，观察故障现象。

③ 根据故障现象，依据电路图用逻辑分析法确定故障范围。

④ 采用电压分阶测量法和电阻测量法相结合的方法查找故障点。

⑤ 使用正确的方法排除故障。

⑥ 通电试车，复核设备正常工作。

(5) 学生之间相互设置故障，练习排除故障。

采用竞赛方式，比一比谁观察故障现象更仔细、分析故障范围更准确、测量故障更迅速、排除故障方法更得当。

【注意事项】

(1) 人为设置的故障要符合自然故障逻辑。

(2) 切忌设置更改电路的人为非自然故障。

(3) 设置一处以上故障点时，故障现象尽可能不要相互掩盖，在同一电路上不设置重复性故障（不符合自然故障逻辑）。

(4) 应尽量设置不容易造成人身和设备事故的故障点。

(5) 由于该类铣床的电气控制与机械结构配合十分紧密，因此，在出现故障时，应首先判断是机械故障还是电气故障。

(6) 学生检修时，教师要密切注意学生的检修动态，随时做好采取应急措施的准备。

(7) 检修时，严禁扩大故障范围或产生新的故障。

(8) 检修所用工具、仪表使其符合使用要求。

(9) 排除故障时，必须修复故障点，但不得采用元件代换法。

(10) 带电检修时，必须有指导教师在现场监护，观察的学生要保持安全距离。

任务检查

X6ZW 型卧式万能铣床控制电路的故障排除的评分标准见表 4-22。

表 4-22　X6ZW 型卧式万能铣床控制电路的故障排除的评分标准

项目内容	配分	评分标准	扣分
故障分析	30	(1) 排故障前不进行调查研究，试车不彻底，扣 5 分 (2) 标不出故障范围或标错故障范围，每个故障点 15 分 (3) 不能标出最小故障范围，每个故障点扣 10 分	
排除故障	70	(1) 不验电，扣 5 分 (2) 仪器、仪表使用不正确，每次扣 5 分 (3) 排除故障的方法不正确，扣 10 分 (4) 损坏电器元件，每个扣 40 分 (5) 不能排除故障点，每处扣 35 分 (6) 扩大故障范围，每处扣 40 分	
安全文明生产	违反安全文明生产规程，扣 10～70 分		
定额时间 1h	不许超时检查，修复故障过程中允许超时，但以每超时 5min 扣 5 分计算		
备注	除定额时间外，各项内容的最高扣分不得超过配分数	成绩	
开始时间		结束时间	实际时间	

项目五 晶闸管-电动机直流调速系统的测试与检修

任务一 晶闸管-电动机直流调速系统开环控制的检测与调试

任务目标

（1）掌握开环直流调速系统的构成及其特点。
（2）能够熟练完成开环调速系统的接线和调试。
（3）理解三相全控桥式整流电路的工作原理。
（4）了解 KC 系列集成触发器的调整方法和各点的波形。

任务资讯

如图 5-1 所示为三相全控桥式整流主电路及继电保护实用电路，它包括了主电路和继电保护电路两部分。

晶闸管直流调速系统按可控整流电路分为单相可控整流电路和三相可控整流电路，按反馈回路数量分为单闭环系统和双闭环系统，按所取不同的反馈量分为转速负反馈、电压负反馈、电流正反馈、电流负反馈等。

晶闸管-电动机开环直流调速系统框图如图 5-2 所示，该系统的电路通常由三相全控桥式整流电路、触发电路、电源电路、给定电路等部分组成。

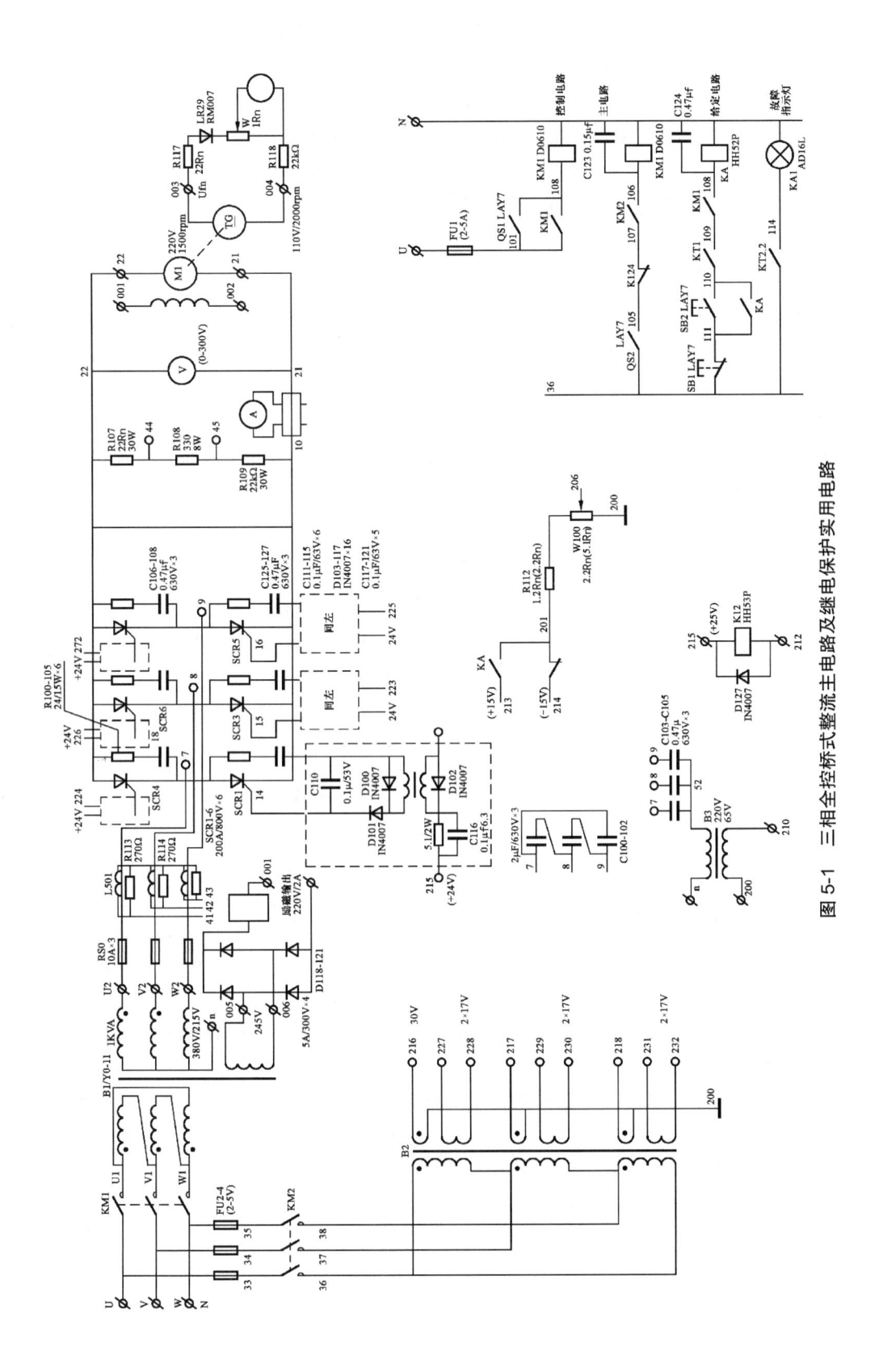

图 5-1 三相全控桥式整流主电路及继电保护实用电路

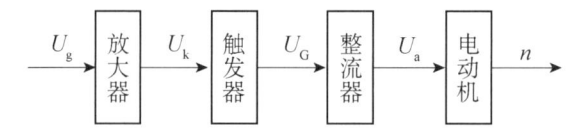

图 5-2　晶闸管-电动机开环直流调速系统框图

一、三相全控桥式整流电路

1. 三相全控桥式整流电路的主电路

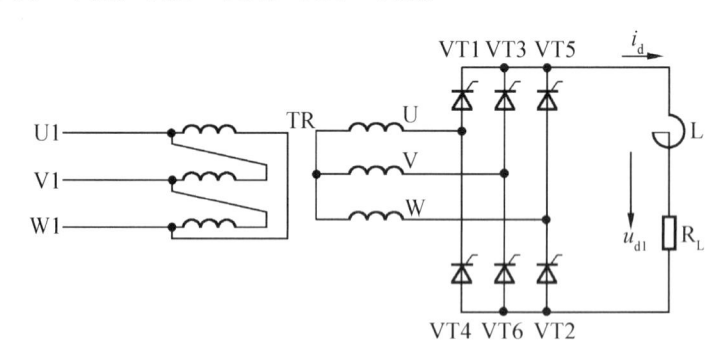

三相全控桥式整流电路的主电路由 6 个晶闸管组成，它们是 VT1、VT2、VT3、VT4、VT5、VT6，其中 VT1、VT3、VT5 组成共阴极组，VT2、VT4、VT6 组成共阳极组，如图 5-3 所示。

为了构成一个完整的电流回路，要求有两个晶闸管同时导通，其中一个在共阳极组，另一个在共阴极组。因此，晶闸管必须严格按照编号轮流导通。三相全控桥式整流电路中，晶闸管的导通顺序为：

共阴极组 VT1→VT1，VT3→VT3，VT5→VT5；
共阳极组 VT6→VT2，VT2→VT4，VT4→VT6。

图 5-3　三相全控桥式整流电路的主电路

2. 晶闸管的触发脉冲

在一个周期内，6 个晶闸管都要被触发一次，触发的顺序与导通的顺序相同，即 VT1—VT2—VT3—VT4—VT5—VT6。6 个触发脉冲的相位依次相差 60°。

为了保证整流装置能正常工作或在电流断续后能再次导通，必须对两组中应该导通的一对晶闸管同时施加触发脉冲。

实现这一点有两种办法，一是采用宽脉冲触发，使每个脉冲的宽度大于 60°（但必须小于 120°，一般为 90°左右）；二是采用双窄脉冲触发，在一个晶闸管换相导通后，经过 60°再给这个晶闸管补发一个脉冲。目前多采用双窄脉冲方法。

如图 5-4 所示为三相全控桥式整流电路的触发脉冲。

(a) 晶闸管触发的顺序

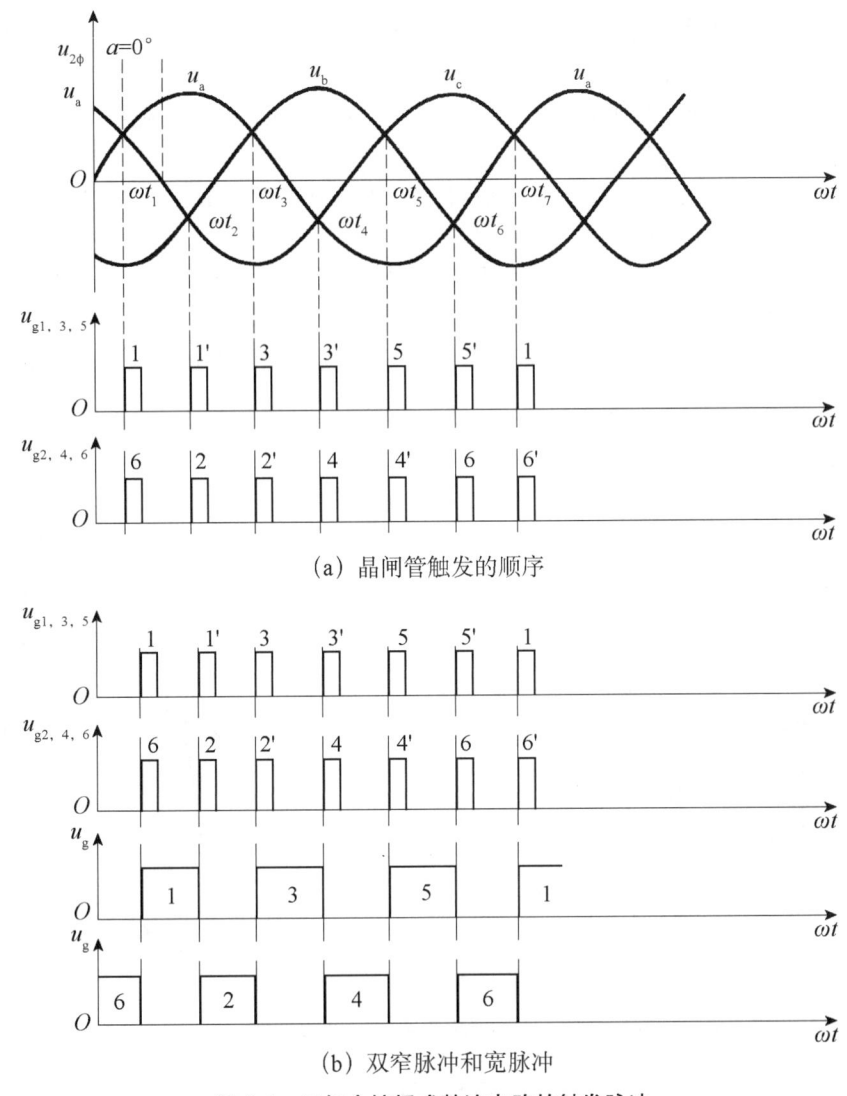

(b) 双窄脉冲和宽脉冲

图 5-4 三相全控桥式整流电路的触发脉冲

二、触发电路

常用的性能比较好的晶闸管触发电路有正弦波同步触发电路和锯齿波同步触发电路。下面介绍锯齿波同步触发电路的构成和工作原理。

1. KC04 移相集成触发器

图 5-5 为 KC04 移相集成触发器的电路原理图和外形图。该触发器属于锯齿波同步触发电路，外加的同步电压 u_s 为正弦波，通过电阻 R4 从 7、8 引脚引入。u_s 过零时，VT1、VT2、VT3 均截止，VT4 饱和，电容 C1 放电，同时，VT8、VT12 均导通，将输出脉冲电路封锁。u_s 过零若变正，VT1 导通，VT4 截止，VT5 导通。VT5 和 C1 构成了密勒积分电路，引脚 3 的电位基本不变，通过 R_{P1}、R6 给 C1 充电的电流是一个常数，于是引脚 4 的电位线性上升，构成锯齿波，锯齿波的斜率由 R_{P1}、R6 和 C1 共同决定。

该锯齿波信号与另外两个直流信号 U_b（偏置电压）、U_c（控制电压）经过引脚 9 叠加在 VT6 的基极，组成了同步移相环节。

在 VT6 截止期间，VT7 饱和，没有输出脉冲，而电容 C2 则被充电至 15V 左右，极性左正右负。

当 VT6 转为饱和，VT7 截止，产生脉冲上升沿，脉冲宽度取决于 VT7 的截止时间，由 C2、R8 的值决定。

由于 VT8 是截止的，这个脉冲通过引脚 1 输出。同理，u_s 过零若变负，VT4 截止产生一个脉冲，此时 VT12 是截止的，该脉冲通过引脚 15 输出。

由此可见，该触发电路在一个周期内可产生互差 180°的两个触发脉冲，分别由引脚 1 和 15 输出。

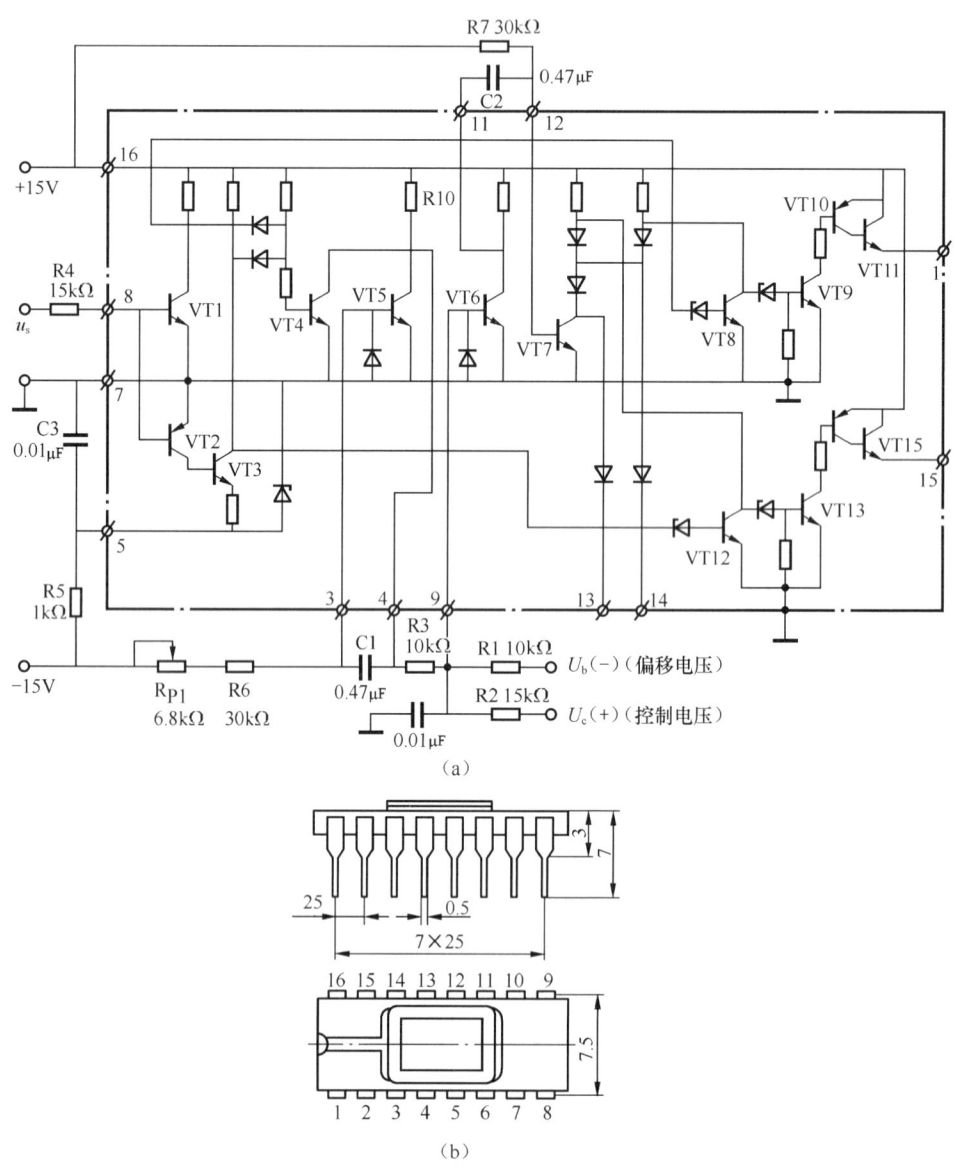

图 5-5 KC04 移相集成触发器的电路原理图和外形图

2. 六脉冲触发器的实用电路

图 5-6 所示是采用 3 片 KC04 元件组装的六脉冲触发器的实用电路，图中 IC1、IC2、IC3 为 KC04 元件。

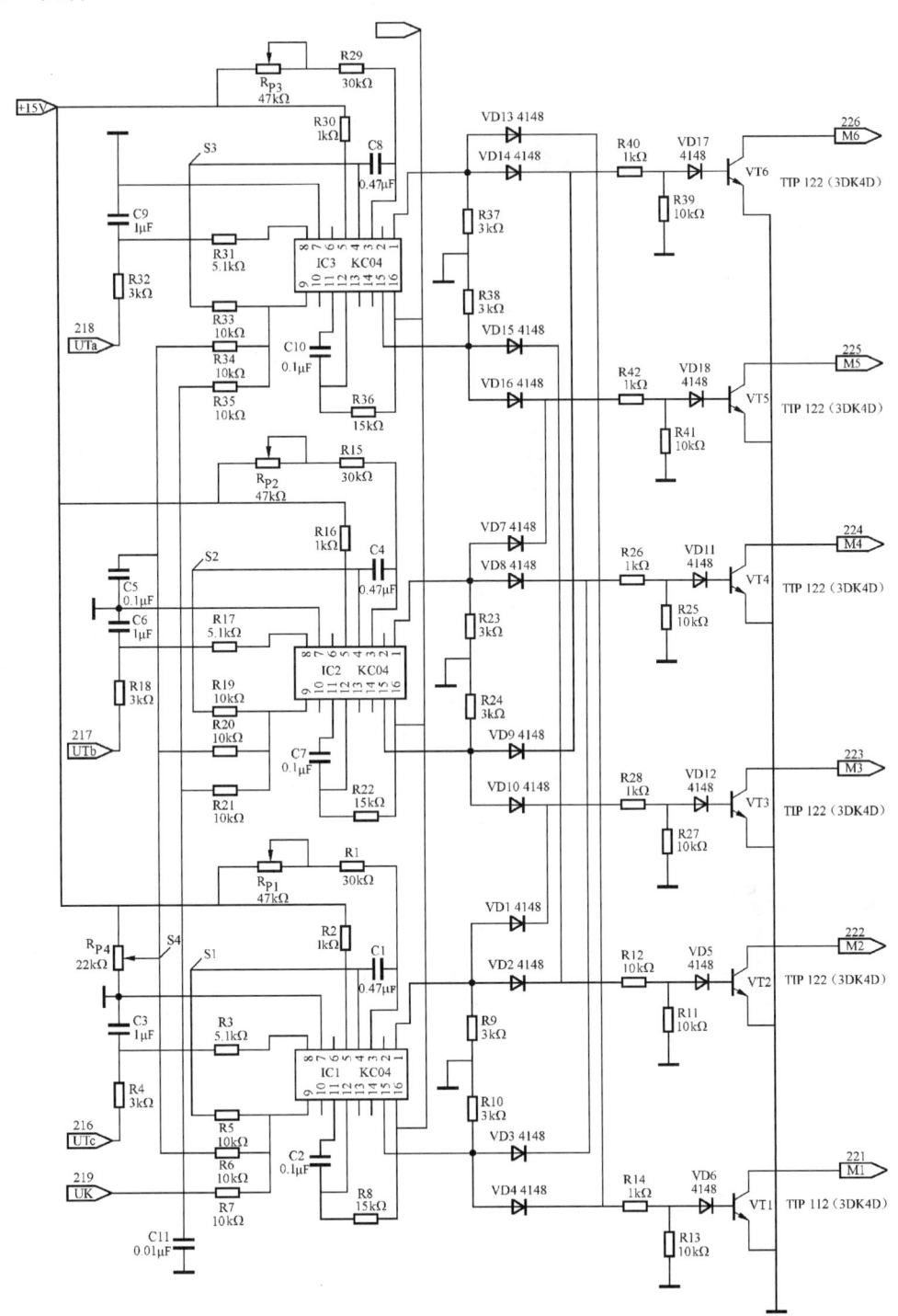

图 5-6 六脉冲触发器的实用电路

U_{Ia}、U_{Ib}、U_{Ic}为正弦波同步电压，U_k是给定电压，R_{P4}提供负的偏置电压U_p，各路触发器的锯齿波斜率由分别由R_{P1}、R1、C1，R_{P2}、R15、C4，R_{P3}、R29、C8共同决定。相隔60°的触发脉冲，从IC1的引脚1→IC3的引脚→IC2的引脚1→IC1的引脚→IC3的引脚1→IC2的引脚顺序输出；再经由VD1～VD12二极管组成的六个或门，形成六路脉冲，加到脉冲功率放大级——三极管VT1～VT6的基极，经过脉冲变压器的隔离作用，将触发脉冲信号加到晶闸管阴极与门极之间，当晶闸管承受正向电压时便被触发导通。

三、继电控制保护电路

图5-7为继电控制保护电路图，KM2、KM1、KA分别为控制电路、主电路、给定电路的控制接触器；当系统出现过电流、缺相等故障时，K12触头闭合，指示灯亮；QS1、QS2是控制电路、主电路的启动开关；SB1、SB2分别是给定电路的停止和启动按钮。

为了保证系统的正常工作，控制电路、主电路、给定电路采用顺序控制的方法。

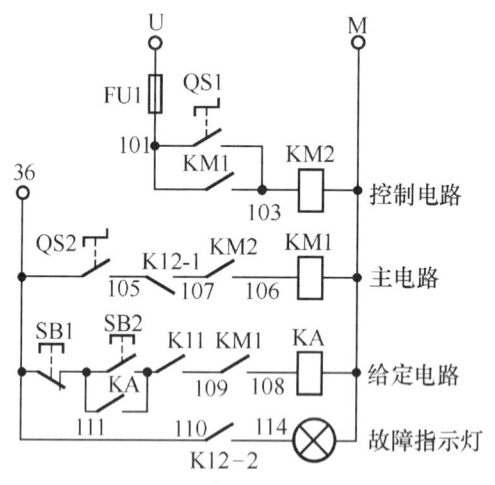

图5-7 继电控制保护电路图

四、电源电路

图5-8为直流电源原理图，由同步变压器提供三相交流电压，电压为34V。

经过三组桥式整流电路并联供电，再由集成稳压电路LM7815、LM7915稳压后可以提供±15V、+24V的直流电源。

五、给定电路

图5-9为给定电路图，当给定继电器KA吸合时，通过调节电位器R_{P100}，可以向外提供0～10V的直流给定电压U_g。

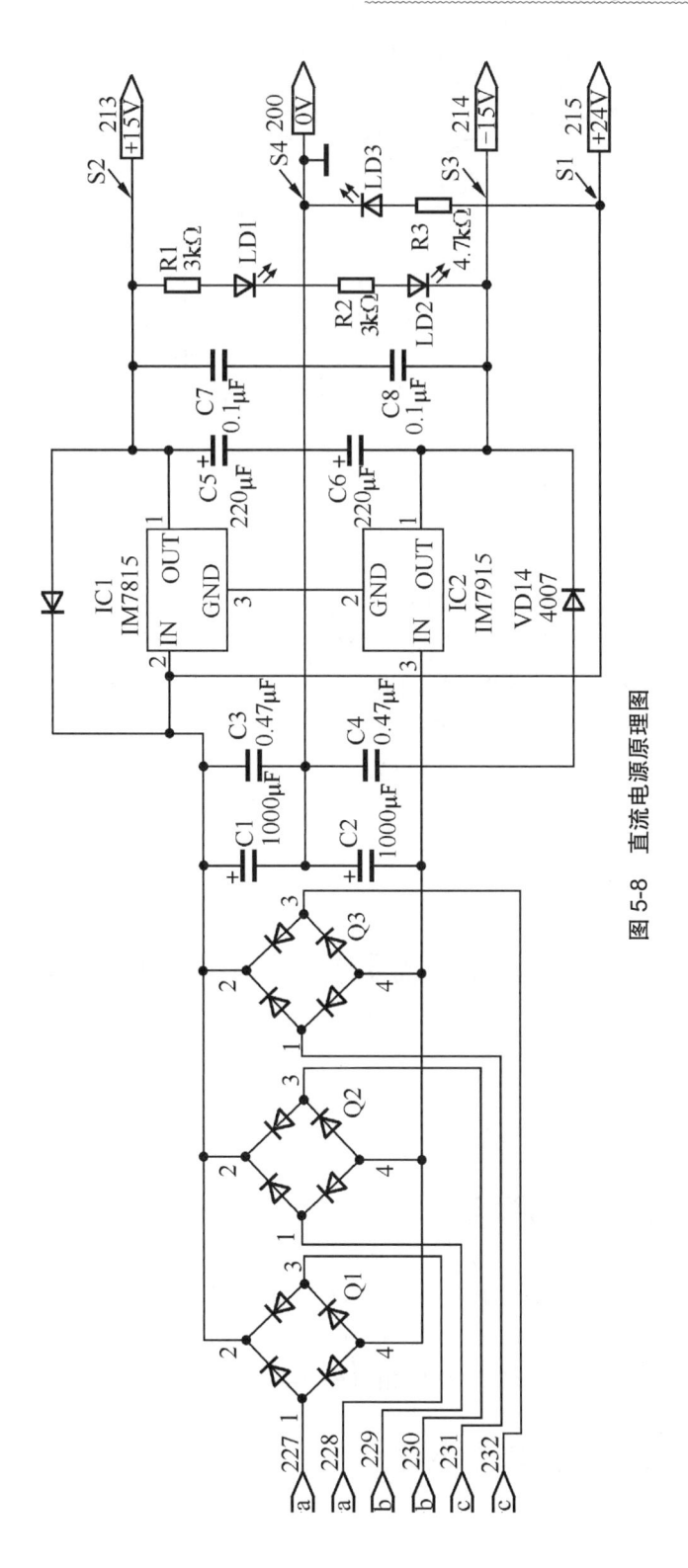

图 5-8 直流电源原理图

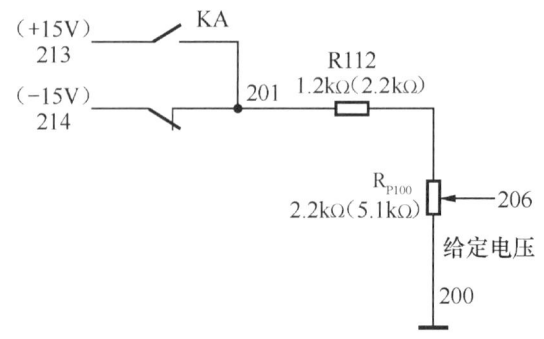

图 5-9　给定电路图

任务计划

通过本任务的学习与训练，要求了解晶闸管-电动机直流调速系统开环电路的组成，理解整流电路的主电路、触发电路的工作原理；熟练运用三相全控桥式整流电路的原理图以及双踪示波器，分析和观察触发电路各部分的电压波形，理解双窄脉冲的产生条件；初步掌握直流调速系统各部分电路的调试和测量方法，完成开环系统的调试工作。

任务实施

操作一　熟悉晶闸管直流调压、调速实训装置

（1）熟悉设备的外形。
（2）熟悉前配电盘的内部结构。
（3）熟悉后配电盘的内部结构。

操作二　校对电源相序

（1）变压器自身的连接组别的检测。整流变压器采用△/Y0-11 接法，同步变压器也采用△/Y0-11 接法，检验两种变压器的接法是否正确。
（2）整流变压器和同步变压器二次侧相对相序、相位的检测。

操作三　操作继电器电路

（1）准备。
（2）开机操作。

① 接通控制电路。合上总电源开关，接通 QS1，KM2 吸合，同步变压器通电，接通控制电路电源。

② 接通 QS2，KM1 吸合，接通主变压器电源，三相全控桥式整流电路的主电路通电。

③ 按下 SB2，给定继电器 KA 得电。

（3）停机操作。按照开机的逆序进行操作，先按下 SB1，再切断 QS2，最后切断 QS1。

操作四　调试电源电路

每相同步电压为 30V，作为触发电路的同步电源。

每相整流电压为 34V，作为电源板的整流电源。

测量输出的直流电压值，应该有±15V、+24V 的直流电压，则电路正常。

操作五　调试给定电路

调节位于面板上的给定电位器 R_{P100}，测量有 0～10V 的直流给定电压输出，则电路正常。

操作六　调试触发电路

（1）接通 QS1、QS2、控制电路直流电源，同步信号加入触发电路板。

（2）用双踪示波器观察 KC04 的引脚 8 的同步电压正弦波波形，同时观察引脚 4 锯齿波的波形。图 5-10 中是用双踪示波器测量时正弦波与锯齿波的波形关系。可以看到，在正弦波的正半周、负半周都有锯齿波的波形产生。

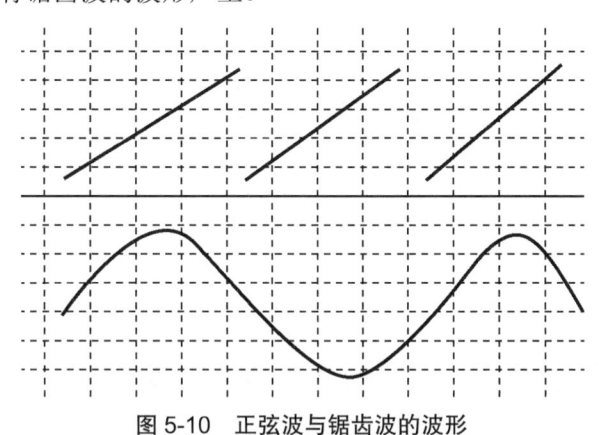

图 5-10　正弦波与锯齿波的波形

（3）锯齿波斜率的调节。调节引脚 3 外接电位器 R_{P1}，改变锯齿波的斜率，观察引脚 4 波形的变化，同时将引脚 4 的电压调整为+6V。

（4）调节 α 角的初相位。因为给定电压未加入，所以控制电压 $U_k = 0V$。调节电位器 R_{P4}，测量 R_{P4} 的输出端直流偏置电压 $U_p = -6V$；引脚 4 的电压调整为+6V，同时用示波器观察 KC04 的引脚 9 波形，引脚 4 是锯齿波形，引脚 9 此时也是锯齿波形。引脚 4 和 9 的波形频率相同，但是引脚 4 波形的幅度大一些，引脚 9 波形的幅度小一些。此时输出电压 $U_0 = 0V$，波形如图 5-11 所示。

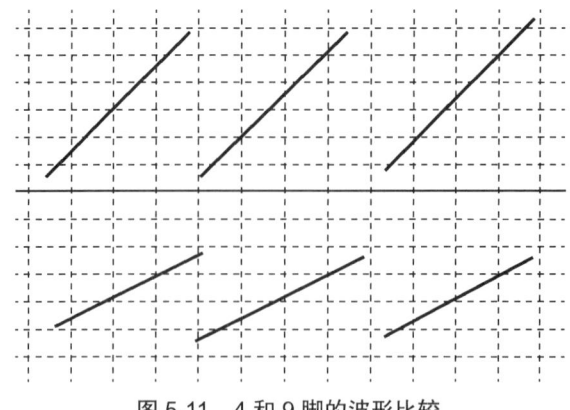

图 5-11　4 和 9 脚的波形比较

用双踪示波器依次测量相邻两块触发器 KC04 引脚 4 的锯齿波电压波形，相位差应为 60°，斜率要基本一致，如图 5-12 所示。

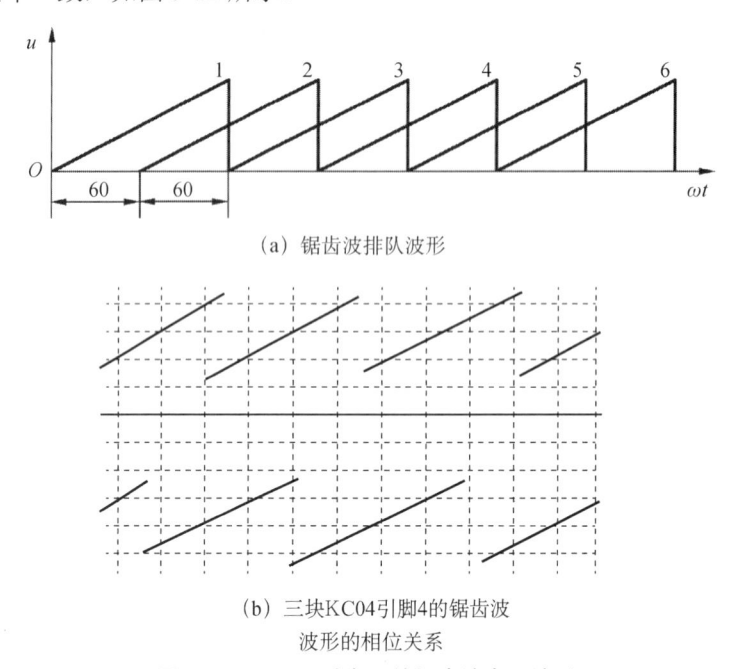

(a) 锯齿波排队波形

(b) 三块 KC04 引脚 4 的锯齿波
波形的相位关系

图 5-12　KC04 引脚 4 的锯齿波电压波形

操作七　电阻负载（灯泡）开环调节

（1）将单闭环调节电路板接入设备之中，把短路环置于开环状态，此时控制电压 U_k 等于给定电压 U_g。连接 ±15V 电源的连接线，主电路中接入电阻负载（灯泡）。

（2）接通开关 QS1、QS2、SB2，调节 R_{P100}，使给定电压 $U_g = 0V$。由于通过短路环将给定电压直接加入触发电路，所以输出到触发板的控制电压 $U_k = U_g = 0V$。

（3）调整各触发板锯齿波斜率使其基本一致（各个 KC04 引脚 4 的电压调整为 +6V），调整直流偏置电压 $U_p = -6V$，$U_d = 0V$。确定 α 角的初相位，用示波器观察 α 是否等于 150°。

（4）测量主电路输出直流电压。调节 R_{P100}，使给定电压 U_g 逐渐增大，在 0~10V 可调；用电压表测量主电路输出直流电压 U_d，电压值应该不断上升，电压值在 0~300V 范围内可调，电阻负载（灯泡）由暗到明。如果能实现上述情况，则系统开环调试正常。

（5）调节控制电压 U_k，观察电压表的 U_d 值的变化情况。记录 $\alpha = 120°$、$90°$、$60°$、$30°$ 时的 U_d 波形以及直流输出电压 U_d 的平均值。

任务检查

（1）学生自评：每组选出代表，对本组答案或方案进行说明。

（2）小组互评：根据各组完成情况，各组间对彼此的答案或设计方案做出评价，提出意见和建议。

（3）教师评价：对整个实施过程进行综合评价。首先肯定大家的成绩，同时对任务实施过程中的问题进行评析。对评选出的优秀小组和表现突出的个人进行口头表扬或加分。对于重点项目、任务，要根据每个人的表现给出比较合理的成绩，填写评价表（见表5-1）。

表5-1　晶闸管-电动机直流调速系统开环控制的检测与调试的评价表

班级：_____　组别：_____　学号：_____　姓名：_____　日期：_____

情境名称					
任务名称		地点		学时	
明确任务					
任务实施与评价	1. 设备工具材料		评价标准	学生互评	教师评价
			10		
	2. 实施步骤		60		
	3. 结果		10		
素质评价	项目管理、分析和解决问题、创新等专业能力		5		
	团结协作、吃苦耐劳、科学严谨等工作作风		5		
	安全文明生产、时间管理、7S管理等职业素养		10		
总评			100		
自我总结					

任务二　晶闸管-电动机直流调速系统单闭环控制的检测与调试

任务目标

（1）理解开环调速系统的缺点及其改进方法。
（2）掌握转速负反馈调速系统的组成，能画出其原理图。
（3）理解转速负反馈调速系统的工作原理，会分析其抗干扰特性。
（4）通过与开环调速系统相比较，掌握闭环调速系统的优点。
（5）理解单闭环系统的开环放大倍数对系统的稳态、动态性能的影响。
（6）能完成单闭环调速系统的接线与调试，会测试单闭环调速系统的静特性。

任务资讯

开环调速系统的优点：结构简单。

开环调速系统的局限性：抗干扰能力差，当电动机的负载或电网电压发生波动时，电动机的转速就会随之改变，即转速不够稳定，因此开环调速只能应用于负载相对稳定、对调速系统性能要求不高的场合。

改进办法：采用闭环控制。根据自动控制理论，要想使被控量保持稳定，可将被控量反馈到系统的输入端，构成负反馈闭环控制系统。

一、单闭环调节电路的组成

单闭环调节电路原理图如图 5-13 所示。

电路由两部分组成，一部分是放大调节电路，作用是将给定电压信号和电压负反馈信号叠加后进行放大，将产生的控制信号 U_k 输入到触发电路，同时也受到保护信号的控制；另一部分是保护电路，当发生过电流、缺相、负载过载引起电枢电流增大到极危险值时，采取保护措施自动减小输出电流或切断电源。

二、给定积分比例调节放大环节

由集成运放 IC1B、IC1D 以及阻容元件共同构成积分电路，当给定电压 U_g 突然变化时，输出电压不会发生突变，这样可以减小对电路的冲击。

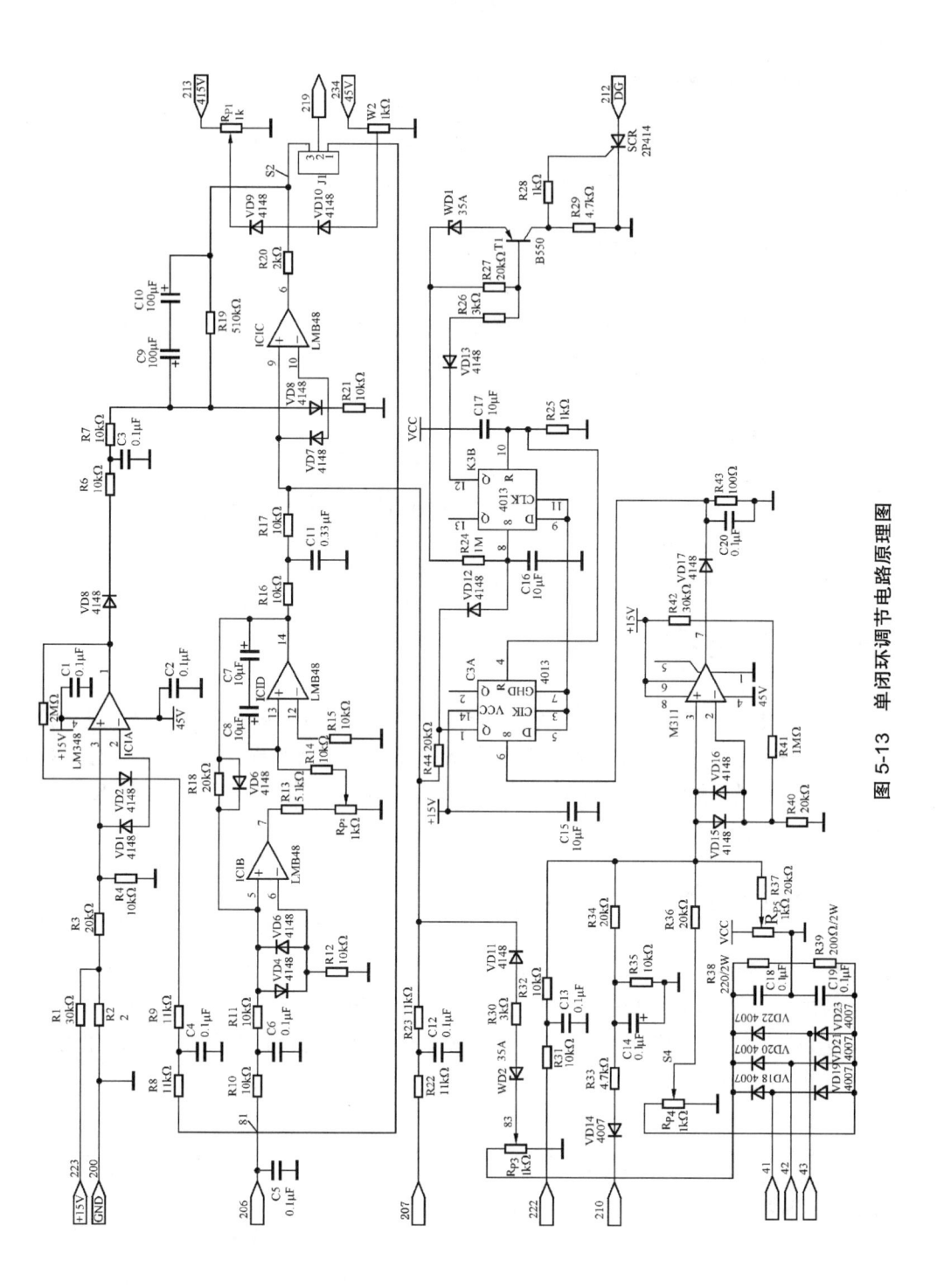

图 5-13 单闭环调节电路原理图

集成运放 IC1C 构成比例调节器，给定信号 U_g 和电压负反馈信号 U_f 同时引入比例调节器的反相端，比例调节器的输入信号是 $\Delta U = U_g - U_f$，输出信号是控制电压 U_k。

三、低速封锁电路

由集成运放 IC1A 构成比较器，当给定电压小于某个值时（约 0.3V），比较器有输出，输出电压 $U_d = 0V$，防止电动机出现爬行现象。

四、缺相保护电路

当主电路缺相时，缺相变压器检测到零线中的电流不为零，该信号经过半波整流，变成一个电压信号，加入到集成运放 LM311 构成的保护比较器输入端。

五、电流截止保护电路

在整流电路的交流输入端，用 3 个电流互感器检测三相交流电流值，并且经过三相桥式整流后，产生正、负两个电压值，正电压经过分压后输入比例调节器的反相端，负电压经分压后输入保护比较器的输入端，起控制和保护作用。

六、保护比较器电路

集成运放 LM311 构成的保护比较器电路将过电流保护信号、缺相保护信号与某个设定值相比较，再通过两个 D 触发器，产生两路信号。一路输入比例调节器的反相端，限制控制电压 U_k；另一路使保护晶闸管导通，从而使保护继电器 K12 吸合，切断主接触器 KM1，进一步切断总电源，起到保护作用。

七、电压负反馈隔离电路

图 5-14 为电压负反馈隔离电路原理图。

从并联在整流主电路输出端的电阻上取出一定的直流电压值，经过振荡变压器电路的转换作用，变为交流信号，再经过整流恢复成直流信号，加到比例调节器输入端，作为负反馈信号，既能够隔离主电路和控制电路，又能实现电压负反馈的功能。

任务计划

本任务计划实现的单闭环系统是在晶闸管-电动机直流调速系统开环控制的基础增加了积分放大调节电路、电压负反馈电路、电流截止负反馈电路、保护电路，系统的框图如图 5-15 所示。操作过程中要分析各部分电路的作用。

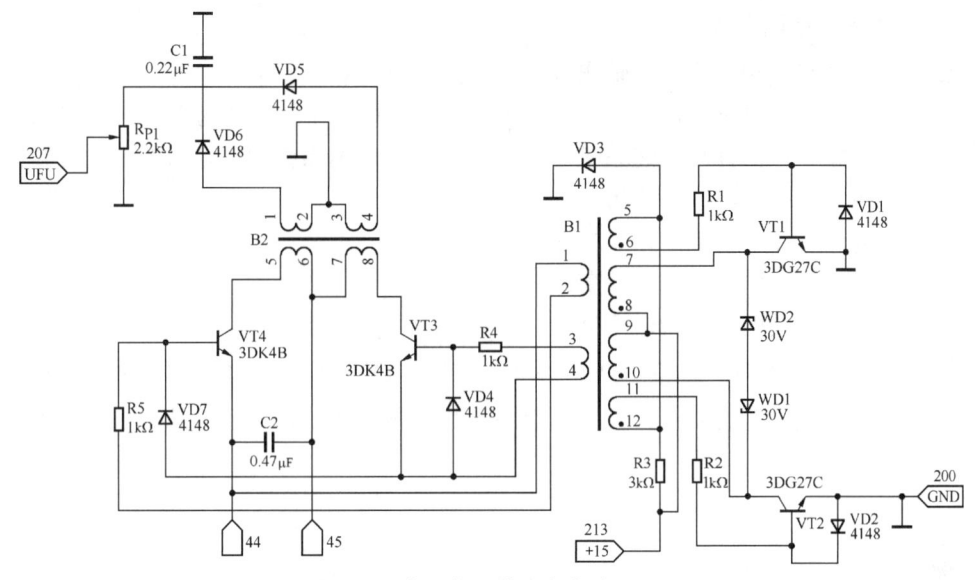

图 5-14 电压负反馈隔离电路原理图

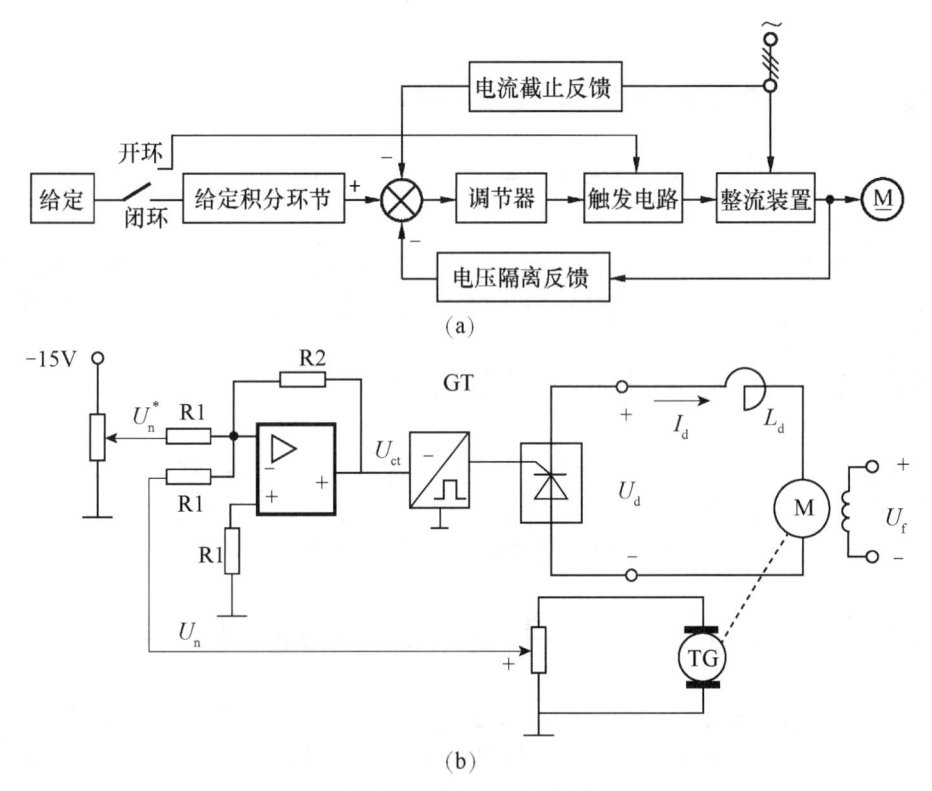

图 5-15 单闭环系统框图

电路组成如下：
① 给定电路。
② 转速调节器。
③ 触发及功放电路。
④ 整流桥与电动机主电路。

⑤ 转速检测与反馈电路。

运算放大器具有反相作用，其输出与给定电压的极性相反，所以给定采用负给定，以保证触发电压为正。反馈电压的极性：为实现负反馈，反馈电压的极性为正。

其工作原理如下：同开环调速系统一样，转速闭环调速系统中电动机的转速受给定电压 U_g 控制。给定电压与转速的关系如下：

给定电压为零时，电动机停止；

给定电压增大时，电动机转速升高；

给定电压减小时，电动机转速下降。

以升速控制为例，系统的调节原理分析如下：$U_n^* \uparrow \to \Delta U = \left(U_n^* - U_n\right) \uparrow \to U_{ct} \uparrow \to U_d \uparrow \to n \uparrow$，转速上升，转速反馈电压会升高，但其升值小于给定电压增值，电压差总体上是增大的，转速是上升的。

任务实施

操作一　调节电压负反馈隔离板

（1）根据图 5-15，将电压负反馈隔离板接入系统，接通+15V 电源，接入电源负反馈取样信号。

（2）在系统中接入电源板，合上 QS1 则电源接通，测量隔离板的 15V 电压是否正常，此时振荡变压器已经工作，有蜂鸣声。将电压负反馈值（调整电位器）调到最大，取消负反馈电压。

操作二　调试单闭环调节电路板

（1）根据图 5-14，将单闭环调节电路板接入设备之中，把短路环置在闭环状态。连接±15V 电源的连接线。主电路中接入电阻负载（灯泡）。

（2）接通开关 QS1、QS2、SB2，调节 R_{P100}，使给定电压 $U_g = 0V$。

操作三　调节输出额定电压、限幅电压、反馈电压

（1）切断电源后，在操作二的基础上，将各个电路板均接入系统，构成完整的单闭环系统。

（2）接通开关 QS1、QS2、SB2，各个电路的初始状态和本项目任务一中的相同，此时，各触发板锯齿波斜率基本一致（各个 KC04 引脚 4 的电压调整为+6V），调节直流偏置电压 $U_p = -6V$；给定电压 $U_g = 0 \sim 10V$ 可调，电压负反馈值（调整电位器）调到最大，即取消负反馈电压。输出电压 $U_d = 0 \sim 300V$ 连续可调。

（3）为了符合负载额定电压的需要，防止输出电压 U_d 过高而使负载出现过载状态，需要同时调节输出限幅电压、反馈电压和给定电压，使它们相互协调。

方法如下：调节图 5-14 所示电路中输出限幅电位器 R_{P1}，其整定值约为 5V，由于没有加

入电压负反馈，所以 U_d 上升很快，$U_d = 300V$。

再次调节限幅电位器 R_{P1}，其整定值略有减小，使 $U_d = 270V$。可以同时用示波器观察 IC1B、IC1D 引脚 4 的波形，观察控制角 α 的大小，此时的给定电压对应了最小控制角 α。

（4）调节负反馈电压，逐渐加大图 5-14 所示电路中隔离板上的电位器 R_{P1}，使负反馈电压增大，此时使 U_d 逐渐减小，为了适应负载的额定电压需要，调节到 $U_d = 220V$，此时闭环调节结束。

（5）测量限幅电压，其值大约等于 5V，反馈电压大约等于 8V，$U_g = 0 \sim 10V$，$U_d = 0 \sim 220V$。

操作四　整定各种保护电路

（1）过电流的整定值调节

① 调节图 5-13 所示电路中电位器 R_{P4}，电压整定为 6～7V。

② 调节面板上的给定电位器，使 $U_d = 220V$，增加负载（调节电阻器），增大负载电流，直到使 $I_d = 1.5I_N$。

③ 调节图 5-13 所示电路中的电位器 R_{P4}，使保护电路动作，故障指示灯亮。此时，R_{P4} 就是整定值的位置。切断电路，恢复负载。

（2）电流截止负反馈值的整定

① 调节图 5-13 所示电路中的截流电位器 R_{P3} 到最大。

② 调节图 5-13 所示电路中的电位器 R_{P5}，使设定值为 6～7V。

③ 调节面板上的给定电位器，使 $U_d = 220V$。

④ 增加负载（调节电阻器），增大负载电流，直到使 $I_d = 1.5I_N$。

⑤ 调节图 5-13 所示电路中的截流电位器 R_{P3}，电压表的指示值开始减小，再增加负载，此时负载电流不变，电压表指示却在下降，调整完毕。

任务检查

（1）学生自评：每组选出代表，对本组答案或方案进行说明。

（2）小组互评：根据各组完成情况，各组间对彼此的答案或设计方案做出评价，提出意见和建议。

（3）教师评价：对整个实施过程进行综合评价。首先肯定大家的成绩，同时对任务实施过程中的问题进行评析。对评选出的优秀小组和表现突出的个人进行口头表扬或加分。对于重点项目、任务，要根据每个人的表现给出比较合理的成绩，填写成绩评价表（见表 5-2）。

表 5-2　晶闸管-电动机直流调速系统单闭环控制的检测与调试的成绩评价表

班级：_____ 组别：_____ 学号：_____ 姓名：_____ 日期：_____

情境名称			
任务名称		地点	学时
明确任务			

(续表)

任务实施与评价	1. 设备工具材料	评价标准	学生互评	教师评价
		10		
	2. 实施步骤	60		
	3. 结果	10		
素质评价	项目管理、分析和解决问题、创新等专业能力	5		
	团结协作、吃苦耐劳、科学严谨等工作作风	5		
	安全文明生产、时间管理、7S 管理等企业素养	10		
总评		100		
自我总结				

任务三　晶闸管-电动机直流调速系统的故障检修

任务目标

（1）掌握晶闸管单闭环直流调速系统的常见故障产生的原因。
（2）学会用双踪示波器观察波形来分析和判断故障的方法。

任务资讯

闭环调速系统有三个基本特征：
（1）转速调节器为比例调节器时，闭环调速系统是有静差的。
（2）被控量总是跟随给定量变化，即转速跟随给定电压变化。
（3）闭环系统对作用于闭环内前向通道上的干扰有调节作用，而作用于闭环外或非前向通道上的干扰没有调节作用。

同时，闭环调速系统引入转速负反馈，提高了调速系统的抗干扰性，保持了转速的相对稳定。但是，由于晶闸管-电动机直流调速系统结构复杂，各个组成部分相互影响，因此故障率比较高，常见的故障是直流输出电压异常。

目前，主要的故障可分为 3 类：继电控制部分故障、控制电路部分故障、主电路故障。在这里主要分析继电控制部分故障和控制电路部分故障。

1. 继电控制部分故障

如图 5-7 所示为继电控制保护电路图，KM2、KM1、KA 分别为控制电路、主电路、给定电路控制接触器。为了保证系统的正常工作，控制电路、主电路、给定电路采用顺序控制的方法。继电控制部分的故障主要表现为顺序控制不能正常完成。

2. 控制电路部分故障

控制电路部分的故障常见为缺相故障，可以通过以下方法直观地做出判断。

（1）三相全控桥式整流电路输出电压平均值 U_d

当电路连接电阻负载，控制角 $0 \leq \alpha \leq 60°$ 时，$U_d = 2.34U\Phi\cos\alpha$；当 $\alpha = 0$ 时，本电路的输出电压应该是 220V。可以通过测量和观察输出电压值来判断电路是否正常。

（2）三相全控桥式整流电路输出电压波形

当三相全控桥式整流电路带电阻负载时，通过输出电压 U_d 的波形判断整流电路是否正常是最直观的手段。

① U_d 的正常波形。$\alpha = 0$ 时，输出电压 U_d 的波形如图 5-16 所示。

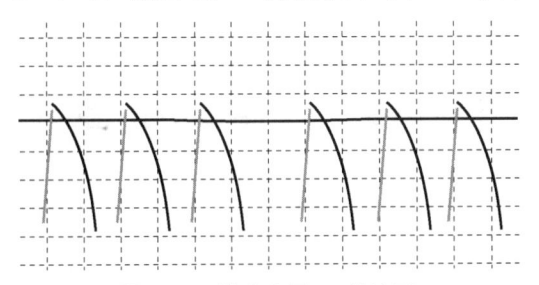

图 5-16　输出电压 U_d 的波形

② U_d 的异常波形。在电阻负载情况下，U_d 波形出现异常，如图 5-17 所示，是典型的缺一相电源的输出波形。

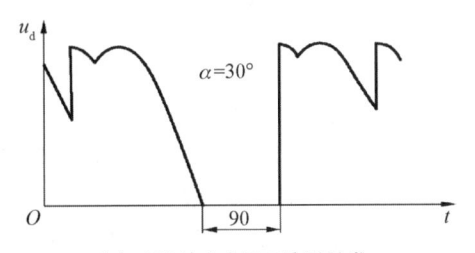

(a) 直流输出电压 U_d 波形异常

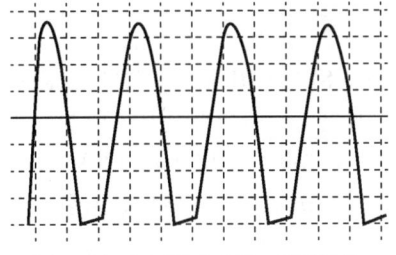

(b) 示波器显示输出电压 U_d 波形异常

图 5-17　缺一相电源的输出电压波形

（3）反馈电路开路

闭环电路给定电压的输出信号与负反馈电压相减后，经过放大产生控制电压 U_k，去控制触发电路。

一旦负反馈电路开路，反馈电压为 0V，控制电压将很高，输出将很快达到正限幅值，所以 U_d 会立即达到最大值。

任务计划

本任务中要理解晶闸管单闭环直流调速系统常见故障产生的原因，熟练运用双踪示波器观察和分析电路波形，从而判断并排除故障。

任务实施

操作一　检测与排除继电控制部分故障

1. 故障现象

接通 QS1，KM2 不能吸合。
① 故障范围：开关 QS1 接触不良，U 相电源开路或者 KM2 线圈开路。
② 检测方法：测量 U、N 之间电压，应该为 220V，否则 U 相电源开路。测量 101、N 之间电压是否为 220V，如果不是则 FU1 开路；测量 N、101 和 N、103 之间电压是否为 220V，如果不是则开关 QS1 接触不良；如果 KM2 线圈两侧电压是 220V，则 KM2 线圈开路。

2. 故障现象

接通 QS1 和 QS2，KM2 吸合，KM1 不能吸合。
① 故障范围：QS2 与 K12 常闭触头、KM2 常开触头、KM1 线圈。
② 检测方法：依次测量 36、105、107、106 与 N 之间电压，如果电压由 220V 突变为 0V，则此点为故障点。如果 KM1 线圈两侧电压是 220V，则 KM1 线圈开路。

3. 故障现象

按下 SB2，给定继电器 KA 不能吸合。
① 故障范围：SB1 常闭触头、SB2 常开触头、K11 与 KM1 常开触头、KA 线圈等。
② 检测方法：依次测量 36、111、110、109、108 与 N 之间电压，如果电压由 220V 突变为 0V，则此点为故障点。如果 KA 线圈两侧电压是 220V，则 KA 线圈开路。
③ 故障现象：指示灯不亮，只能是 K12 常开触头不能闭合，指示灯损坏。检测方法同上。

操作二　检测与排除整流电路部分故障

1. 故障现象

当给定开关旋至最大位置，输出直流电压低于正常值 220V。
（1）故障范围
能够引起这种故障现象的范围很大，大致可以分为 4 个范围：
① 同步电压产生部分。
② 集成触发电路部分。
③ 触发脉冲输出部分。
④ 三相桥式整流主电路部分。
（2）缩小故障范围的检测方法
按照下面顺序进行检测：
① 测量同步变压器输出的三相同步电压或者整流电压，若电压正常则排除同步电源故障，否则故障在同步电压产生部分。
② 用示波器观察和比较 3 个 KC04 集成电路的引脚 9 的锯齿波波形相序，正常相位差应该是 60°，否则故障范围在集成触发电路部分。
③ 用示波器观察和比较触发板脉冲功率放大晶体管 VT1～VT6 集电极的脉冲电压波形，正常应该是 6 组相位差为 60°的双窄脉冲，否则故障范围在触发脉冲输出部分。
④ 以上测量均无故障，故障就在触发脉冲变压器或者晶闸管的主电路部分。

操作三　检测同步电压电路故障

（1）故障现象
同步变压器输出的三相同步电压或者整流电压异常。
（2）故障范围
控制电路熔断器、接触器 KM2 主触头、同步变压器。
（3）检测方法
① 测量接触器 KM2 主触头输出端电压，电压正常应该是三相 380V，若不正常，测量接触器 KM2 主触头输入端电压，如果电压不正常，则熔断器故障，否则接触器主触头接触不良。
② 若以上检测没有发现故障，再测量同步变压器输出，三相同步电压应该是 30V，整流输出电压是 3 组 34V 电压；若都不正常，故障在同步变压器部分，可进行修理或者更换。

操作四　检测集成触发电路部分故障

（1）故障现象
3 个 KC04 集成电路引脚 9 的锯齿波电压波形相位差不是 60°。
（2）故障范围
触发板同步电压输入点、KC04 集成电路、外围电路。
（3）检测方法
① 用示波器观察 3 个 KC04 集成电路的引脚 8 外接电阻 R3 端波形，应该是 3 个相位差 120°的正弦波。若波形异常，可能是同步电压故障，按照操作三的检测方法进行检测；或者故障为输入接线接触不良。

② 用示波器观察 3 个 KC04 集成电路引脚 4 的波形，应该是 3 个相位差 60°的锯齿波，而且引脚 3 的电压应该是+6V 左右。若发现异常，测量得到不正常的电压值，检测引脚 3、4 之间的外围元器件，排除故障；如果外围元器件无故障，则故障在集成电路部分。

④ 用示波器观察 3 个 KC04 集成电路引脚 9 的波形，应该是 3 个相位差 60°的锯齿波。若波形异常，找到波形异常的某个 KC04 集成电路，测量外围电阻 R5、R6 外端的偏置电压为+6V、-6V，排除故障；如果外围元器件无故障，则故障在集成电路部分。

操作五　检测触发脉冲放大输出部分故障

（1）故障现象

触发脉冲电压波形异常。

（2）故障范围

VD1~VD12 六个二极管或门电路、隔离二极管、脉冲功率放大晶体管 VT1~VT6。

（3）检测方法

用示波器观察和比较脉冲功率放大晶体管 VT1~VT6 集电极的脉冲电压波形，正常应该是 6 组相位差为 60°的双窄脉冲。若异常，找到异常的那一组，检测晶体管以及晶体管基极的隔离二极管，排除故障。图 5-18 所示为 KC04 引脚 9 的波形和 VT1~VT6 集电极的双窄脉冲波形异常显示状态。

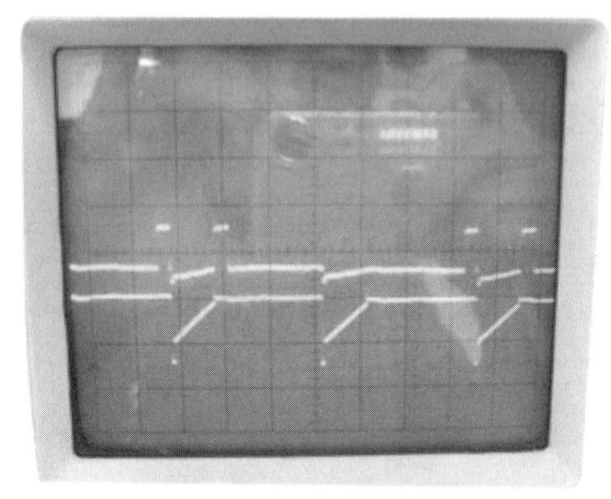

图 5-18　KC04 引脚 9 的波形和 VT1~VT6 集电极的双窄脉冲波形异常显示状态

操作六　检测三相桥式整流主电路部分故障

（1）故障现象

操作三、四、五各部分都没有故障，输出电压 U_d 异常。

（2）故障范围

触发脉冲变压器或者晶闸管主电路部分。

（3）故障检测

用示波器观察和比较，触发脉冲变压器的输出波形正常应该是相位差为 60°的双窄脉冲，找到脉冲异常的一路，检测该部分电路元件，排除故障；若正常，则主晶闸管部分故障。

操作七　检测反馈电路开路故障

（1）故障现象

开机后，调节给定电位器，输出电压很快上升到最大值。

（2）故障范围

反馈电压取样电路、振荡电路、输出电路。

（3）故障检测

① 观察隔离板是否产生振荡的蜂鸣声，如果没有则振荡电路故障，排除故障。

② 测量隔离板电压反馈输入值是否正常，若异常则进一步检测取样电路，排除故障。

③ 隔离板上反馈输出电压为零，检查整流二极管 VD5、VD6，排除故障。

任务检查

（1）学生自评：每组选出代表，对本组答案或方案进行说明。

（2）小组互评：根据各组完成情况，各组间对彼此的答案或设计方案做出评价，提出意见和建议。

（3）教师评价：对整个实施过程进行综合评价。首先肯定大家的成绩，同时对任务实施过程中的问题进行评析。对评选出的优秀小组和表现突出的个人进行口头表扬或加分。对于重点项目、任务，要根据每个人的表现给出比较合理的成绩，填写成绩评价表（见表5-3）。

表 5-3　晶闸管-电动机直流调速系统故障检修的成绩评价表

班级：_____　组别：_____　学号：_____　姓名：_____　日期：_____

			评价标准	学生互评	教师评价
情境名称					
任务名称		地点		学时	
明确任务					
任务实施与评价	1. 设备工具材料		10		
	2. 实施步骤		60		
	3. 结果		10		
素质评价	项目管理、分析和解决问题、创新等专业能力		5		
	团结协作、吃苦耐劳、科学严谨等工作作风		5		
	安全文明生产、时间管理、7S管理等企业素养		10		
总评			100		
自我总结					

项目六　电子电路的安装与调试

任务一　电子焊接基本操作与元器件识别

任务目标

（1）掌握电子电路焊接的基本操作。
（2）掌握电子元器件的识别方法。

任务资讯

一、电子焊接基本操作

电子电路的焊接是维修电工必须掌握的基本技能。电子焊接主要包括焊接工具的使用和焊接方法。

1. 电烙铁

电烙铁如图 6-1 所示，常用的规格有 25W、45W、75W、100W、300W 等，焊接电子元件常用 25W 和 45W 两种，焊接强电元器件应使用 45W 以上的电烙铁。电烙铁按加热方式分为外加热式和内加热式。

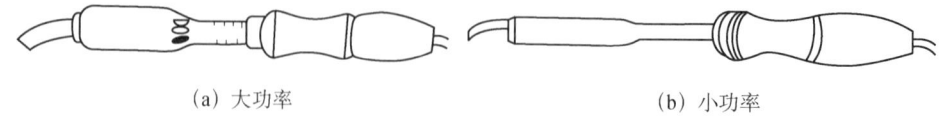

(a) 大功率　　　　　　　　　(b) 小功率

图 6-1　电烙铁

电烙铁的功率应选择适当，若用大功率电烙铁钎焊弱电元器件，不但浪费电力，还会烧坏该元器件；若功率过小，则会因热量不够而影响焊接质量。

在混凝土和泥土等导电地面使用电烙铁时，其外壳必须妥善接地，以防触电。

2. 钎焊材料

（1）焊料

焊料是指焊锡或纯锡，常用的有锭状和丝状两种。丝状的焊料通常在中间包着松香。A、E、B等绝缘等级的电动机线头焊接用焊锡，F、H级用纯锡或氩弧焊。

（2）焊剂

焊剂有松香、松香酒精溶液（松香40%，酒精60%）、焊膏和盐酸（加入适当的锌，经化学反应后方可使用）等。

松香适用于所有电子元器件和细线径线头的焊接，松香酒精溶液适用于小线径线头和强电领域小容量元器件的焊接，焊膏适用于大线径线头和大截面导体表面或连接处的加固搪锡，盐酸适用于钢制件连接处表面搪锡或钢制件的连接焊接。各种焊剂均有不同程度的腐蚀作用，所以焊接完毕后必须清除残留的焊剂。

3. 电烙铁焊接操作方法

（1）元器件引脚的制作工艺

按照元器件实物的尺寸在图纸上画出布件图。布件时，原则上是上下左右离边沿各为10 mm，无器件各引脚之间的间隔（除集成块、固定引脚如电位器等按实际尺寸外）为$2.5n$ mm（n为自然数），元器件之间的尺寸以布局均匀、美观、对称，便于维修、维护为原则进行安排。

元器件在印制电路板上的排列和安装有两种形式：一种是立式，另一种是卧式。引脚的跨距应根据尺寸优选2.5的整数倍。加工时，注意不要将引脚齐根弯折，并用工具保护引脚的根部，以免损坏元器件。常见元器件引线成形尺寸见表6-1。

表6-1　常见元器件引脚成形尺寸　　　　　　　　　　（单位：mm）

名称	图例	说明
直角紧卧式		$H \geqslant 2$ $R \geqslant 2D$ $B \leqslant 0.5$ $L = 2.5n$ $C \geqslant 2$
折弯浮卧式		$H \geqslant 2$ $R \geqslant 2D$ $4 \geqslant B \geqslant 2$ $L = 2.5n$ $C \geqslant 2$

(续表)

名称	图例	说明
垂直安装式		$H \geqslant 2$ $R \geqslant 2D$ $L = 2.5n$ $C \geqslant 2$
垂直浮式		$H \geqslant 2$ $R \geqslant 2D$ $4 \geqslant B \geqslant 2$ $L = 2.5n$ $C \geqslant 2$

下面具体介绍元器件引脚的弯制成形制作过程。

左手用镊子紧靠元器件（例如电阻）的本体，夹紧元器件的引脚（见图 6-2），使引脚的弯折处距离元器件的本体有 2mm 以上的间隙。左手夹紧镊子，右手食指将引脚弯成直角。注意：不能用左手捏住元器件的本体，右手紧贴元器件的本体进行弯制。如果这样，引脚的根部在弯制过程中容易受力而损坏。元器件的引脚弯制后的形状如图 6-3 所示，引脚之间的距离应根据印制电路板孔距而定，引脚修剪后的长度大约为 8mm；如果孔距较小，元器件较大，应将引脚往回弯折成形［见图 6-3（c）、（d）］。电容器的引脚可以弯成直角，电容器水平安装如图 6-3（e）所示，电容器垂直安装如图 6-3（h）所示。二极管可以水平安装，当孔距很小时应垂直安装［见图 6-3（i）］，为了将二极管的引脚弯制成美观的圆形，应用螺丝刀辅助弯制（见图 6-4）。将螺丝刀紧靠二极管引脚的根部，十字交叉，左手捏紧交叉点，右手食指将引脚向下弯曲，直到两引脚平行。

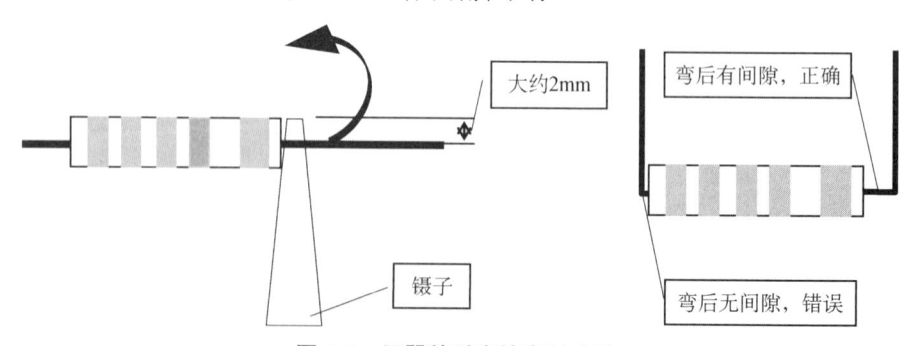

图 6-2 元器件引脚的弯制成形

有的元器件的引脚安装孔距较大，应根据印制电路板上对应的孔距弯制成形（见图 6-5）。

元器件弯制好后应按规格型号的标注方法进行读数。如图 6-6 所示，将胶带轻轻贴在纸上，把元器件插入、贴牢，写上元器件的规格型号，然后将胶带贴紧，备用。注意：不要把元器件引脚剪得太短。

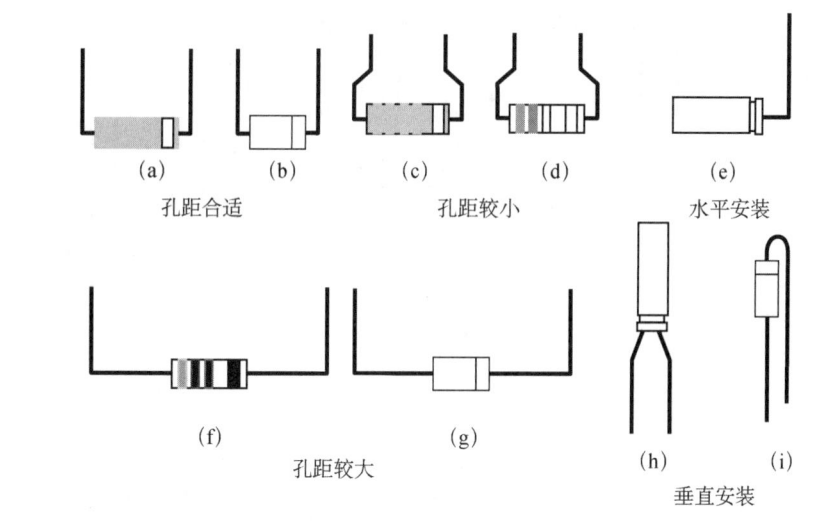

图 6-3　元器件的引脚弯制后的形状

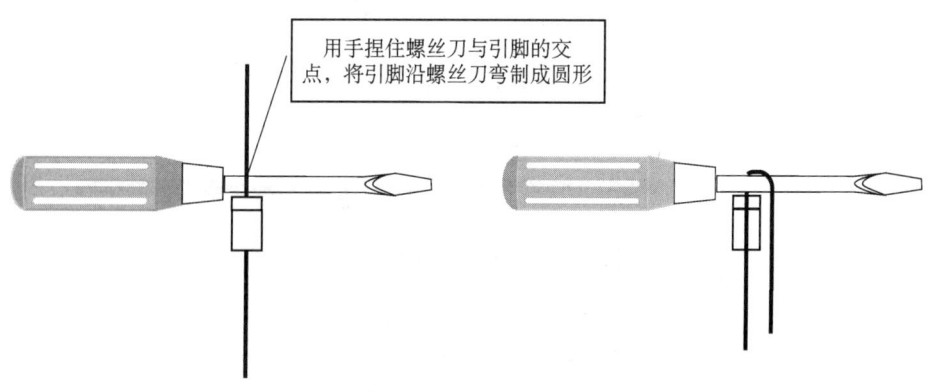

图 6-4　用螺丝刀辅助弯制

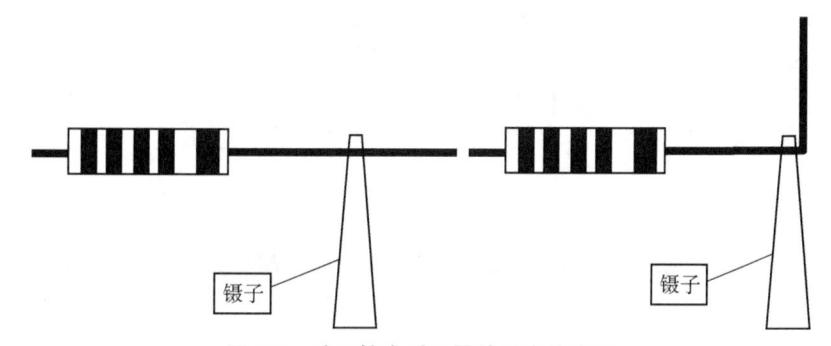

图 6-5　孔距较大时元器件引脚的成形

（2）焊接工艺

焊接时先将电烙铁在印制电路板上加热，大约 2s 后，送焊锡丝，观察焊锡量的多少，不能太多，造成堆焊；也不能太少，造成虚焊。当焊锡熔化发出光泽时焊接温度最佳，应立即将焊锡丝移开，再将电烙铁移开。为了在加热过程中使加热面积最大，应将电烙铁头的斜面靠在元器件引脚上（见图 6-7），电烙铁头的顶尖抵在印制电路板的焊盘上。焊点高度一般为

2mm 左右，直径应与焊盘一致，引脚应高出焊点大约 0.5mm。

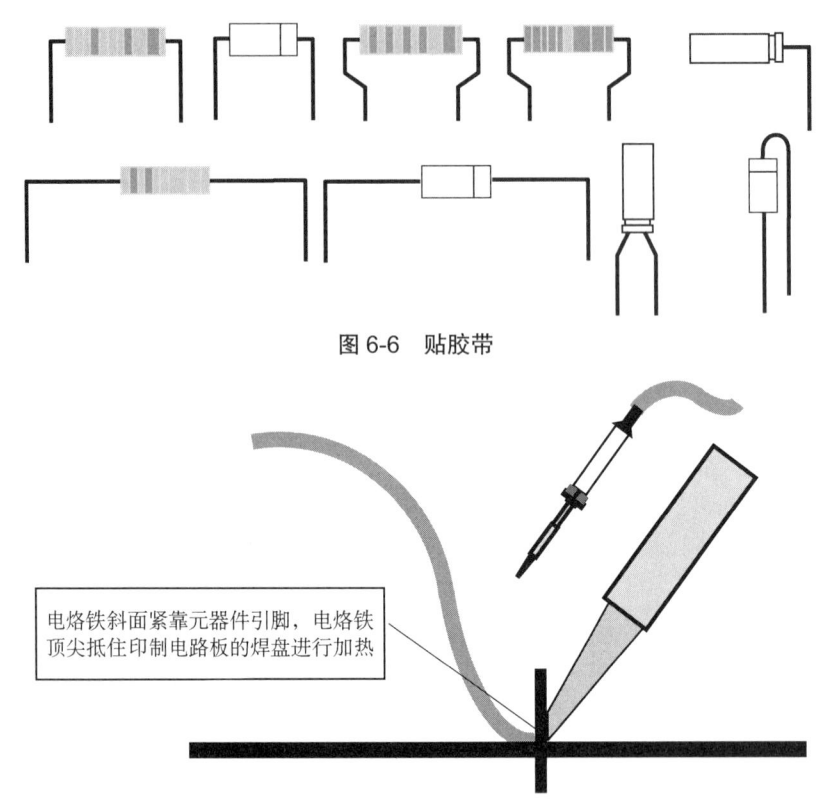

图 6-6 贴胶带

图 6-7 焊接时电烙铁的正确位置

焊点的形状如图 6-8 所示，其中图 6-8（a）所示焊点，一般焊接比较牢固；图 6-8（b）所示焊点为理想状态，一般不易焊出这样的形状；图 6-8（c）所示焊点的焊锡较多，当焊盘较小时，可能会出现这种情况，但是往往有虚焊的可能；图 6-8（d）、（e）所示焊点的焊锡太少；图 6-8（f）所示焊点，提起电烙铁时的方向不正确，造成焊点形状不规则；图 6-8（g）所示焊点，电烙铁温度不够，焊点呈碎渣状，这种情况多数为虚焊；图 6-8（h）所示焊点，焊盘与焊点之间有缝隙，为虚焊或接触不良；图 6-8（i）所示焊点，引脚放置歪斜。一般形状不正确的焊点，元器件多数没有焊接牢固，一般为虚焊点，应重焊。

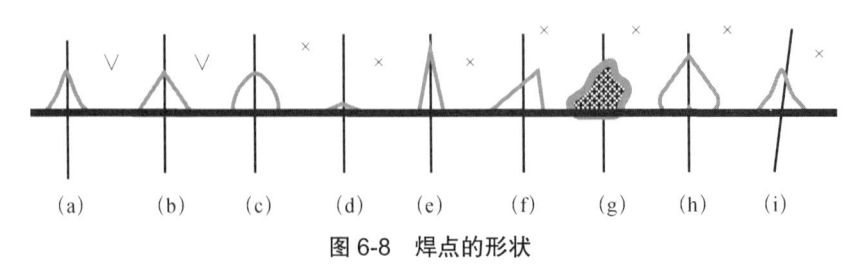

图 6-8 焊点的形状

焊点的形状（俯视图）如图 6-9 所示，图 6-9（a）所示焊点的形状圆整，有光泽，焊接正确；图 6-9（b）所示焊点，温度不够，或提起电烙铁时发生抖动，焊点呈碎渣状；图 6-9（c）所示焊点，焊锡太多，将不该连接的地方焊成短路。

焊接时一定要注意尽量把焊点焊得美观、牢固。

(a) 正确　　　　　　(b) 错误　　　　　　(c) 错误

图 6-9　焊点的形状（俯视图）

二、常见电子元器件的识别与测试

1. 电阻器

电阻器按结构可分为一般电阻器、片形电阻器、可变电阻器（可调电阻器或电位器）；按材料不同又可分为合金型、薄膜型和合成型。常见电阻器如图 6-10 所示。

(a) 压敏电阻器　　　　　　　　　　(b) 排阻

(c) 光敏电阻器　　　　　　　　　(d) 瓷壳（水泥）固定电阻器

(e) 光敏电阻器　　　　　　　　　(f) 热敏电阻器

(g) 电位器　　　　　　　　　　(h) 精密可调电位器

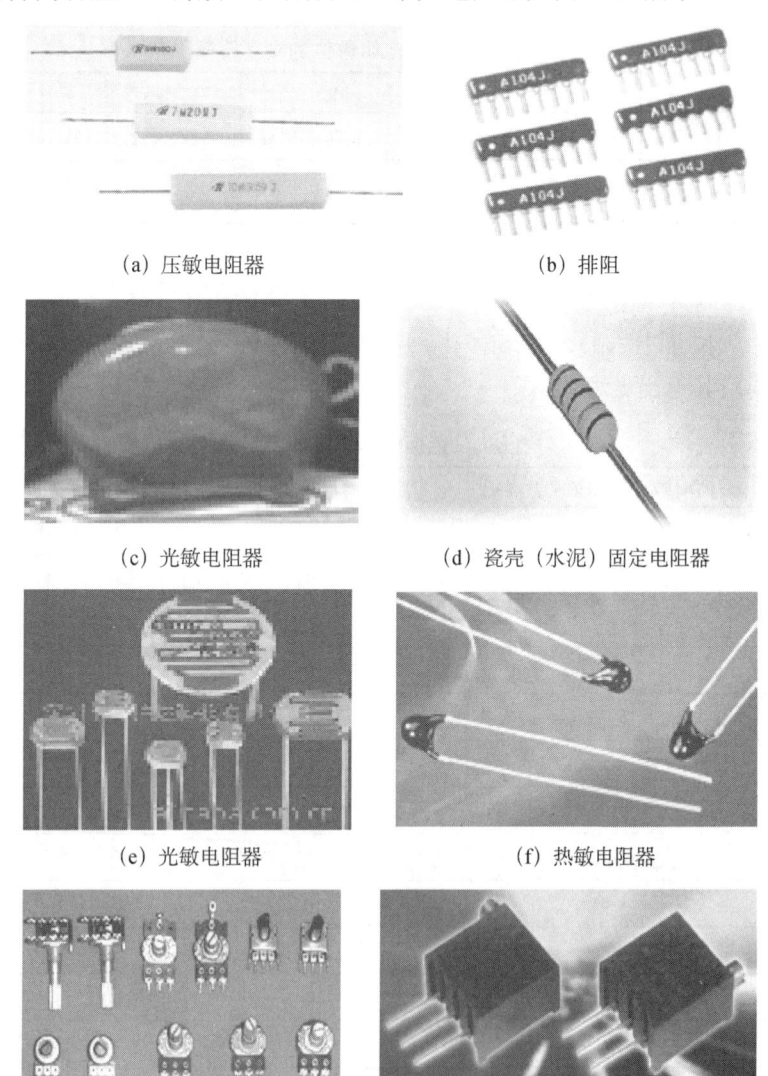

图 6-10　常见电阻器

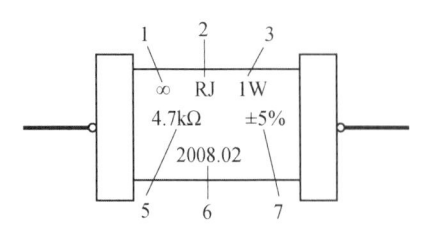

电阻器的标称值及偏差一般都标注在电阻体上。其标注方法有三种：直标法、文字符号法、色标法。

（1）直标法：用阿拉伯数字和单位符号在电阻器上直接标出标称值，其允许偏差直接用百分数表示，如图6-11所示。

1—商标；2—型号；3—功率；5—标称阻值；
6—生产日期；7—允许偏差

图6-11 直标法表示电阻器

（2）文字符号法：用阿拉伯数字和文字符号有规律的组合来表示标称阻值和允许偏差。用文字符号（见表6-12）表示电阻单位。标称阻值的整数部分放在表示电阻单位的文字符号前，标称阻值的小数部分放在表示电阻单位的文字符号后。例如，1R5表示1.5Ω，5K1表示5.1kΩ。表示允许偏差的文字符号见表6-3。

表6-2 表示电阻单位的文字符号

文字符号	R	K	M	G	T
所表示的单位	欧、Ω	千欧、kΩ、10^3 Ω	兆欧、MΩ、10^6 Ω	吉欧、GΩ、10^9 Ω	太欧、TΩ、10^{12} Ω

表6-3 表示电阻允许偏差的文字符号

偏差/%	±0.1	±0.25	±0.5	±1	±2	±5	±10	±20	±50
文字符号	B	C	D	F	G	J	K	M	N

（3）色标法：小功率电阻较多使用色标法，特别是0.5W以下的碳膜电阻和金属电阻。色标的基本的色码及其意义见表6-4。

表6-4 色标的基本色码及其意义

色别	所代表的有效数字	所代表的倍率	所代表的精度
棕	1	10^1	F（±1%）
红	2	10^2	G（±10%）
橙	3	10^3	—
黄	4	10^4	—
绿	5	10^5	D（±0.5%）
蓝	6	10^6	C（±0.25%）
紫	7	10^7	B（±0.1%）
灰	8	10^8	—
白	9	10^9	（+0.5%，−20%）
黑	0	10^0	K（±10%）
银	—	10^{-1}	K（±10%）
金	—	10^{-2}	J（±5%）

表6-4可以归纳为如下口诀：棕1红2橙为3，4黄5绿6是蓝，7紫8灰9雪白，黑金银。色标（色环）电阻的表示法如图6-12所示。特别指出：三环电阻的精度都为±20%，四

环或五环电阻的最后一色环的宽度一般为前几环的 1.5~2 倍。

例如，某三环电阻的色环颜色为第一色环"棕"、第二色环"黑"、第三色环"红"。依据色环对照表可得知，"棕"代表 1、"黑"代表 0、"红"代表 10^2，因此该电阻的电阻值为 $10×10^2\Omega$（$1±20\%$）= 1000Ω（$1±20\%$），即 $1k\Omega$（$1±20\%$）。

再例，某四环电阻的色环颜色为第一色环"棕"、第二色环"黑"、第三色环"红"、第四色环"金"。依据色环对照表可知，"棕"代表 1、"黑"代表 0、"红"代表 10^2、"金"代表误差±5%，因此这个电阻器的电阻值为 $10×10^2\Omega$（$1±5\%$）= 1000Ω（$1±5\%$），即 $1k\Omega$（$1±5\%$）。

又例，某五环电阻的色环颜色为第一色环"棕"、第二色环"红"、第三色环"黑"、第四色环"绿"、第五色环"金"。依据色环对照表可知，"棕"代表 1、"红"代表 2、"黑"代表 0、"绿"代表 10^5、"金"代表误差±5%，因此这个电阻器的电阻值为 $120×10^5\Omega$（$1±5\%$）= 12000000Ω（$1±5\%$），即 $12M\Omega$（$1±5\%$）。

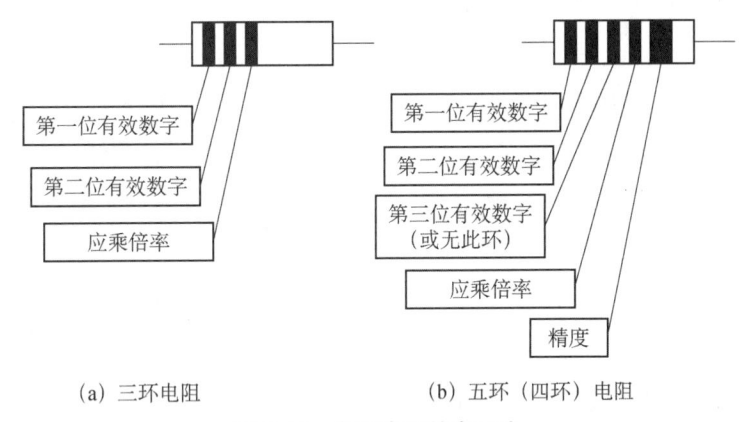

(a) 三环电阻　　(b) 五环（四环）电阻

图 6-12　色环电阻的表示法

电位器是一种可调电阻器，一般有三个引出端，其中两个固定端，一个滑动端（也叫中心抽头）。滑动端在两个固定端之间的电阻体上做机械运动，使其与固定端之间的电阻发生变化，而两个固定端之间的阻值不变。两个固定端的阻值等于一个固定端与滑动端之间的阻值和另一个固定端与滑动端之间的阻值之和。

通常直接用万用表欧姆挡测量电阻值。测量时手指不要接触被测电阻的两根引线，避免人体电阻对测量的影响。测量时注意挡位：一般使指针停在表盘中间偏左的位置。在测量电位器时，调动滑动端，电阻值应平稳变动，无跌落、跳跃、抖动等现象；否则，电位器不正常。

电阻内部损坏或阻值变化较大，可用万用表欧姆挡测量校对。若电阻内部引线有缺陷，以致接触不良，用手轻轻摇动引脚，可以发现松动现象，测量时表针指示不稳。

2. 电容器

电容器的外形结构如图 6-13 所示。

(1) 电容的标注方法

① 直标法：用字母和数字将型号、规格直接标注在外壳上。例如，CY510I，CY 表示电容器的型号，表示云母电容；510 表示电容器的容量为 510μF；I 表示精度（见电阻器的精度文字符号）。

(a) 瓷介电容器1　　　　　　　　(b) 瓷介电容器2

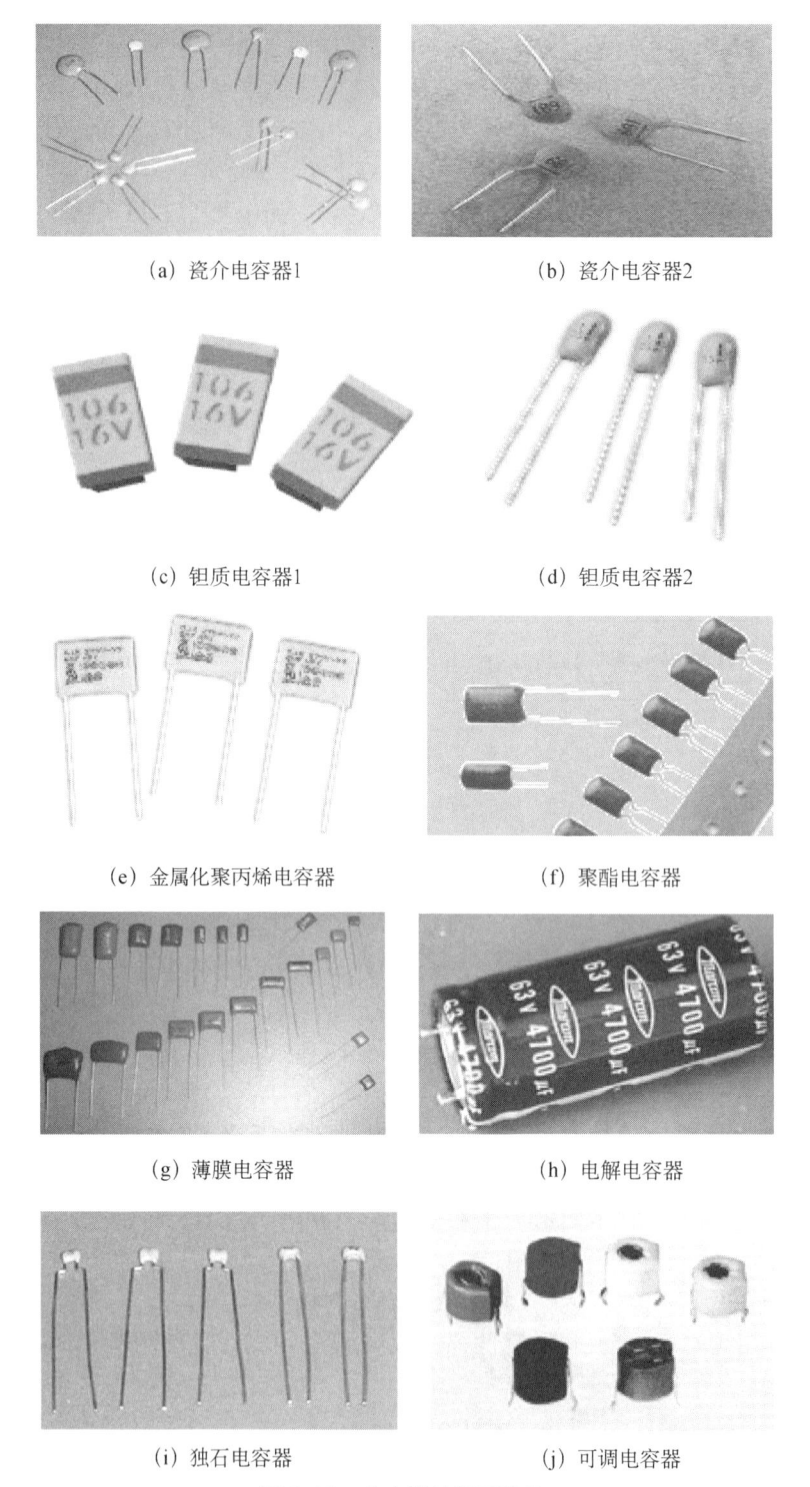

(c) 钽质电容器1　　　　　　　　(d) 钽质电容器2

(e) 金属化聚丙烯电容器　　　　　(f) 聚酯电容器

(g) 薄膜电容器　　　　　　　　　(h) 电解电容器

(i) 独石电容器　　　　　　　　　(j) 可调电容器

图 6-13　电容器的外形结构

② 文字符号法：用数字、文字符号有规律的组合来表示容量。文字符号表示其电容量的单位 pF、nF、μF、mF、F 等。1F = 1000000μF，1μF = 1000nF，1nF = 1000pF。

电解电容器为带有极性的电容器，一般用 μF 作为单位。如 10μF/25V，表示耐压 25V，电容值为 10μF，带"-"标志的引脚为"负"极。独石电容器一般用 pF 为单位，2 位数以下表示实际电容值，如，20 表示 20pF，0.22 表示 0.22μF，4μ7 表示 4.7μF；三位数表示的电容器，前两位代表系数，随后一位表示乘数的指数（特例：数字如果是 9 代表应乘以 0.1）。如，104 表示 $10×10^4$ = 100000pF = 0.1μF，223 表示 $223×10^3$ = 22000pF = 0.022μF。注意：CC223（瓷介电容器，Ⅲ级精度，0.22μF）中的 CC 表示电容器的型号是瓷介电容器，223 代表容量，109 表示 10×0.1pF = 1pF。

③ 色标法：同电阻器的色标法。

（2）电容器的检测

通常用万用表的欧姆挡来检测电容器的性能、好坏、容量、极性（电解电容）等。检测过程中要合理选用万用表的量程。

① 电容器的性能及好坏的判断：将万用表的两表笔分别接触电容器的两极，表头指针应向正方向偏摆，然后逐渐向反方向复原，最终接近∞处。

a. 最终停止时的稳定读数为电容器的漏电阻值，其值一般为几百欧到几千兆欧，阻值越大，绝缘性能越好。

b. 如果在测试过程中，指针无偏摆现象，说明电容器内部已断路。

c. 如果在测试过程中，指针无返回现象，且阻值很小或为 0，说明电容器已短路。

d. 容量越小的电容器，其阻值越小。

② 电容器容量的判断：用红黑表笔分别接电容器的两极，表头指针先正摆，然后复原。接着对调红黑表笔，表头指针又偏摆，且摆幅较前次大，并又逐渐复原。电容器的容量越大，指针摆动幅度越大，复原速度越慢。这样可以粗略地估计容量的大小，具体的容量需要用容量表来测量。

③ 电解电容器的极性判断。

用上述方法分别测出正反漏电阻值的大小，电阻值大时，黑表笔接的是电容器的正极。原因是：正接时，电容器的漏电小，漏电电阻值就大；反接时，电容器的漏电大，漏电电阻值就小。

另外，单结电容器的两引脚一长一短，引脚长的一端为正极，且在电解电容器引脚短的一端侧面标记有"-"号。

3. 二极管

将 PN 结封装在管壳内，从 P 区和 N 区各接出一条引线，就制成一只二极管，如图 6-14（a）所示，N 区引出端为负极（阴极），P 区引出端为正极（阳极）。图 6-15 所示为几种常见的二极管的外形。

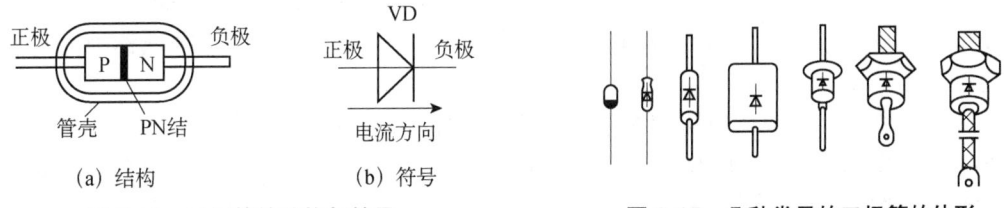

图 6-14 二极管的结构与符号   图 6-15 几种常见的二极管的外形

二极管的文字符号为"V"或"VD",图形符号如图 6-14(b)所示。图形符号中箭头指向为 PN 结正向偏置时管中电流的方向。

根据制造工艺和结构的差异,二极管可分为点接触型(PN 结面积小)、面接触型(PN 结面积大)以及平面型二极管;根据材料不同,可分为硅二极管和锗二极管两类;根据用途不同,又可分为普通二极管、整流二极管、稳压二极管等。

1)二极管的伏安特性

二极管的伏安特性是指加在二极管两端的电压和流过二极管的电流之间的关系特性,可用图 6-16 所示的伏安特性曲线来描绘。

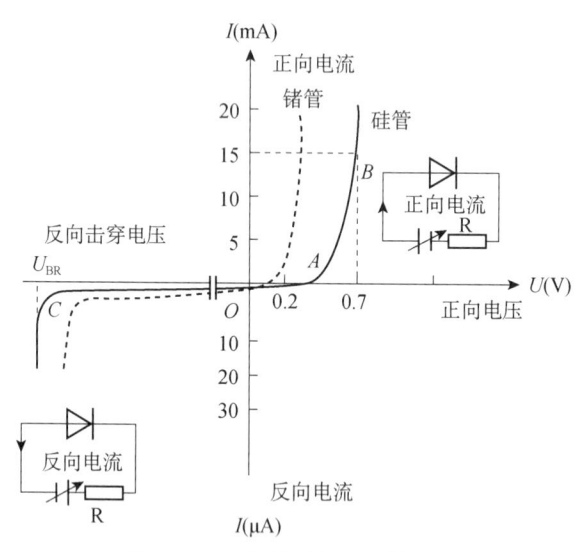

图 6-16　二极管的伏安特性曲线

(1) 正向特性

① 不导通区(死区)。当二极管承受正向电压 U_F 小于某个值时,正向电流几乎为零,二极管表现出很大的内阻,我们把这段区域称为不导通区或死区。如伏安特性曲线中的 OA 段,A 点所对应的电压叫死区电压,一般硅二极管的死区电压约为 0.5V,锗二极管约为 0.2V。

② 导通区。当正向电压 U_F 上升到大于死区电压时,正向电流 I_F 增加很快,二极管的正向电阻很小,二极管正向导通,我们把这一区域(AB 段)称为导通区。导通后,二极管两端的正向电压可近似地认为是导通时的管压降,硅管约为 0.7V,锗管约为 0.3V。

对于二极管死区电压和导通电压的理解:即某一硅二极管两端所加的电压小于 0.7V 时,它肯定不导通;所加的电压大于 0.5V 时,它肯定导通;所加的电压介于 0.5V 与 0.7V 之间时,它导通与否不一定。对锗二极管也类似。

(2) 反向特性

① 反向截止区。当二极管承受不大于某一数值的反向电压时,反向电流很小(近似为 0),且在一定范围内不随反向电压的改变而改变,此时内电阻很大,此区域称为反向截止区,如 OC 段。

② 反向击穿区。当反向电压增大到超过某个值时,反向电流急剧加大,这种现象称为反向击穿,这时的电压称为反向击穿电压。反向击穿破坏了二极管的单向导电特性,如果没有限流措施,二极管可能会因过热而损坏。

2）二极管的主要参数及型号

(1) 最大整流电流 I_{FM}

它是指在规定的散热条件下，二极管长期安全运行时允许通过的最大正向电流的平均值，也称额定工作电流。实际使用时，二极管正向电流的平均值应低于此值。

(2) 最高反向工作电压 U_{RM}

它是为保证二极管不被反向击穿而规定的二极管允许承受的最高反向电压。一般规定最高反向工作电压为反向击穿电压的三分之一。

不同类型的二极管的参数可查阅相关手册。

(3) 二极管的型号

二极管的型号命名方法按国家标准 GB294—74 的规定，主要由四个部分组成（见图6-17）。

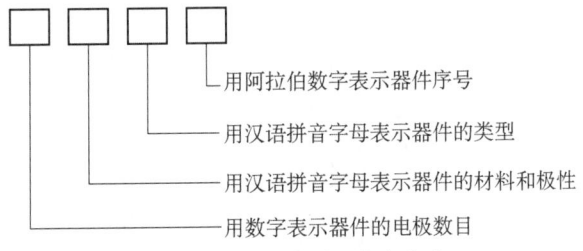

图 6-17 二极管型号命名方法

例：型号 2AP9 表示 N 型锗材料的普通二极管。

3）二极管的检测

二极管的识别和简单检测通过万用表来完成。

测试前应选好挡位，一般对于耐压低、电流小的二极管可选 $R\times 100$ 或 $R\times 1k$ 挡，并先将两表笔短接调零。需要注意的是：指针式万用表的红表笔（正端）接表内电池的负极，黑表笔（负端）接表内电池的正极。

(1) 性能的判别

把红、黑两只表笔分别搭接在二极管的两极，测试二极管的正反向电阻，图6-18所示。由二极管的特性可知，正向电阻越小越好，但不能为0；反向电阻越大越好，但不能为无穷大。二极管的正反向电阻相差越大，表明二极管的单向导电性越好；若正反向电阻很接近，表明管子已损坏；若正反向电阻都很小或为零，表明管子已被击穿，内部已短路；若正反向电阻都很大，表明管子内部已开路。

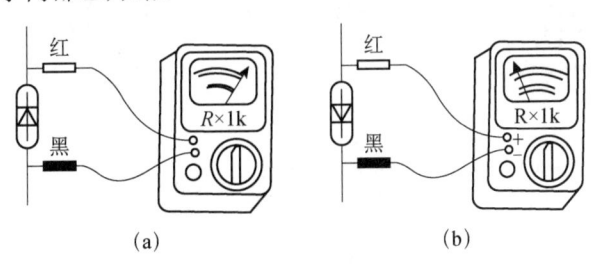

图 6-18 二极管的简单测试

（2）极性的判别

测试二极管的正反向电阻，测得的阻值较小时，与黑表笔相连的是二极管的正极；测得的阻值较大时，与黑表笔相连的是二极管的负极。

另外要注意的是，由于二极管正向特性曲线起始端的非线性，PN结的正向电阻是随外加电压的变化而变化的，所以，同一二极管用不同电阻挡测得的阻值会有差别。

4. 晶体管

（1）结构和符号

如图6-19（a）所示，在一块极薄的硅或锗基片上通过一定的工艺制作出两个PN结就构成了三层半导体，从三层半导体各引出一根引线就是晶体管的三个极，再封装在管壳里，就构成晶体管，也称为三极管。

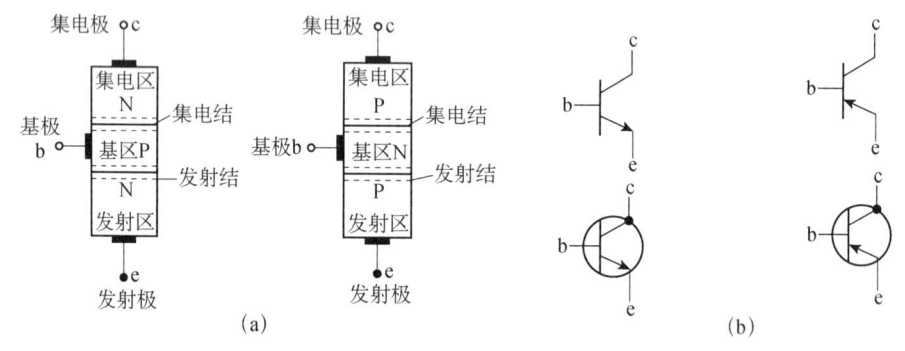

图 6-19 晶体管的结构和符号

三个电极分别叫作发射极e、基极b、集电极c，与之对应的每层半导体分别称为发射区、基区、集电区。发射区与基区交界的PN结为发射结，集电区和基区交界的PN结为集电结。基区是P型半导体的称为NPN型晶体管，基区是N型半导体的称为PNP型晶体管。

晶体管的文字符号是"TV"或"V"，图形符号如图6-19（b）所示，其中发射极箭头的方向表示发射结加正向偏置电压时电流的方向。

功率不同的晶体管有不同的体积和封装形式，多数中小功率的晶体管采用金属外壳封装，但近年来越来越多地采用硅酮塑料封装；大功率的晶体管多采用金属外壳封装，集电极接管壳，制成螺栓状，以便于和散热器连接在一起，如图6-20所示。

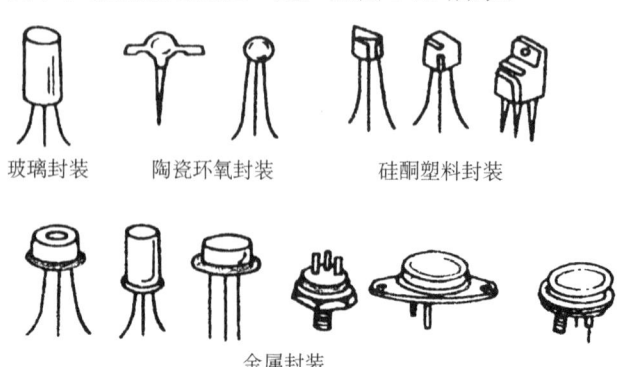

图 6-20 晶体管的外形和封装

（2）晶体管的认识及检测

① 放大倍数与极性的识别方法。

一般情况下，可以根据命名规则由晶体管管壳上的符号辨别出它的型号和类型。同时还可以由管壳上的色点来判断管子的放大系数 β 值的大致范围。

常用色点对 β 值分档表见表 6-5 所示。

表 6-5　常用色点对 β 值分档表

β	5～15	15～25	25～40	40～55	55～80	80～120	120～180	180～270	270～400	400 以上
色标	棕	红	橙	黄	绿	蓝	紫	灰	白	黑（或无色）

例如，色标为黄色表明该管的 β 值在 40～55 范围内，但有的厂家规定不一样，使用时要注意。

小功率晶体管有金属外壳封装和塑料外壳封装两种。如果金属外壳封装的晶体管管壳上带有定位销，那么，将管底朝上，从定位销起，按顺时针方向，三个极依次为 e、b、c；如果管壳上无定位销，且三个电极在半圆内，将有三个极的半圆置于上方，按顺时针方向依次为 e、b、c，如图 6-21（a）所示。塑料外壳封装的晶体管，面对平面，三个极置于下方，从左到右依次为 e、b、c，如图 6-21（b）所示。

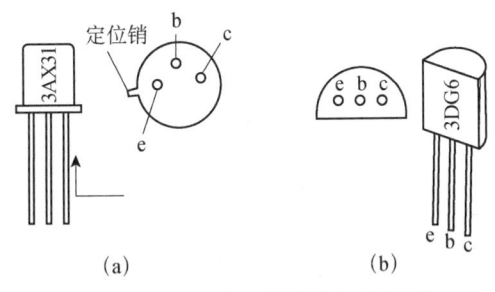

图 6-21　小功率晶体管电极的识别

对于大功率晶体管，外形一般分为 F 型和 G 型两种，如图 6-22 所示。F 型管从外形上只能看到两个极，将管底朝上，两个极置于左侧，则上为 e，下为 b，底座为 c。G 型管的三个极置于左方，从最下方起，顺时针方向依次为 e、b、c。

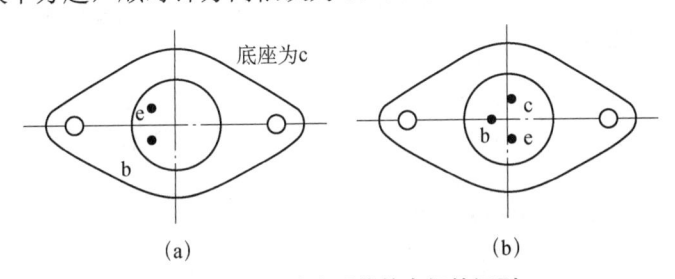

图 6-22　大功率晶体管电极的识别

② 晶体管的简易测试。

a. 管型和基极的判别方法。

晶体管可以看成两个二极管，便于判断。选择万用表的 $R \times 100$ 或 $R \times 1k$ 挡，将红表笔接某一引脚，将黑表笔分别接另外两个引脚，测得两个电阻值，若两个电阻值均较小（小功率晶体管约为几百欧），则红表笔所接的引脚为 PNP 型管的基极，如图 6-23（a）所示。若两个电阻值中有一个较大，可将红表笔改接另一引脚再测试，直到两个引脚测出的电阻均较小时为止。若测出的电阻值均较大，红表笔所接的引脚为 NPN 型管的基极。

如用黑表笔接某一引脚，红表笔接另外两个引脚，当测得的两个电阻值均较小时，黑表笔所接的引脚为 NPN 型管的基极。若测出的电阻值均较大，黑表笔所接的引脚为 PNP 型管的基极，如图 6-23（b）所示。

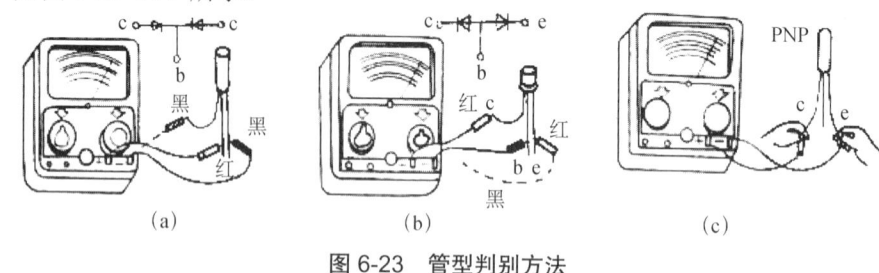

图 6-23 管型判别方法

b. 集电极的判别方法。

可以利用晶体管正向电流放大系数比反向电流放大系数大的原理确定集电极。选择万用表的 $R\times100$ 或 $R\times1k$ 挡，两手扶住引脚，固定住管子的基极，把万用表的两根表笔分别接到管子的另外两个引脚，利用人体电阻实现偏置，测读万用表的电阻值或指针偏摆的幅度；然后对调两根表笔，同样测读电阻值或指针偏摆的幅度，比较两次读数的大小。对 PNP 型管，电阻值小（偏摆幅度大）的一次测读中红表笔所接的引脚为集电极；对 NPN 型管，电阻值小（偏摆幅度大）的一次测读中黑表笔所接的引脚为集电极。基极和集电极判定出来以后，剩下的一个引脚就必然是发射极，如图 6-23（c）所示。

c. 高频晶体管和低频晶体管的判别方法。

方法一：按如图 6-24 所示电路接线，测量发射极、基极反向击穿电压 U_{EBO}。由于高频管 U_{EBO} 均小于 10V，而低频管 U_{EBO} 均大于 10V，所以当测得 U_{EBO} 大于 10V 时，则该管为低频管；若 U_{EBO} 小于 10V，则该管为高频管。

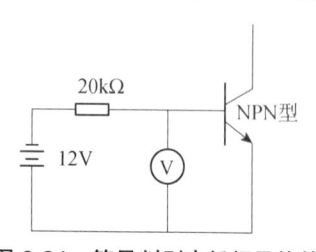

图 6-24 简易判别高低频晶体管

方法二：比较正反向电流放大系数。其方法与判别晶体管集电极的方法相同。因为低频管的反向电流放大系数比正向电流放大系数小得不十分多，因此在测量反向电流放大系数时，如果万用表指针仍然偏摆，则该管为低频管；而高频管反向电流放大系数比正向电流放大系数小得多，因此用万用表测量反向电流放大系数时，万用表指针基本不偏摆，此时该管为高频管。

d. 穿透电流 I_{CBO} 的估测。

选用万用表的 $R\times100$ 或 $R\times1k$ 挡测量集电极、发射极反向电阻，若测得的电阻值越大，说明 I_{CBO} 越小，则晶体管稳定性越好。一般硅管比锗管阻值大，高频管比低频管阻值大。

5. 晶闸管

（1）晶闸管的外形、内部结构、电气图形符号和模块外形

晶闸管的外形、内部结构、电气图形符号和模块外形如图 6-25 所示。

（2）晶闸管的导通及关断条件

① 晶闸管的导通条件：在晶闸管的阳极和阴极两端加正向电压，同时在它的门极和阴极两端也加正向电压，两者缺一不可。

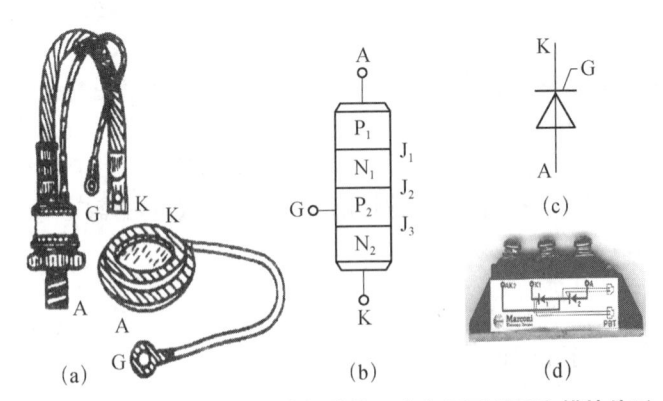

图 6-25 晶闸管的外形、内部结构、电气图形符号和模块外形

② 晶闸管一旦导通，门极即失去控制作用，因此门极所加的触发电压一般为脉冲电压。晶闸管从阻断转变为导通的过程称为触发导通。门极触发电流一般只有几十毫安到几百毫安，而晶闸管导通后，可以通过几百安、几千安的电流。

③ 晶闸管的关断条件：使流过晶闸管阳极的电流小于维持电流 I_H，也可以将阳极电压降为零或使阳极电压反向。

（3）晶闸管极性的判断

对晶闸管的电极，有的可从外形封装加以判别，如外壳就为阳极，阴极引线比门极引线长。外形无法判断的晶闸管，可用万用表进行判别。将万用表置于 $R×1k$ 或 $R×100$ 挡，分别测量各引脚间的正反向电阻。如测得某两引脚之间的电阻较大（约 80kΩ），再将两表笔对调，重测这两引脚之间的电阻。如阻值较小（大约 2kΩ），这时黑表笔所接触的引脚为门极 G，红表笔所接触的引脚为阴极 C，当然剩余的一个引脚就为阳极 A。在测量中如出现正反向阻值都很大的情况，则应更换引脚位置重新测量，直到出现上述情况为止。

（4）晶闸管质量好坏的判别

晶闸管质量好坏的判别可以从四个方面进行。第一是三个 PN 结应完好；第二是当阴极与阳极间电压反向连接时能够阻断，不导通；第三是当门极开路时，阴极与阳极间的电压正向连接时也不导通；第四是给门极加上正向电流，给阴极与阳极也加上正向电压时，晶闸管应当导通，将门极电流去掉，仍处于导通状态。

用 $R×1k$ 或 $R×10k$ 挡测量晶闸管阴极与阳极之间的正反向电阻（控制极不接电压），此两个阻值均应很大。阻值越大，表明正反向漏电电流越小。如果测得的阻值较小，或近于无穷大，说明晶闸管已经击穿短路或已经开路，此晶闸管不能使用了。

用 $R×1k$ 或 $R×10k$ 挡测量晶闸管阳极与门极之间的电阻，阻值很小表明晶闸管已经损坏。

用 $R×1k$ 或 $R×100$ 挡测量晶闸管门极与阴极之间的 PN 结的正反向电阻，正常情况是反向阻值明显大于正向阻值。

（5）晶闸管的选用

选用晶闸管的注意事项如下。

① 选用晶闸管时，组件的正向反向额定电压应选为实际电压最大值的 1.5~2 倍；而确定晶闸管的额定电流时则必须考虑多种因素，如导角的大小、工作频率的高低、散热器的大小、冷却方式和环境温度等。因此，必须综合考虑、合理选用。

② 晶闸管必须使用产品规定的散热器（一般为螺旋型散热器或平板型散热器）及采用规定的冷却方式（如自然冷却、强迫风冷或强迫水冷）。

③ 由于晶闸管过载时极易损坏，因此使用时必须采取过流保护措施。常用的方法如下：

a. 装设过流继电器及快速开关。由于继电器及开关动作需要一定时间，故短路电流较大时并不很有效，但在大功率设备上为了整个设备的安全仍是必需的。

b. 可在输入侧或与组件串联设置快速熔断器，快速熔断器的额定电流必须依据回路电流的有效值而不是平均值来选用。

一、电子元器件焊接基本操作

实训要求：

按照焊接图纸（见图6-26）进行电子元器件焊接。

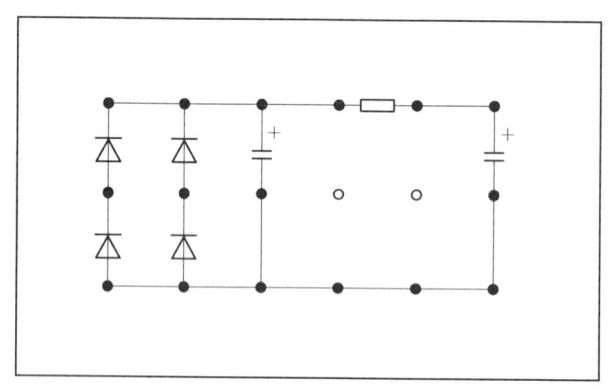

图 6-26　焊接图纸

实训器具：

实训所用元器件及工具清单见表6-6。

表6-6　元器件及工具清单

序号	代号	名称	型号和规格	数量
1	S	开关		1
2	T	变压器	BK50 220V/18V	1
3	VD1～VD4	二极管	1N4001	4
4	C1、C2	电解电容器	100μF/50V	2
5	R	电阻	51Ω	1
6	FU1	熔断器	0.5A	1
7	FU2	熔断器	0.05A	1
8	RL	电阻	1kΩ	1

（续表）

序号	代号	名称	型号和规格	数量
9		万能印制板		1
10		万用表		1
11		电工工具（套）		1
12		焊接工具（套）		1
13		焊锡丝		适量
14		连线		适量

二、常用电子元器件的识别

实训要求：
（1）能够识别常用电子元器件的种类、型号、引脚及重要参数。
（2）能够用电工仪表正确测量电子元器件的引脚，判断质量的好坏。
实训器具见表6-7。

表6-7 实训器具

序号	名称	数量
1	各种类型的二极管	若干
2	各种故障的二极管	若干
3	各种类型的晶体管	若干
4	各种故障的晶体管	若干
5	各种类型的电容器	若干
6	各种类型的电阻器	若干
7	万用表	1块

任务实施

一、电子焊接基本操作

（1）按表6-6配齐元器件。
（2）清除组件表面的氧化层。左手捏住电阻或其他元器件的本体，右手用锯条轻刮元器件引脚的表面，左手慢慢的转动，直到表面氧化层全部去除。
（3）制作元器件引脚。
（4）在空心铆钉板上按图安装元器件。
注意：元器件平卧时，元器件底部与板的距离不能大于0.5mm，色环或元器件上的标称值应便于观看，即便于从左到右读数或从下往上读数。

（5）焊接。

注意事项：

① 不用时，电烙铁必须插在电烙铁架中；长时间不用时，必须拔下电源插头。

② 不要忘记给电烙铁架海绵加水。

③ 电烙铁加热的进程中要及时给裸铜面搪锡，否则会导致不容易焊接。

④ 使用新烙铁头时，必须先搪锡，再使用。

⑤ 烙铁头上多余锡的处理（在海绵上擦去）。

⑥ 竖排粗环在上，横排粗环在右。

⑦ 高温使助焊剂分解挥发，易造成焊接缺陷，所以，温度太高时，应将烙铁头在带水的海绵上擦一下。

⑧ 一旦焊错要小心地用电烙铁加热后取下重焊。拔下的动作要轻，如果安装孔堵塞，要边加热，边用针通开。

⑨ 按由上而下、自左而右的顺序依次进行焊接。

（6）剪掉多余的引脚。

注意：留下的引脚不得大于 0.2mm。

（7）连线。

按图连线。

（8）检查正误。

二、常用电子元器件的识别

（1）识别二极管的型号和参数。

（2）用万用表检测二极管的极性和好坏。

（3）识别各种电阻器并正确读出电阻器的阻值。

（4）用万用表正确测量电阻器的阻值。

（5）识别晶体管的种类、型号、引脚、放大系数。

（6）用万用表检测晶体管的引脚及好坏。

（7）识别电容器的种类、型号、引脚。

（8）检测电解电容器的引脚。

任务检查

一、电子焊接基本操作

电子焊接基本操作的评分标准见表 6-8。

表 6-8　电子焊接基本操作的评分标准

项目		配分	评分标准	扣分	得分
按图焊接	接线	35 分	接线不正确，每处扣 20 分		
	布局	10 分	布局不合理，每处扣 5～10 分		
	排列	5 分	排列不整齐，扣 3～5 分		
	焊点	20 分	焊点粗糙，扣 5～10 分 虚焊、漏焊，每处扣 10～15 分		
测试电压		20 分	（1）测试电源电压，万用表的量程置错，扣 10 分 （2）测试直流电压的极性，万用表的量程置错，扣 10 分		
安全、文明生产		10 分	每一项不合格扣 10 分		
工时：2h				评分	

二、常用电子元器件的识别

常用电子元器件识别的评分标准见表 6-9。

表 6-9　常用电子元器件识别的评分标准

序号	主要内容	评分标准	配分	扣分	得分
1	识别二极管	不会识别，扣 5 分	5		
2	测试二极管的极性及好坏	（1）万用表使用不当，扣 3～5 分 （2）不会测试判别，扣 5～10 分	10		
3	电阻器的识别及测量	（1）万用表使用不当，扣 3～5 分 （2）不会测试判别，扣 5～10 分	10		
4	晶体管的识别	（1）不能识别晶体管，扣 10 分 （2）不能识别晶体管的型号，扣 10 分 （3）不能识别晶体管的引脚，扣 10 分 （4）不能识别晶体管的放大系数，扣 10 分 （5）错一只扣 10 分	20		
5	晶体管的测量	（1）万用表的挡位及量程选择错误，扣 10 分 （2）不能测出晶体管的引脚，扣 10 分 （3）不能测出晶体管的好坏，扣 10 分 （4）测量方法错误，扣 10 分	20		
5	电容器的识别	（1）不能识别电容器，扣 10 分 （2）不能识别电容器的型号，扣 10 分 （3）不能识别电容器的引脚，扣 10 分	15		
6	电容器的测量	（1）万用表的挡位及量程选择错误，扣 10 分 （2）不能测出电解电容器的引脚，扣 10 分 （3）不能测出电容器的好坏，扣 10 分 （4）测量方法错误，扣 10 分	20		
7	备注	合计	100		
		教师签字			

任务二　串联型稳压电源的安装与调试

任务目标

（1）掌握硅稳压管的稳压电路工作原理及串联型稳压电源的工作原理。
（2）完成串联型稳压电源的制作、安装与调试。

任务资讯

交流电压经过整流、滤波后已经变换成比较平滑的直流电，但还不够稳定，当电网电压波动或负载发生变化时，整流滤波后输出的直流电压也随着变化，因此只能供一般电气设备使用。对于电子电路，要求有很稳定的直流电源供电，所以在整流滤波之后，还要接入稳压电路，以保证输出电压的稳定。

所谓稳压电路，就是当电网电压波动或负载发生变化时，能使输出电压稳定的电路。

一、硅稳压管的稳压电路

硅稳压管是一种特殊的面接合型半导体二极管，由于它有稳定电压的特点，所以把这种类型的二极管称为稳压管。

在讨论二极管特性时曾指出，普通二极管进入击穿区后，如果反向电压再增加，反向电流会急剧上升，导致二极管 PN 结发热烧坏。也就是说，普通二极管不能工作在反向击穿区。值得注意的是，PN 结击穿与 PN 结烧坏并不是一回事。普通二极管在击穿区烧坏，是由于它的最大允许耗散功率不够，PN 结温升过高。硅稳压管是采用特殊工艺制造的，它的正向特性与一般二极管相似，而反向击穿特性却有很大不同，反向击穿区的曲线更为陡峭，其伏安特性曲线如图 6-27 所示。它是利用二极管击穿效应，只要限制击穿电流，使其功率损耗不超过额定值，硅稳压管就可长期工作在反向击穿区。从图中可以看出，当反向电压较小时，稳压管的反向电流也就很小，如曲线 OA 段。当反向电压达到 U_{Zmin} 时，反向电流开始增加，稳压管的工作状态进入击穿区。超过 U_{ZM} 时，PN 结击穿严重，流过 PN 结的电流过大，因过热而烧坏。当反向电流被限制在 I_{Zmin} 到 I_{ZM} 之间变化（ΔI_Z）时，稳压管两端的反向电压从 U_{Zmin} 到 U_{ZM} 变化（变化了 ΔU_Z），ΔI_Z 变化较大，而 ΔU_Z 变化很小，如曲线 AC 段。稳压管正是利用其伏安特性中反向击穿区 AC 段，反向电流大范围变化而反向电压几乎不变的特性来进行稳压的。

硅稳压管的主要参数如下。

（1）稳定电压 U_Z：指稳压管的反向击穿电压（如图 6-27 中 U_{Zmin} 到 U_{ZM} 的范围），有时也叫稳压值。有的稳压管此值约为 3V，高的可达 300V。

（2）稳定电流 I_Z：指保持稳定电压 U_Z 时的工作电流（对应图 6-27 中 B 点处的电流）。

（3）最大稳定电流 I_{ZM}：指稳压管最大工作电流（对应图 6-27 中 C 点处的电流），超过这个电流值，稳压管将因功率损耗过大而发热烧坏。

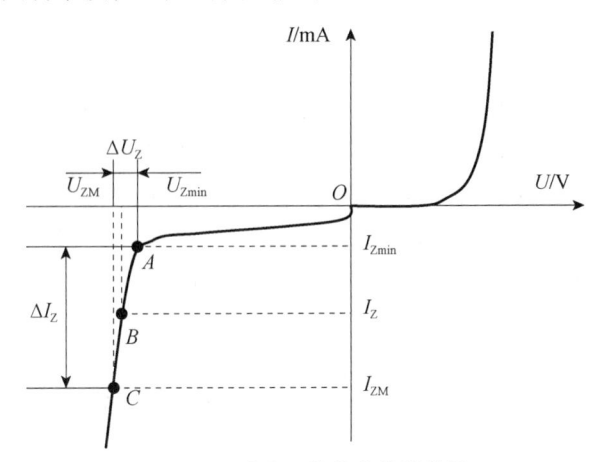

图 6-27 硅稳压管伏安特性曲线

（4）最大损耗功率 P_{ZM}：指工作电流通过稳压管的 PN 结时产生的最大损耗功率允许值，近似为 U_Z 和 I_{ZM} 的乘积。小功率稳压管的 P_{ZM} 为几十毫瓦，大功率的可达几十瓦，因此大功率稳压管工作时要加装散热器。

二、简单的稳压电路分析

图 6-28 是利用硅稳压管组成的简单稳压电路。电阻 R 用来限制电流，使稳压管电流 I_Z 不超过允许值，另一方面还利用它两端电压升降使输出电压 U_L 趋于稳定。稳压管 V 反并联在直流电源两端，使它工作在反向击穿区。经电容滤波后的直流电压通过电阻 R 和稳压管 V 组成的稳压电路连接至负载。这样，负载上得到的就是一个比较稳定的电压。

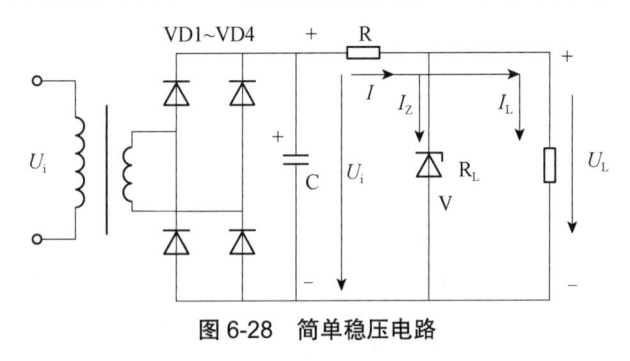

图 6-28 简单稳压电路

其中工作原理如下：

输入电压 U_i 经电阻 R 加到稳压管和负载 R_L 上，$U_i = IR + U_L$，在稳压管上有工作电流 I_Z 流过，负载上有电流 I_L 流过，且 $I = I_Z + I_L$。

（1）设负载电阻 R_L 不变，当电网电压波动升高，使稳压电路的输入电压 U_i 上升，引起稳压管 V 两端电压增加，输出电压 U_L 也增大。根据稳压管反向击穿特性，只要 U_L 有少许增大，

就使 I_Z 显著增加，使流过 R 的电流 I 增大，电阻 R 上压降增大（$U=IR$），使输出电压 U_L 保持近似稳定。其工作过程可表示为：

$$u_i \uparrow \to U_i \uparrow \to U_L \uparrow \to I_Z \uparrow \to IR \uparrow \to U_L \downarrow$$

反之，如果电源电压 U_i 下降，其工作过程与上述相反，U_L 仍近似稳定。

（2）设稳压电路的输入电压 U_i 保持不变，当负载电阻 R_L 减小、I_L 增大时，电阻 R 上压降增大，输出电压 U_L 下降，稳压管两端电压也下降，电流 I_Z 立即减小。如果 I_L 的增加量和 I_Z 的减小量相等，则 I 不变，这样输出电压不变。上述过程可表示为：

$$R_L \downarrow \to I_L \uparrow \to I \uparrow \to IR \uparrow \to U_L \downarrow \to I_Z \downarrow \to U_L \uparrow$$

若负载电流 I_L 下降，其工作过程与上述相反，U_L 仍然保持不变。

在这种电路中，稳压管的稳定电压应按负载电压选取，即

$$U_Z = U_L$$

若一个稳压管的稳压值不够，可用多个稳压管串联。这时，U_Z 等于多个稳压管的稳压值之和。也可用稳压管与二极管反向串联，这时，U_Z 等于这个稳压管的稳压值与二极管的正向导通管压降之和。

稳压管的最大稳定电流 I_{ZM} 大致应比最大负载电流 I_{LM} 大两倍以上，即

$$I_{ZM} \geqslant 2I_{LM}$$

三、晶体管串联型稳压电路

下面以图 6-29 所示电路为例来分析晶体管串联型稳压电路的工作过程。

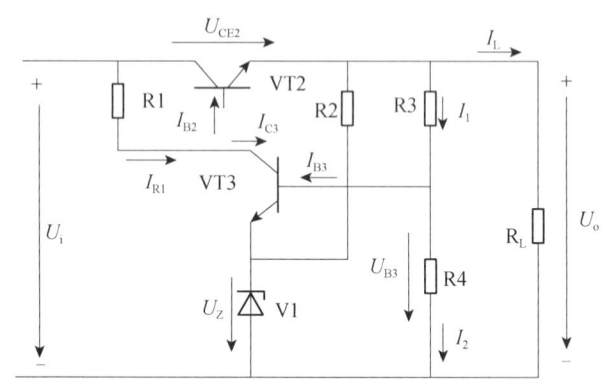

图 6-29 串联型稳压电路

图 6-29 是带直流负反馈放大电路的稳压电路。稳压管 V1 和电阻 R2 给直流三极管 VT3 的发射极提供稳定的基准电压。基准电压的稳压值还可利用电压不同的硅、锗二极管与稳压管串联来调整，或多个相同或不同稳压值的稳压管串联（见图 6-30）来调整。R3、R4 组成分压（取样）电路，从输出电压 U_o 中取出变化的信号电压，使

$$U_{B4} = \frac{R_4}{R_3 + R_4} U_o$$

并把它加到三极管 VT3 的基极，于是 VT3 的基极和发射极间电压

$$U_{BE3} = U_{B4} - U_Z = \frac{R_4}{R_3 + R_4} U_o - U_Z$$

由于 U_{B3} 是 U_o 的一部分且只随 U_o 变化，故称为取样电压，它和基准电压 U_Z 比较后的电压差值即 U_{BE3} 经 VT3 比较放大后加到三极管 VT2 的基极上，使 VT2 自动调整管压降 U_{CE2} 的大小，以保证输出电压稳定。R1 是放大管 VT3 的集电极负载电阻，又是调整管 VT2 的集电极偏置电阻。

为什么 VT2 的基极电位变化，能自动调整管压降 U_{CE2} 的大小？

这可从图 6-29 中看出，在 VT2 处于放大状态时，基极电位升高，基极电流 I_{B2} 最大，集电极电流 $I_{C2}=\beta I_{B2}$ 最大，管压降 U_{CE2} 下降。

该电路的稳压过程如下：如果输入电压 U_i 增大，或负载电阻 R_L 增大，输出电压 U_o 也增大，通过取样电路将这个变化加在 VT3 管的基极上使 U_{B3} 增大。由于 U_Z 是一个恒定值，所以 U_{BE3} 增大。导致 I_{B3} 和 I_{C3} 增大，R1 上电压降增大，使调整管基极电压减小，基极电流减小，管压降 U_{CE2} 增大，从而使输出电压保持不变。

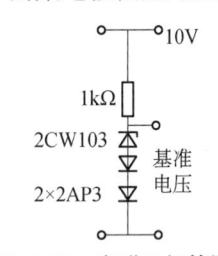

图 6-30 串联二极管调整基准电压

同理，当输入电压 U_i 减小或负载电阻 R_L 减小，引起输出电压 U_o 减小时，三极管 VT3 的基极电压减小，VT2 的基极电压增大，从而使调整管管压降减小，维持输出电压不变。

由于 $U_{BE3}=\dfrac{R_4}{R_3+R_4}(U_L-U_Z)$，而电路中的 U_Z 是定值，U_{BE3} 也基本不变，因此在保证一定输入电压 U_i 条件下，稳压电路的输出电压 U_o 应该满足：

$$U_o = \frac{R_4}{R_3+R_4}(U_{BE3}-U_Z)$$

上式表明在一定的条件下，U_o 与取样电阻有关，改变 R3、R4 的阻值，可在一定范围内改变输出电压的值，但 U_o 不可能超过 U_i。

另外，从图 6-29 中可看出，$U_o=U_i-(I_{B2}+I_{C3})R_1-U_{BE2}$。由于 R_L 减小时，I_L 增大，U_o 减小，I_{C3} 减小，I_{B2} 增大，当 I_{C3} 为零时 I_{B2} 最大，此时 $U_o=U_i-I_{B2}R_1-U_{BE2}$。又由于

$$I_{B2} \approx \frac{I_{F2}}{\beta_2} \approx \frac{I_L}{\beta_2}$$

代入上式则额定输出电流为

$$I_L = \beta_2 \frac{U_i - U_{BE2} - U_o}{R_1}$$

从上面分析可知，带有直流负反馈放大电路的串联稳压电路的反馈电压从输出电压 U_o 中取出，并与基准电压 U_Z 相比较，然后把电压差值进行放大后去控制调整管，调节其管压降，使输出电压保持稳定。

下面介绍几种提高输出电流的方法。

在实际的调整电路中，当一只三极管的输出电流不能满足要求时，可以将特性一致的三极管并联起来使用，如图 6-31（a）所示。为使各三极管输出电流基本均衡而接入均流电阻 R，为避免增加功耗，取阻值不宜过大，一般取零点几欧。

调整管大多采用大功率三极管，而大功率三极管的 β 值往往比较小。由于三极管的基极电流 $I_B \approx \dfrac{I_L}{\beta}$，所以输出电流较大时，稳压电路用的调整管要求有较大的 I_B。

如果比较放大电路输出的电流较小，不足以控制调整管集电极电流，那么可以用复合管来担任调整管，如图 6-31（b）所示。其中大功率三极管 VT1 的 I_{E1} 提供输出电流，VT1 的 I_{B1} 就是 VT2 的输出电流 I_{E2}，而 VT2 的基极电流 I_{B2} 取决于比较放大电路的输出电流，显然

$I_{E1} \approx \beta_1\beta_2 I_{B2}$,这样比较放大电路输出较小的电流,就足以保证它对调整管的有效控制。但是 VT2 的穿透电流经 VT1 放大,其影响增大,为了减小复合管的穿透电流,在电路中接入 R_B,使调整管不致在高温时失控,以提高温度稳定性,如图 6-31(c)所示。

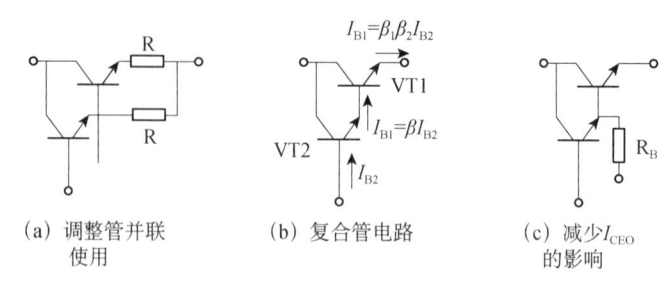

(a) 调整管并联使用　　(b) 复合管电路　　(c) 减少 I_{CEO} 的影响

图 6-31　调整管的并联、复合管电路及减小集电极漏电流的方法

任务计划

实训要求:

根据原理图,选用正确且无故障的电子元器件进行焊接并调试,实训器具工具及材料明细表见表 6-10。

表 6-10　器具工具及材料明细表

序号	分类	名称	型号规格	数量	单位	备注
1	工具	常用电工工具		1	套	
2		万用表		1	只	
3		电烙铁		1	只	
4	设备	稳压二极管		1	只	
5		二极管	1N4001	4	只	
6		三极管	9013	3	只	
7		三极管	9011	1	只	
8		电阻	RJ21、2kΩ1/8W	1	只	色环
9		电阻	RJ21、68kΩ1/8W	1	只	色环
10		电阻	RJ21、3Ω1/8W	1	只	
11		微调电位器	WSW1、1kΩ	1	只	
12		微调电位器	WSW1、10kΩ	1	只	
13		电解电容器	CD11、470μF/16V	1	只	
14		电解电容器	CD11、47μF/16V	1	只	
15		电解电容器	CD11、100μF/16V	1	只	
16		电源变压器	220V/9V	1	只	
17		熔断器	0.5A	1	只	
18		印制电路板		1	块	
19	消耗材料	熔断器座		若干	个	
20		接线固定片		若干	片	
21		松香、焊锡		若干	块、m	

任务实施

（1）按原理图（见图 6-32）准备元器件，按装配图（见图 6-33）正确安装元器件。

（2）检查元器件安装正确无误后，将断口 B、C、D、G、I、K 各处焊接好，接通电源。

（3）将万用表置于直流电压挡，测量 C3 两端的电压，调节 R_{P1}，使电压在 3～6V 变动。

（4）输出电压为 3V 时接上负载电阻，负载电阻接入前和接入后，输出电压的变化小于 0.5V 即可。

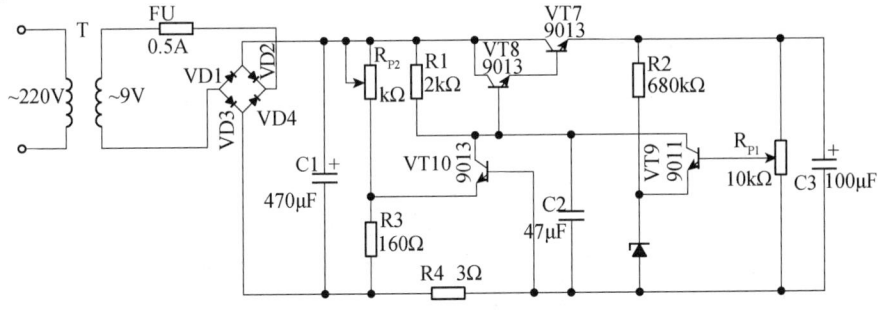

图 6-32 串联型稳压电源（无限流保护）原理图

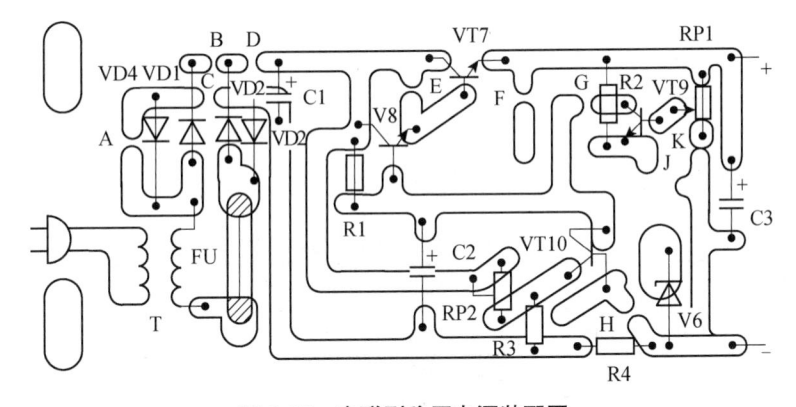

图 6-33 串联型稳压电源装配图

电路调试：

（1）用万用表电压挡测量并记录电源变压器次级、电解电容 C1 两端及 VT7、VT8、VT9 各极对地电压值。

（2）用电烙铁把断口 E 焊接好，相当于 VT7 集电结短路。调节 R_{P1}，观察输出电压有没有变化，并测量和记录 VT7、VT8、VT9 各极对地电压值，测量结果与第（1）步对照。当 VT7 集电结短路时，观察数据有什么变化并得出结论。最后用电烙铁把断口 E 焊开。

（3）用电烙铁把断口 G 焊开，相当于 VT9 的 c-e 开路。调节 R_{P1}，观察输出电压有没有变化，并测量和记录 VT7、VT8、VT9 各极对地电压值，测量结果与第（1）步对照。当 VT9 的 c-e 开路时，观察数据有什么变化并得出结论。最后用电烙铁把断口 G 焊接好。

（4）用电烙铁把断口 K 焊开，相当于 R_{P1} 微调电位器下端开路。调节 R_{P1}，观察输出电压有什么变化，并测量和记录 VT7、VT8、VT9 各极对地电压值，将测量结果与第（1）步对照，观察数据有什么变化并得出结论。最后用电烙铁把断口 K 焊接好。

（5）将调试结果填入表 6-11 中。

表 6-11 调试结果

测量点	未接负载时电压值/V	接入负载后电压值/V
变压器的次级		
C1 的两端		
VT7	$U_e=$　$U_b=$　$U_c=$	$U_e=$　$U_b=$　$U_c=$
VT8	$U_e=$　$U_b=$　$U_c=$	$U_e=$　$U_b=$　$U_c=$
VT9	$U_e=$　$U_b=$　$U_c=$	$U_e=$　$U_b=$　$U_c=$
调试中出现的故障及调试方法		

注意事项：

（1）焊接前要对照图纸检查印制电路板是否正确，判别各元器件的好坏。

（2）焊接时要严格按操作规程进行，元器件引脚成形要规范，焊接操作步骤要正确。

（3）每进行一项训练前，应从理论上分析此项训练的目的，做到心中有数后再动手操作。

（4）接通或断开断口时，都必须在断电状态下进行。

任务检查

串联型移压电源的安装与调试的评分标准见表 6-12。

表 6-12 串联型移压电源的安装与调试的评分标准

项目内容		配分	评分标准	扣分	得分
按图焊接	接线	15 分	接线不正确，每处扣 5 分		
	排列	10 分	排列不整齐，扣 3~5 分 元器件引脚成形不规则，扣 3~5 分		
	焊点	15 分	（1）焊点毛糙，扣 5~10 分 （2）焊点漏焊、虚焊，每处扣 10 分		
调试		40 分	无电压输出，扣 40 分		
			有电压输出但不可调，扣 30 分		
			保护电路不正常，扣 10 分		
参数测量		10 分	不正确，每处扣 3 分		
安全文明生产		10 分	每一项不合格扣 5~10 分		
工时：6h					

任务三　调压恒温电路的安装与调试

任务目标

（1）掌握晶闸管、双向晶闸管、单结晶体管的工作原理，了解它们的结构及参数。
（2）掌握晶闸管、双向晶闸管、单结晶体管的应用，制作自动调压恒温电路。

任务资讯

一、整流桥

整流桥实际上是全波桥式整流电路，是一个整流器件，由四个二极管组合在一起构成，如图 6-34 所示。

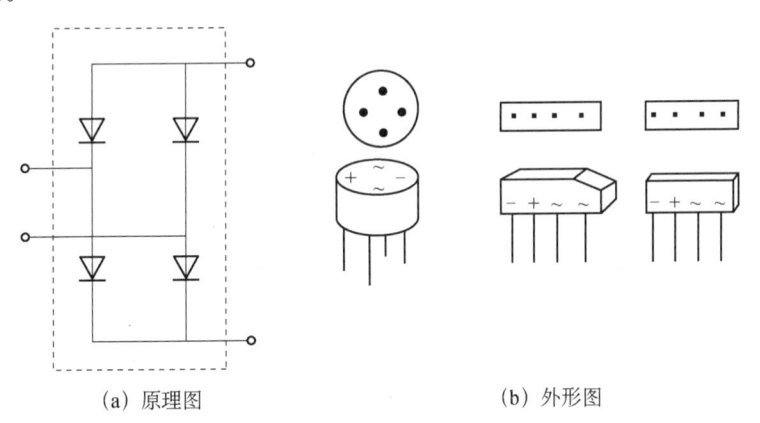

(a) 原理图　　(b) 外形图

图 6-34　整流桥

选用指针式万用表的 $R×100$ 挡或 $R×1k$ 挡，用黑表笔接某一引脚，若该引脚与另外三个引脚均显低阻态，两表笔对换后，该引脚与其他三引脚又显高阻态，则此引脚即为直流"+"极；若与上述相反，红表笔接该引脚显低阻态，黑表笔接该引脚显高阻态，则此引脚为直流"-"极，其余两引脚为交流输入端，使用时可随意调换。

二、热敏电阻

热敏电阻是利用半导体的电阻随温度变化的特性制成的测温组件，分为正温度型（PTC）和负温度型（NTC）。

正温度型（PTC）热敏电阻的阻值随温度升高而增大（可用万用表测试：先用万用表测其阻值，然后用电烙铁在电阻旁边加热，加热的同时测其阻值，可看到阻值逐渐增大），负温度型（NTC）热敏电阻的阻值随温度升高而下降（可用万用表测试：先用万用表测其阻值，然后用电烙铁在电阻旁边加热，加热的同时测其阻值，可看到阻值逐渐减小）。

四、双向晶闸管

1. 双向晶闸管（简称 TRIAC）的结构和特性

图 6-35 中（a）、（b）、（c）为双向晶闸管的结构、等效电路和符号，相当于两个反并联的普通晶闸管。它有三个电极，两个主电极 A1、A2，一个门极 G，在门极触发信号的作用下主电极的正反两个方向均可触发导通，伏安特性如图 6-35（d）所示。

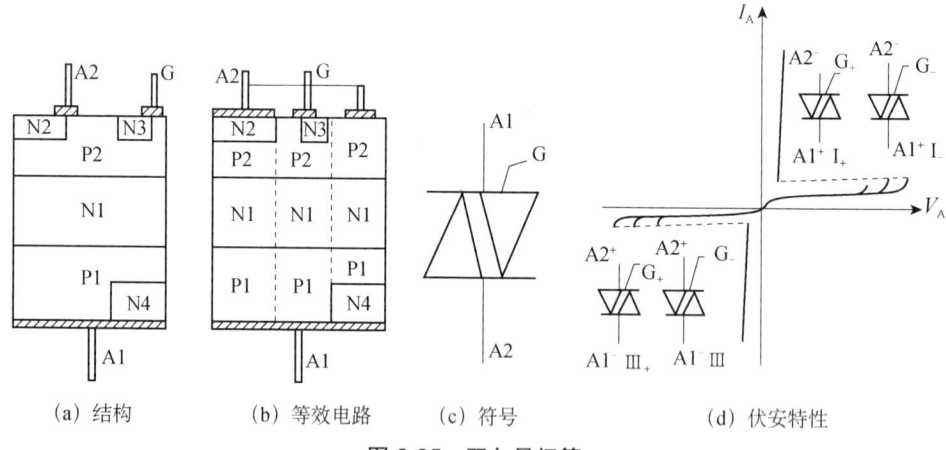

(a) 结构　　(b) 等效电路　　(c) 符号　　(d) 伏安特性

图 6-35　双向晶闸管

2. 触发方式

双向晶闸管门极加正负触发电压都能使管子触发导通，因此有四种触发方式，即：

（1）I_+ 触发方式，即 A1 为正 A2 为负、u_G 为正（相对 A2），特性曲线在第一象限。

（2）I_- 触发方式，即 A1 为正 A2 为负、u_G 为负（相对 A2），特性曲线在第一象限。

（3）III_+ 触发方式，即 A1 为负 A2 为正、u_G 为正（相对 A2），特性曲线在第三象限。

（4）III_- 触发方式，即 A1 为负 A2 为正、u_G 为负（相对 A2），特性曲线在第三象限。在实际中多采用（I_+III_-）和（I_-III_-）组合的触发方式。

3. 双向晶闸管的应用

双向晶闸管的控制简单，主要用于电阻性负载作相位控制，也可用作固态继电器及电动机的控制等。双向晶闸管的供电频率通常被限制在工频左右。

4. 双向晶闸管的好坏及极性的判断

同单向晶闸管。

五、单结晶体管

1. 单结晶体管的结构、符号

单结晶体管又叫双基极二极管,它有三个电极:一个发射极(E)和两个基极(第一基极 B1、第二基极 B2),发射极 E 与两个基极 B1、B2 之间只形成一个 PN 结,所以称为单结晶体管。单结晶体管的结构和符号如图 6-36(a)、(b)所示,它的等效电路如图 6-36(c)所示。R_{B1}、R_{B2} 是两个基极之间的等效电阻,R_{B1} 是第一基极 B1 与 PN 结之间的电阻,其阻值随发射极电流 I_E 而变化;R_{B2} 是第二基极 B2 与 PN 结之间的电阻,其阻值与发射极电流无关。发射极与两个基极之间的 PN 结可用一个等效二极管 VD 表示。

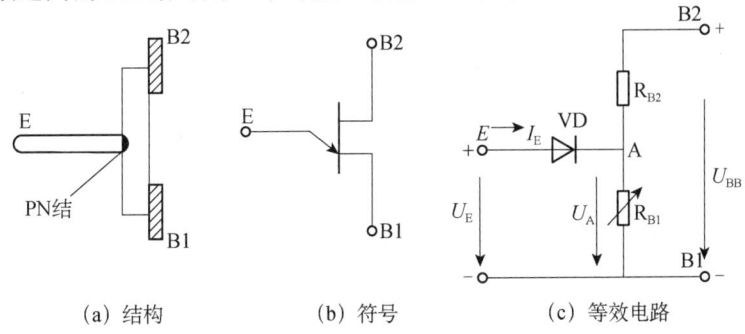

(a) 结构　　　(b) 符号　　　(c) 等效电路

图 6-36　单结晶体管结构、符号和等效电路

2. 单结晶体管的特性

(1) 当发射极电压 U_E 小于峰点电压 U_P 时单结晶体管截止,只有很小的发射极漏电流,发射极与第一基极的等效电阻 R_{EB1} 可认为无穷大。

(2) 当发射极电压 U_E 等于峰点电压 U_P 时,单结晶体管导通,R_{EB1} 较小,导通后当 $U_E \leqslant U_V$ 时,管子由导通重新变为截止。

(3) 两个基极的电压为 0 时,发射极与第二基极的等效电阻基本为 0。

(4) 不同的单结晶体管有不同的 U_P 和 U_V,同一只单结晶体管,在不同的电源电压 U_{BB} 下,U_P 和 U_V 也不同。

3. 单结晶体管的简易测试

(1) 判定发射极 E

将万用表置于 $R \times 1k$ 挡,用两表笔测得任意两个电极间的正反向电阻均相等(2~10kΩ)时,这两个电极即为 B1 和 B2,余下的一个电极为发射极 E。

(2) 区分第一基极 B1 和第二基极 B2

将黑表笔接 E 极,用红表笔依次去接触另外两个电极,分别测得两个正向电阻值。由于管子构造上的原因,第二基极 B2 靠近 PN 结,所以发射极 E 和 B2 间的正向电阻应比 E 与 B1 间的正向电阻小一些。它们应在几欧到几万欧范围内。因此,当按上述接法测得的阻值较小时,其红表笔所接的电极即为 B2;测得阻值较大时,红表笔所接的电极即为 B1。

六、工作原理

用一个装有加热源（220V、15W 的小灯泡）的盒子来模拟恒温箱，通过盒子内温度传感组件——热敏电阻，可以及时得到恒温箱内部温度情况的电信号，以便构成闭环控温系统。如图 6-37 所示为自动调压恒温系统参考电路，它由主电路和触发控制电路两部分组成。

1. 主电路

由一个双向晶闸管构成交流调压电路来对恒温箱内的加热源供电，主电路电源电压为交流 220V。

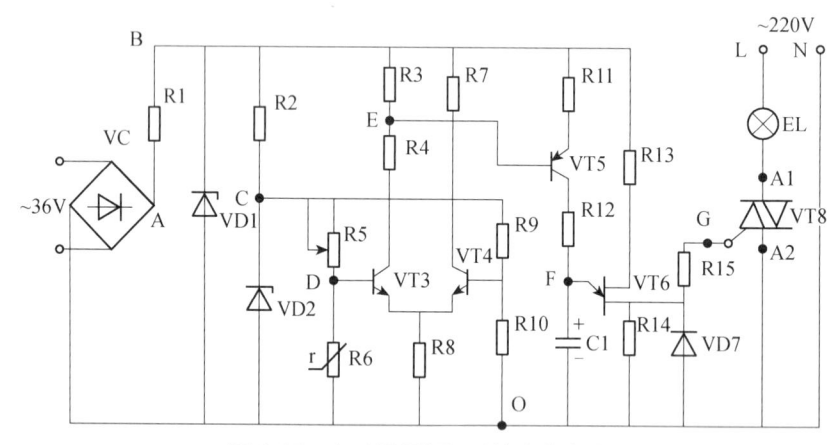

图 6-37 自动调压恒温系统参考电路

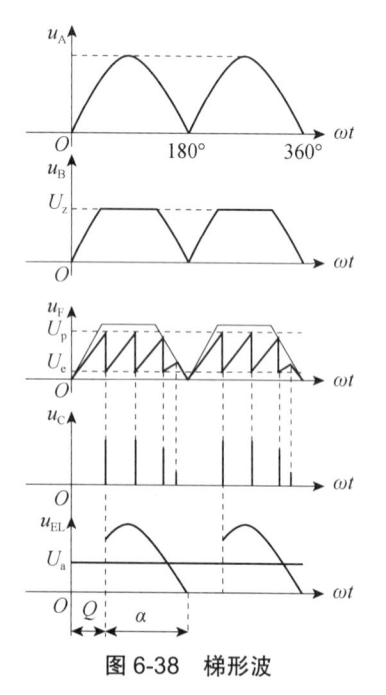

图 6-38 梯形波

2. 控制电路

这是一个由单结晶体管作为振荡组件的触发电路，主要由梯形波发生电路（VC、R1、VD1）、给定电压电路（R2、VD2、R5）、反馈电路（R6）、桥式输入电路（R5、R6、R9、R10）、差分放大电路（R3、R4、R7、VT3、VT4）、二级放大电路（VT5、R11、R12）和脉冲振荡电路（R11、R12、R13、R14、C1、VT5、VT6）组成。

（1）梯形波发生电路

整流桥（VC）对交流电压进行整流，经 R1、VD1 削波得到图 6-38 所示 u_B 梯形波。这种梯形波一方面为单结晶体管提供正向工作电压；另一方面可以加宽输出脉冲的移相范围。

（2）给定信号、反馈信号比较电路

VT3、VT4 和 R3、R4 等构成了一个差动电路。其中给定量调节电阻 R5 和温度反馈电阻 R6 以及两个基准电阻 R9、R10 组成的平衡电桥构成了差动放大器两侧的输入偏置电路，差动放大器放大的是平衡电桥的差值信号 Δu_i（$= u_{B3} - u_{B4}$）。不论是人为调节电阻 R5，还是因恒温箱内温度变化使 R6 阻值变化，都会使 Δu_i 变化，以致改变放大器的输出值。在这里，平衡电桥的电源 u_C 是由稳压管 VD2 在 u_B 的基础上再次稳压而得到的。这种两次稳压的方法可更有效地防止外界电压波动对平衡电桥的影响。R1、R2 分别是两个稳压管的限流电阻。

（3）放大和脉冲振荡电路

差动放大器输出电压 u_E 由 VT5 放大，并被转换为单结晶体管发射极回路中电容 C1 的充电电流信号 i_C。改变 u_E，可改变电容器电压上升到单结晶体管峰点电压（U_p）值的速度，从而改变振荡电路输出脉冲的密度，使控制角 α 随之改变，晶闸管的输出电压 U_a（也是加热器的输入电压）也随着改变，箱内的温度也就改变。

3. 自动恒温过程

电阻 R6 是呈负温度型热敏电阻，即当温度下降时，其阻值上升。所以当恒温箱温度变化时，该系统可实现以下恒温过程。

设给定量（R5 值）不变，当温度下降时有：

$$t\downarrow \to R6\uparrow \to \Delta u_i \uparrow \to u_E \downarrow \to i_C \uparrow \to \alpha \downarrow \to \theta \uparrow \to U_a \uparrow \to t \uparrow \to R6 \downarrow 直到 \Delta u_i$$
$$(电桥平衡) = 0 \to u_E(仅指交流成分) = 0 \to i_C = 0 \to U_a = 0$$

任务计划

实训要求：
（1）认识和识别整流桥、晶闸管、双向晶闸管、单结晶体管。
（2）按图 6-37 所示电路安装。

实训器具：

实训器具明细表见表 6-13。

表 6-13 实训器具明细表

序号	符号	名称	型号与规格	数量
1	R1	电阻	200Ω1/4W	1
2	R2	电阻	250Ω1/4W	1
3	R3、R9、R10	电阻	1kΩ1/4W	2
4	R4	电阻	3.6kΩ1/4W	1
5	R7	电阻	5.1kΩ1/4W	1
6	R8	电阻	510Ω1/4W	1
7	R11	电阻	1.6kΩ1/4W	1
8	R12	电阻	2kΩ1/4W	1
9	R13	电阻	330Ω1/4W	1
10	R14	电阻	100Ω1/4W	1
11	R15	电阻	50Ω1/4W	1

(续表)

序号	符号	名称	型号与规格	数量
12	R6	热敏电阻	RRC1.1kΩ	1
13	C1	电解电容	0.1μF/50V	1
14	VC	整流桥堆	1A/50V	1
15	VD1	稳压二极管	2CW22k/27V	1
16	V2	稳压二极管	2CW54/6.2V	1
17	VT3、VT4	三极管	9013	2
18	VT5	三极管	9012	1
19	VT6	单结晶体管	BT33	1
20	VT8	双向晶闸管	1A/500V	1
21	VD7	二极管	IN4007	1
22	R5	微调电位器	3.6kΩ	1
23	T	电源变压器	BK—50 220/36	1
24	EL	灯	220V/25W	1
25		万能印制电路板	105×130	1
26		熔断器	1A	2

任务实施

一、元器件的检测

（1）整流桥的检测：各取 5 只有好有坏的二极管、半整流桥、整流桥，让学生从外观结构上找出引脚，并同时用万用表测量，从而判断元器件质量的好坏及极性。

（2）热敏电阻的测量：取一些热敏电阻，让学生测量其阻值随温度变化的情况。

（3）晶闸管及双向晶闸管的测量：取一定数量的晶闸管及双向晶闸管，让学生从外观结构上找出引脚，并同时用万用表判断其好坏及极性。

（4）单结晶体管的测量：取 5 只单结晶体管，让学生从外观结构上找出引脚，并同时用万用表测量其引脚。

二、电路的制作

（1）设计制作恒温箱。

（2）按表 6-13 准备元器件，并检查元器件的好坏；按图 6-39 所示正确安装各元器件，热敏电阻 R6 可用导线连接并安放在恒温箱内。

（3）先不接主电路。用示波器观察 G 点波形，看是否有触发脉冲产生；调节微调电位器

R5，观察脉冲的疏密程度是否受 R5 的控制。

（4）安装好主电路部分，并与触发电路连接。调节 R5，灯泡的亮、暗程度应连续可调。

（5）将 R5 抽头置于中间位置，用双踪示波器测试 A~G 各点相对于 0 点的电压波形，并把测试结果记录下来。最后分析它们之间的相位、周期、幅度及与控制角 α 的关系。

（6）改变电位器 R5 抽头的位置，分别测量最大和最小给定时的触发角 α 和负载电压 u_L 的波形，同时观察灯对应的亮度。

（7）效果测试：在灯灭时，打开恒温箱盖，或在灯亮时，关闭恒温箱盖，观察该系统自动恒温现象。

（8）根据需要做相应的记录，如绘制表格，记录测试参数、波形以及分析结论和总结调试体会等。

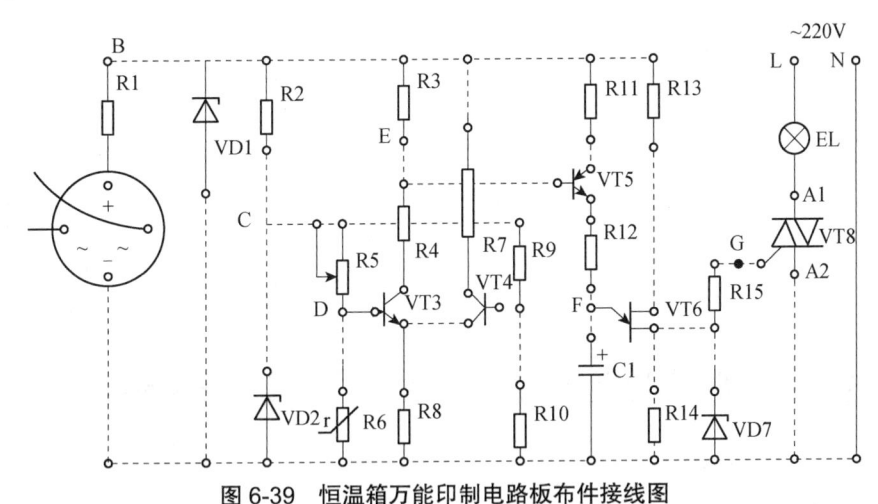

图 6-39 恒温箱万能印制电路板布件接线图

三、注意事项

（1）自行绘制恒温箱图纸，并标出尺寸。

（2）元器件应排列整齐，布局合理。

（3）焊点应光滑平整。

（4）与主电路相连接之前，用示波器观察 VT6 第一基极的输出脉冲，调节 R5 观察脉冲相位是否可以移动。

（5）用示波器测试波形时，两条测试线中只能有一条的接地线连接电路零点；而另一条测试线的接地线悬空，以免通过两根接地线使电路短路。

任务检查

恒压恒温电路的安装与调试的评分标准见表 6-14。

表 6-14 恒压恒温电路的安装与调试的评分标准

	主要内容	考核要求	评分标准	配分	扣分	得分
1	按图焊接	正确使用工具及仪表，焊接质量可靠，焊接技术符合工艺要求	（1）布局不合理，扣 2 分 （2）焊点粗糙、拉尖，有焊接残渣，每处扣 2 分 （3）元器件虚焊、有气孔、漏焊、松动、损坏组件，每处扣 2 分 （4）引线过长、焊剂未擦拭干净，每处扣 2 分 （5）元器件的标称值不直观、安装高度不符合要求，每处扣 2 分 （6）工具、仪表使用不正确，每次扣 5 分 （7）焊接时损坏元器件，每只扣 5 分	30		
2	调试	在规定的时间内，利用仪器、仪表进行通电调试	（1）通电 1 次不成功扣 10 分，2 次不成功扣 20 分，3 次不成功扣 30 分 （2）调试过程中损坏元器件，每只扣 4 分	30		
3	测试	在所焊接的印制电路板上，用示波器测试电路中 A（考评员现场确定）点的电压波形，并绘出波形，写出峰值	（1）开机准备工作不熟练，扣 5 分 （2）测量过程中，操作步骤每错一步扣 5 分 （3）波形绘制错误，扣 5 分 （4）写出的峰值错误，扣 10 分	30		
4		安全、文明生产	违反安全、文明生产，每次扣 2 分	10		
备注		实用时间：	合计			
			考评员签字	年 月 日		

任务四　数字频率计测频电路的安装与调试

任务目标

（1）熟悉计数器、锁存器、显示器、译码器、双单稳态触发器的功能。
（2）应用计数器、锁存器、显示器、译码器、双单稳态触发器、门电路制作数字频率计。
（3）掌握集成电路的布件与安装。

任务资讯

一、74LS90 计数器

利用集成 74LS90 计数器可构成 N 进制计数器。74LS90 计数器有两个复位端 $R_{0(1)}$、$R_{0(2)}$ 和两个置位端 $R_{9(1)}$、$R_{9(2)}$，其复位、计数功能见表 6-15。利用复位端和置位端，并通过反馈控制电路可以构成任意进制的计数器。图 6-40 为用 74LS90 构成的 2 位十进制计数器。74LS90 的引脚图如图 6-41 所示。

表 6-15　74LS90 计数器的复位、计数功能

输入				输出			
$R_{0(1)}$	$R_{0(2)}$	$R_{9(1)}$	$R_{9(2)}$	Q_D	Q_C	Q_B	Q_A
1	1	0	×	0	0	0	0
1	1	×	0	0	0	0	0
		1	1	1	0	0	1
	0	×	0	计数			
0	×	0	×	计数			
0	×	×	0	计数			
×	0	0	×	计数			

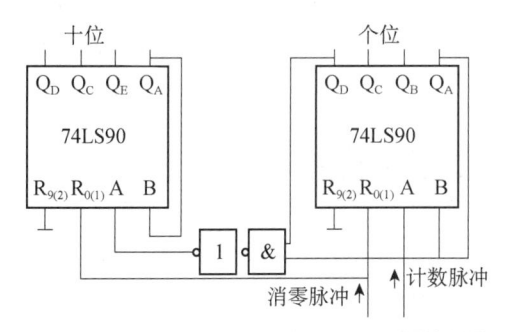

图 6-40　由 74LS90 构成的 2 位十进制计数器

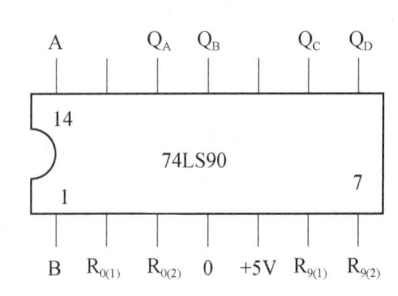

图 6-41　74LS90 的引脚图

二、译码器与数码管

74LS48 七段译码器和 LED 共阴极数码管 BS202 的引脚示意图分别如图 6-42 及图 6-43 所示。

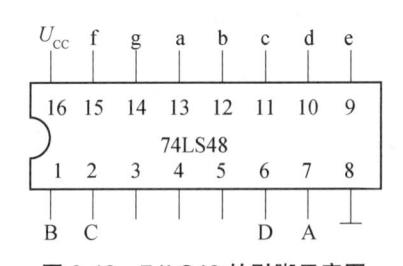

图 6-42　74LS48 的引脚示意图

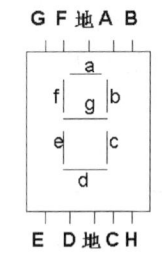

图 6-43　BS202 的引脚示意图

74LS48 七段译码器仅译码时，引脚 3、4、5 悬空，A、B、C、D 为译码器的四个输入端，引脚 a~g 为译码器的七个输出端。

当将 74LS90 计数器的四个输出端 Q_A、Q_B、Q_C、Q_D 分别与 74LS48 七段译码器的输入端 A、B、C、D 相连，而译码器的七个输出端 a~g 分别与数码管的输入端 A~G 相连后，在 CP 脉冲的作用下，在数码管上可以显示 0~9 的 10 个数字。

三、锁存器 74LS237

锁存器 74LS237 的引脚示意图如图 6-44 所示。

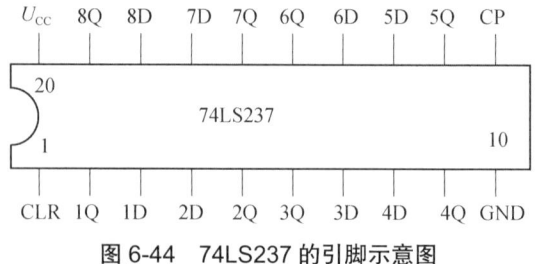

图 6-44 74LS237 的引脚示意图

锁存器 74LS237 是 8D 触发器，在引脚 CP 端引入时钟脉冲时，当 CP 正跳变来到时，锁存器的输出 Q 等于输入 D。CP 正跳变过后，无论输入端 D 为何值，输出端 Q 的状态仍然保持原来的状态 Q_n 不变。

四、74LS123 可重触发双单稳多谐振荡器

74LS123 可重触发双单稳多谐振荡器的引脚示意图如图 6-45 所示。

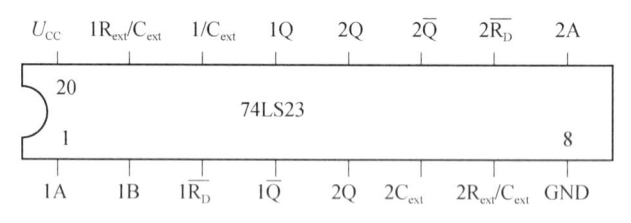

图 6-45 74LS123 的引脚示意图

它由两个单稳态触发器组成（见图 6-46），在触发脉冲的负跳变的作用下，输出端 Q_1 可得一个正脉冲，其宽度由 $1R_{ext}$、$1C_{ext}$ 决定；在 Q_1 输出的负跳变的作用下，输出端 $\overline{Q_2}$ 可得一个负脉冲，其宽度由 $2R_{ext}$、$2C_{ext}$ 决定。

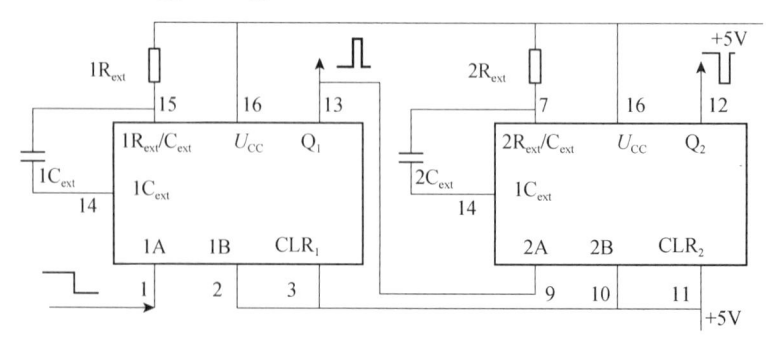

图 6-46 由两个单稳态触发器组成的 74LS123

五、数字频率电路

1. 电路的基本组成

被测信号 f_x 经脉冲形成电路（由 NE556 组成的施密特触发器）整形，变成如图 6-47 中①所示的脉冲波形，其周期 T_x 与被测信号的周期相同。时基电路（由 NE556 组成的多谐振荡器）输出标准的时间信号波形如图 6-47 中②所示，调节 R_P 使其高电平的持续时间为 1s，则计数器的计数时间为 1s，计数器计得的脉冲数为 N，图 6-47 中的波形③就是被测信号的频率。逻辑控制电路（由 74LS123 可重触发双单稳多谐振荡器）的作用有二：其一，产生计数器的清零脉冲（如图 6-47 中的④所示），使计数器每次从零开始计数；其二，产生锁存信号（如图 6-47 中的⑤所示），为锁存器服务，使显示器上的数字稳定不变。其组成方框图如图 6-48 所示。

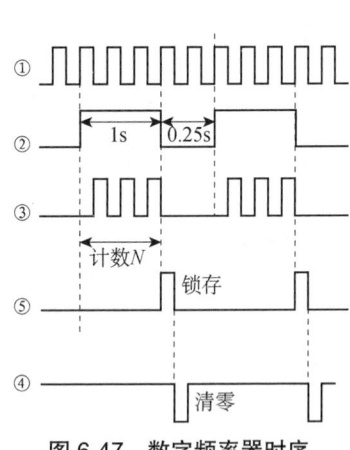

图 6-47 数字频率器时序

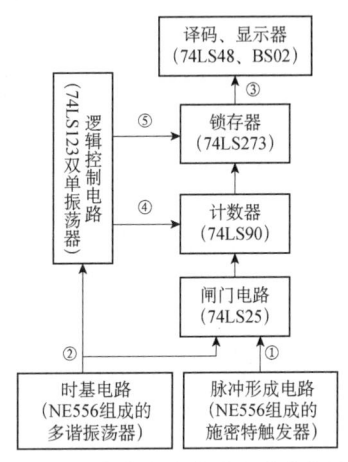

图 6-48 数字频率电路组成方框图

2. 数字频率计的整机电路

电路的工作过程是：接通电源后，触发手动复位开关 S，计数器清零。当 IC8（A）产生的标准秒脉冲来到时，由与非门（74LS00）构成的闸门电路开通，IC8（B）整形的被测信号通过闸门电路到 IC6、IC7 组成的两位十进制计数器开始计数，最大计数为 99；当标准时间秒脉冲结束时，标准时间秒脉冲所产生的负跳变触发 IC11 [74LS123（A）] 第一级单触发器，使 IC11 的 13 引脚 Q_1 输出正脉冲，Q_1 的正跳变作为锁存器 IC5 的锁存时钟脉冲，使锁存器的输出等于此时的计数器（IC6、IC7）的值。Q_1 的负跳变来触发第二极单稳态触发器，使 IC11 [74LS123（B）] 的 12 引脚 $\overline{Q_2}$ 输出一个负脉冲，此负脉冲经 74LS00 反相用来对计数器 IC6、IC7 清零，从而完成了一次测量。下一秒脉冲到来时又按照计数—锁存—复位的过程完成第二次测量。如此周而复始，实现频率的自动测量。

任务计划

实训要求：

（1）认识和识别计数器、锁存器、显示器、译码器、双单稳态触发器。
（2）按图 6-49 所示安装电路。

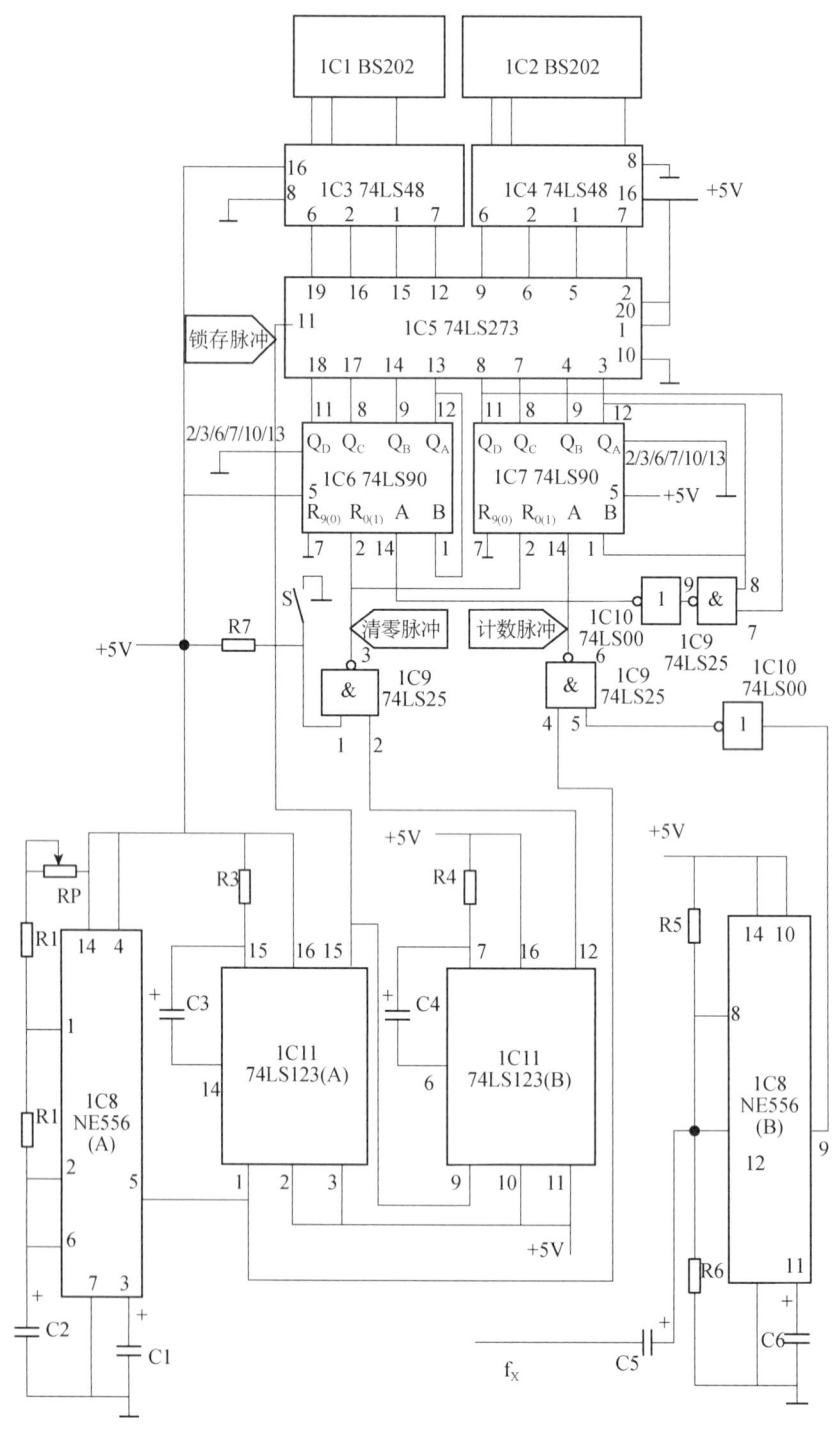

图 6-49　数字频率计

实训器具：
实训器具明细表见表 6-16。

表 6-16 实训器具明细表

序号	编号	名称	型号与规格	数量
1	IC18	集成块（与非门）	74LS00	1
2	IC9	集成块（非门）	74LS25	1
3	IC8	集成块（2个555块）	NE556	1
4	IC10	集成块（非门）	74LS00	1
5	IC11	集成块（双单稳态触发器）	74LS123	1
6	IC5	集成块（8D锁存器）	74LS273	1
7	IC6、IC7	集成块（十进制计数器）	74LS90	2
8	IC3、IC4	集成块（译码器）	74LS48	2
9	IC1、IC2	数码管	RS202	2
10	R1、R2	电阻	6.8kΩ	2
11	R3～R6	电阻	10kΩ	4
12	R7	电阻	3.3kΩ	1
13	RP	电位器	47kΩ	1
14	C2、C5	电解电容器	10μF/25V	2
15	C1、C6	电解电容器	0.01μF/25V	2
16	C3、C4	电解电容器	4.7μF/25V	2
17	S	按钮		1
18		万能印制电路板	130mm×150 mm	1
19		连接绝缘导线	$0.01m^2$	适量
20		焊锡	$\phi 2$	适量
21		松香		适量
22		双踪示波器		1
23		低频信号发生器		1
24		电工工具		1
25		焊接工具		1

任务实施

一、安装步骤

（1）按明细表配齐元器件，并对其检测。

（2）在万能印制电路板上根据电路图合理安排元器件的位置和走线，并做好元器件和走线标记。

（3）清除引脚、焊盘、连接导线的氧化层，并搪锡。

（4）安装元器件，确认无误后焊接。

（5）剪切引脚，焊连线。

二、调试步骤

1. 静态调试

检查电路中各集成块的连接是否正确，各引脚电压是否与电路图中的电压相同。

2. 动态调试

（1）接通电源，用示波器测量标准脉冲产生电路 NE556 引脚 5 的波形，观察输出的矩形波是否是 1s、0.25s，频率为 0.8Hz，如不是，调节 R_P。

（2）给数字频率计输入 36V 的正弦交流电，用示波器测量 NE556 引脚 9 的波形，观察其波形是否是矩形波。如不是，检查 R5、R6、C6 是否正常。

（3）用双踪示波器同时观察 IC11 引脚 1、13 的波形；同时观察 IC11 引脚 13、12 的波形，看是否与正确的波形相符合（与图 6-47 中的②、⑤、④进行比较）；如不符合，检查 74LS123 及外围电路。

（4）用示波器观察计数器输出、输入信号。

（5）用示波器观察锁存器电路，当锁存信号到来时能否将计数器的输入信号进行锁存。

（6）按下 S，检查电路是否复位。

任务检查

数字频率计测频电路的安装与调试的评分标准见表 6-17。

表 6-17　数字频率计测频电路的安装与调试的评分标准

	主要内容	考核要求	评分标准	配分	扣分	得分
1	按图焊接	正确使用工具及仪表，焊接质量可靠，焊接技术符合工艺要求	（1）布局不合理，扣 2 分 （2）焊点粗糙、拉尖，有焊接残渣，每处扣 2 分 （3）元器件虚焊、有气孔、漏焊、松动、损坏组件，每处扣 2 分 （4）引线过长、焊剂未擦拭干净，每处扣 2 分 （5）元器件的标称值不直观、安装高度不符合要求，每处扣 2 分 （6）工具、仪表使用不正确，每次扣 5 分 （7）焊接时损坏元器件，每只扣 5 分	30		
2	调试	在规定的时间内，利用仪器、仪表进行通电调试	（1）通电 1 次不成功扣 10 分，2 次不成功扣 20 分，3 次不成功扣 30 分 （2）调试过程中损坏元器件，每只扣 4 分	30		
3	测试	在所焊接的印制电路板上，用示波器测试电路中 A（考评员现场确定）点的电压波形，并绘出波形，写出峰值	（1）开机准备工作不熟练，扣 5 分 （2）测量过程中，操作步骤每错一步扣 5 分 （3）波形绘制错误，扣 5 分 （4）写出的峰值错误，扣 10 分	30		
4		安全文明生产	违反安全文明生产，每次扣 2 分	10		
备注		实用时间：	合计			
			考评员签字　　　　　　　年　月　日			

项目七　PLC、变频器及触摸屏的应用

任务一　PLC 的软件操作

任务目标

能使用编程软件编写、下载、上传、调试程序。

任务资讯

一、软件的基本操作

（1）软件使用语言的变更

系统默认的安装语言是英语，当系统安装成功后，可以通过修改参数设置，将软件的界面语言更换成中文，其操作步骤如下。

① 打开软件，在"Tools"菜单中选择"Options"命令，如图 7-1 所示。

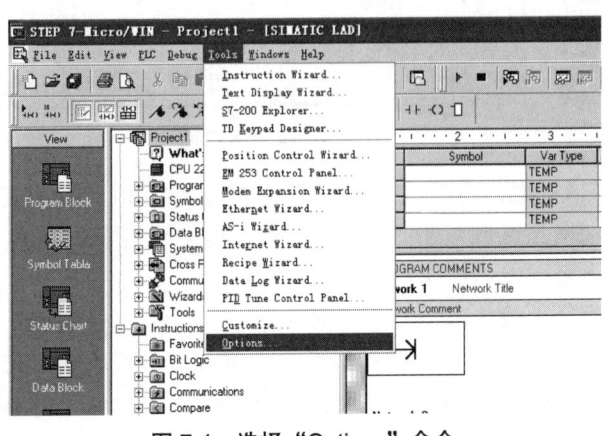

图 7-1　选择"Options"命令

② 在打开的"Options"对话框中，在左侧选择"General"选项卡，在右侧对应的"Language"栏中选择"Chinese"，然后单击"OK"按钮，如图 7-2 所示，完成界面语言的变更设置。

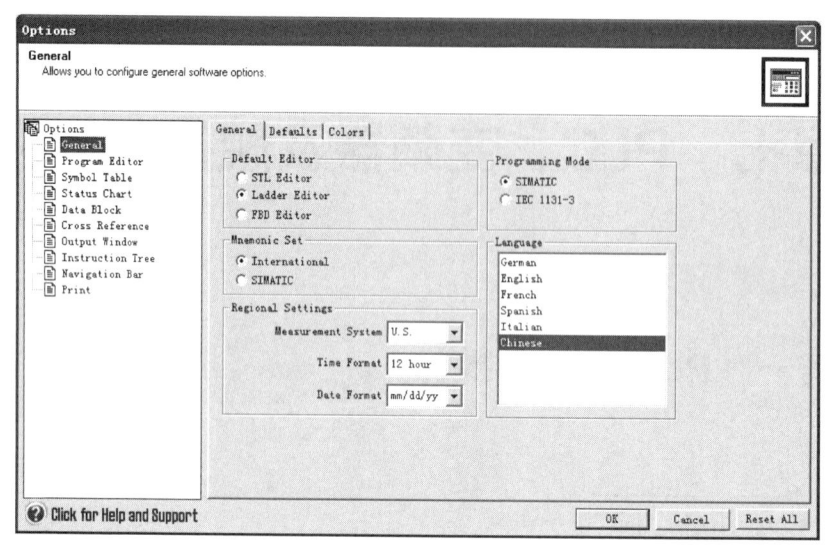

图 7-2　界面语言的变更设置

③ 在弹出的对话框中，根据提示选择"保存现在项目"或者"不保存"，编程界面自动关闭，再次打开系统进入纯中文编程界面。

（2）通信环境的设定

① 在编程界面左侧，双击"通信"图标，进入通信设置对话框（见图 7-3）。

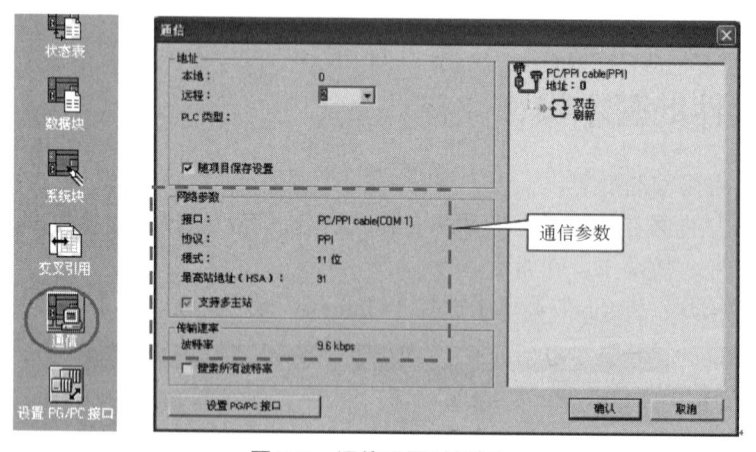

图 7-3　通信设置对话框

② 在通信设置对话框中，查看通信参数：接口为 PC/PPI cable（COM1），传输速率为 9.6kbps；然后在右侧的网络区域双击"刷新"图标，搜索网络中的 PLC，如果检测到 PLC 主机，则会显示其状态，否则就是设定错误。

如果出现通信失败，一般从以下两个方面考虑。

a. 通信端口参数的设定与实际通信端口参数不符合。检查所使用的电缆是否是西门子公司生产的 PC/PPI 电缆，确认其电缆的 PC 端头与计算机的通信端口 COM1 连接正确。如果所选择的通信端口与设定不一致，可进行如下操作：

方法一　更改硬件接线，使其一致。
方法二　更改 PG/PC 接口设置，选择系统端口与实际端口一致，如图 7-4 所示。
b. 传输速率与设定的传输速率不一致。解决方案是选中"搜索所有波特率"复选框，然后单击"刷新"图标，这样系统会在传输速率"9600～19200kbps"范围内搜索所有地址的 PLC；当搜索成功后，根据系统提示的参数再次设定"PG/PC"接口，在选项组"Transmission Rate"中选择相应的传输速率，从而完成系统参数的设定。

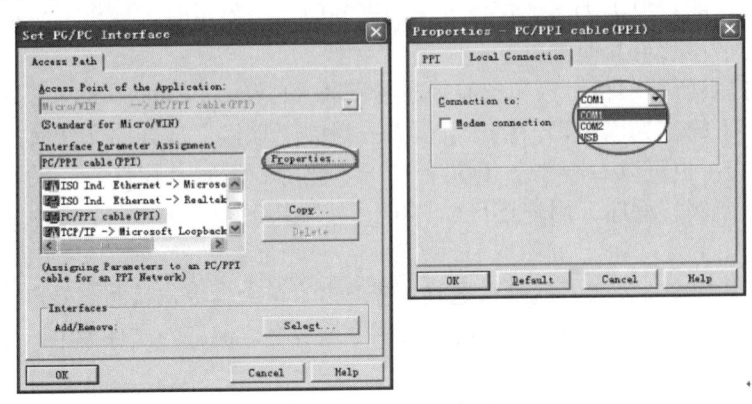

图 7-4　更改 PG/PC 接口设置

二、软件的基本操作

1. 软件的基本外观

软件界面由操作栏、指令树、交叉引用、数据块、状态图、符号表、输出窗口、状态栏、程序编程器、局部变量表等组成，其构成如图 7-5 所示。

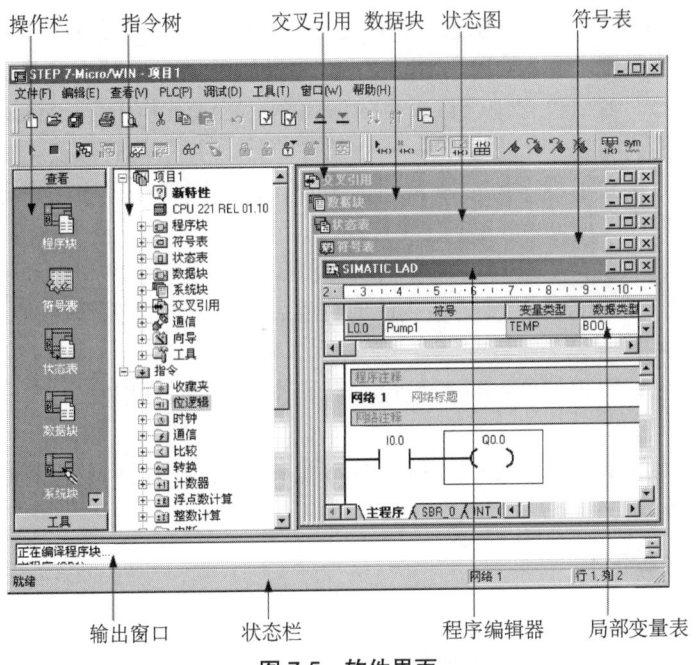

图 7-5　软件界面

① 操作栏显示可编程的控制群组，包括"视图"和"工具"两个类别。

"视图"类别下包括"程序块""符号表""状态表""数据块""系统块""交叉引用"及"通信""设置 PG/PC 接口"等功能图标。

"工具"类别下包括"指令向导""文本显示向导""位置控制向导""EM 253 控制面板""调制解调器扩展向导""以太网向导""AS-i 向导""因特网向导""配方向导""数据记录向导"等控制图标。

当操作栏包含的对象因为当前窗口大小的限制而无法显示时，操作栏显示滚动按钮，使用户能向上或向下移动至其他对象。

② 指令树提供所有项目对象和当前程序编辑器（LAD、FBD 或 STL）提供的所有指令的树形视图（以下简称为"树"）。用户可以右击树中"项目"部分的文件夹，插入附加程序组织单元（POU）；也可以右击单个 POU，打开、删除、编辑其属性表，采用密码保护或重命名子程序及中断例行程序。用户还可以右击树中"指令"部分的一个文件夹或单个指令，以便隐藏整个树。

用户一旦打开指令文件夹，就可以拖放（或双击）单个指令，按照需要自动将所选指令插入程序编辑器窗口中的光标位置。用户可以将指令拖放至"编好"文件夹中，排列经常使用的指令。

③ "交叉引用"窗口允许用户检视程序的交叉引用和组件使用的信息。

④ "数据块"窗口允许用户显示和编辑数据块内容。

⑤ "状态图"窗口允许用户将程序输入、输出或将变量置入图表中，以便追踪其状态。用户可以建立多个状态图，以便从程序的不同部分检视组件。每个状态图在"状态图"窗口中都有自己的标签。

⑥ "符号表"窗口允许用户分配和编辑全局符号（在任何 POU 中使用的符号，不只是已建立符号的 POU）。用户可以建立多个符号表，可在项目中增加一个 S7-200 系统符号预定义表。

⑦ 输出窗口在用户编译程序时提供信息。当输出窗口列出程序错误信息时，可双击错误信息，会在"程序编辑器"窗口中显示适当的网络。当编译程序或指令库时，会提供信息。

⑧ "状态栏"提供用户在 STEP 7-Micro/Win 中操作时的操作状态信息。

⑨ "程序编辑器"窗口包含用于该项目的编辑器（LAD、FBD 或 STL）的局部变量表和程序视图。如果需要，可以拖动分割条，扩展程序视图，并覆盖局部变量表。当用户在主程序一节（OB1）之外建立子程序或中断例行程序时，标记出现在程序编辑器窗口的底部。可单击该标记，在子程序、中断和 OB1 之间移动。

⑩ "局部变量表"包含用户对局部变量所做的赋值（即子程序和中断例行程序使用的变量）。在"局部变量表"中建立的变量使用临时内存；地址赋值由系统处理，变量的使用仅限于建立此变量的 POU。

⑪ "菜单条"允许用户使用鼠标或键盘执行操作，可以定制"工具"菜单，在该菜单中增加自己的工具。

⑫ "工具条"为最常用的 STEP 7-Micro/Win 操作系统提供便利的鼠标访问，可以定制每个工具条的内容和外观。

2. 程序的上传与下载

（1）下载程序

当用户将程序块、数据块或系统块下载至 PLC 时，操作步骤如下。

① 下载至 PLC 之前，核实 PLC 位于"停止"模式，检查 PLC 上的模式指示灯。如果 PLC 未设为"停止"模式，单击工具条中的"停止"按钮，或选择"PLC"→"停止"命令。

② 单击工具条中的"下载"按钮，或选择"文件"→"下载"命令，出现"下载"对话框。

③ 根据默认值，在第一次使用下载命令时，"程序代码块""数据块"和"CPU 配置（系统块）"复选框被选中。如果不需要下载某一特定的块，可以不选中该复选框。

④ 单击"确定"按钮，开始下载程序。

⑤ 如果下载成功，出现一个确认对话框，提示"下载成功"信息。

⑥ 如果 STEP 7-Micro/Win 中所用的 PLC 类型的数值与实际使用的 PLC 不匹配，会显示以下警告信息："为项目所选的 PLC 类型与远程 PLC 类型不匹配。继续下载吗？"如果需要纠正 PLC 类型，单击"否"按钮，终止下载程序。然后从菜单条选择"PLC"→"类型"命令，调出"PLC 类型"对话框，从下拉列表框中选择纠正类型，或单击"读取 PLC"按钮，由 STEP 7-Micro/Win 自动读取正确的数值，单击"确定"按钮，确认 PLC 类型并关闭对话框。

⑦ 单击工具条中的"下载"按钮，或从菜单条中选择"文件"→"下载"命令，重新开始下载程序。

⑧ 一旦下载成功，在 PLC 中运行程序之前，必须将 PLC 从 STOP（停止）模式转换回 RUN（运行）模式。单击工具条中的"运行"按钮，或选择"PLC"→"运行"命令，转换回"RUN（运行）"模式。

（2）上传程序

如果用户需要上传原 PLC 中的源程序，单击"上传"按钮，或是选择菜单"文件（File）"→"上传（Upload）"命令，同样也可以通过快捷键 Ctrl+U 来完成。

（3）调试程序

该系统的调试工具栏包括运行、停止、监控、强制输入/输出等工具，如图 7-6 所示。

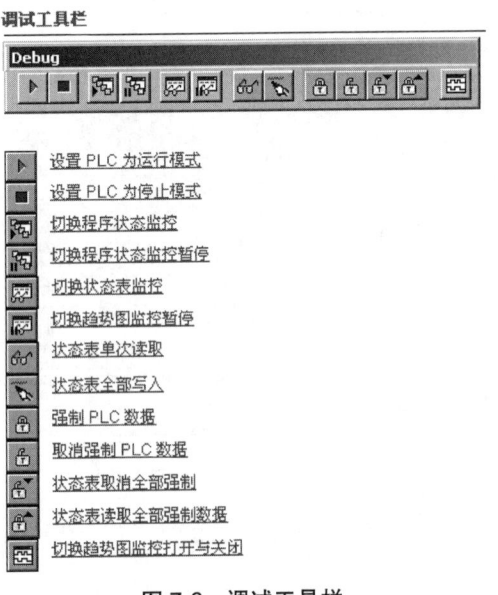

图 7-6 调试工具栏

（4）监控程序

"状态监控"是指显示程序在 PLC 中执行时的有关 PLC 数据的当前值和能流状态的信息。

在控制程序的执行过程中，PLC 数据的动态改变可用三种不同方式查看：状态表监控、趋势图显示、程序状态监控。

状态表监控：在一表格中显示状态数据，每行指定一个要监视的 PLC 数据。用户可以指定一个存储区的地址、格式、当前值及新值（如果使用写入命令）。

趋势图显示：用随时间而变化的 PLC 数据绘图跟踪状态数据，用户可以将现有的状态表在表格视图和趋势视图之间切换，新的趋势数据亦可在趋势视图中直接生成。

程序状态监控：在程序编辑器窗口中显示状态数据，当前 PLC 数据值会显示在引用该数据的 STL 语句或 LAD/FBD 图形旁边。LAD 图形也显示能流，由此可看出哪个图形分支在活动中。

操作方法：单击"切换程序状态监控"按钮，或选择菜单"调试（Debug）"→"程序状态（Program Status）"命令，在程序编辑器窗口中显示 PLC 数据状态。

任务计划

本任务是学习编程软件的安装及功能，掌握使用工具条、指令树等进行程序下载、调试、运行监控的操作方法。

任务实施

步骤一：打开编程软件，此时为中文界面（见图 7-7）。

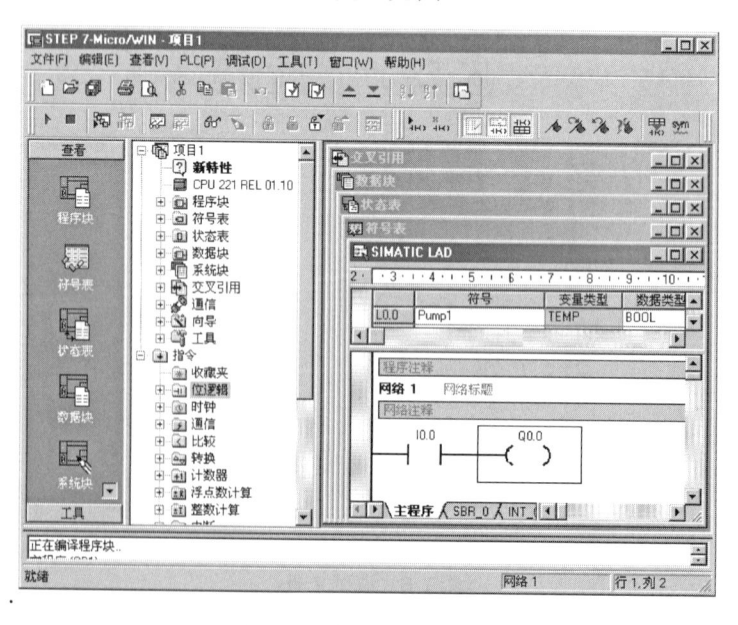

图 7-7　软件中文界面

步骤二：创建工程。
(1) 单击"新建项目"按钮。
(2) 选择"文件（File）"→"新建（New）"命令。
(3) 按 Ctrl+N 快捷键，新建一个程序。
(4) 在程序编辑器中输入指令。
① 从指令树拖放（见图 7-8）。
选择指令，将指令拖曳至所需的位置（见图 7-9）。松开鼠标按键，将指令放置在所需的位置（见图 7-10）；或双击该指令，将指令放置在所需的位置（见图 7-11）。

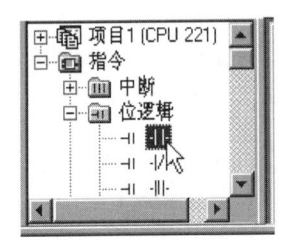

图 7-8 指令树位置

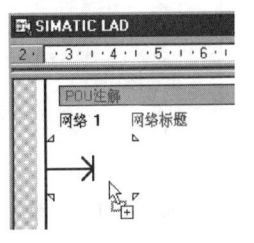

图 7-9 网络格

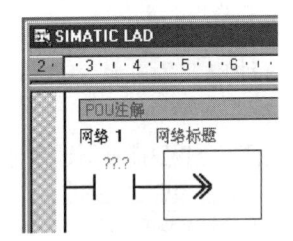

图 7-10 松开鼠标按键，放置指令

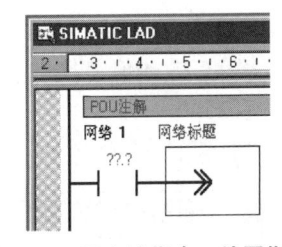

图 7-11 双击该指令，放置指令

注：光标会自动阻止用户将指令放置在非法位置（例如，放置在网络标题或另一条指令的参数上）。

② 从指令树双击。
使用工具条中的工具按钮或功能键，在程序编辑器窗口中将光标放在所需的位置，一个选择方框在该位置周围出现，如图 7-12 所示。
或者单击工具条中的某个工具按钮，或使用适当的功能键（F4 = 触点、F6 = 线圈、F9 = 方框，见图 7-13）插入一个类属指令。

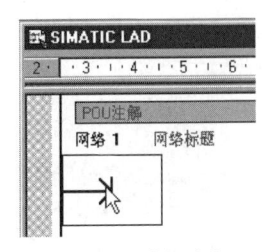

图 7-12 选择方框

图 7-13 功能键

如图 7-14 所示，出现一个下拉列表，滚动或键入开头的几个字母，浏览至所需的指令，双击所需的指令或使用 Enter 键插入该指令。如果此时不选择具体的指令类型，则可返回网络，单击类属指令的助记符区域（该区域包含？？？，而不是助记符），或者选择该指令并按 Enter

键，将列表调回。

③ 输入地址。

当在 LAD 中输入一条指令时，参数开始用问号表示，例如（？？.？）或（？？？？）。问号表示参数未赋值。可以在输入元素时为该元素的参数指定一个常数或绝对值、符号或变量地址，或者以后再赋值。如果有任何参数未赋值，程序将不能正确编译。

欲指定一个常数值（例如 100）或一个绝对地址（例如 I0.1），只要在指令地址区域中键入所需的数值，再用鼠标选择键入的地址区域（见图 7-15）。

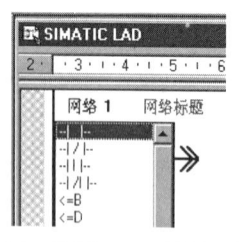

图 7-14 使用 Enter 键插入指令　　　　图 7-15 指定地址

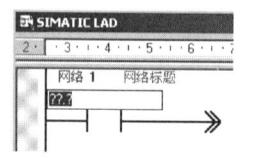

④ 错误指示。

如图 7-16 所示，M0.8 为非法语法，界面中用红色字体显示。

注：当使用有效数值替换非法地址值或符号时，字体自动更改为默认字体颜色（黑色，除非已定制窗口）。

如图 7-17 所示，一条红色波浪线位于数值下方，表示该数值超出范围或不适用于此类指令。

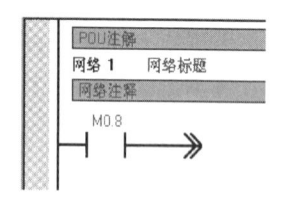

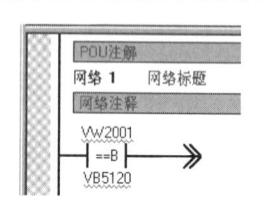

图 7-16 错误指示　　　　图 7-17 红色波浪线

一条绿色波浪线位于数值下方，表示正在使用的变量或符号尚未定义，如图 7-18 所示。STEP 7-Micro/Win 允许在定义变量和符号之前写入程序。可随时将数值增加至局部变量表或符号表中。

⑤ 程序编译。

可使用工具条中的工具按钮或菜单命令进行编译（见图 7-19）。

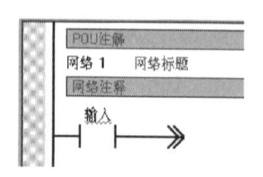

图 7-18 变量或符号未定义　　　　图 7-19 "编译"命令

"编译"允许编译项目的单个元素。当选择"编译"命令时，带有焦点的窗口（程序编辑器或数据块）是编译窗口，另外两个窗口不编译。

"全部编译"对程序编辑器、系统块和数据块进行编译。当使用"全部编译"命令时，哪一个是焦点窗口无关紧要。

⑥ 程序保存。

使用工具条上的"保存"按钮保存程序，或从"文件"菜单中选择"保存"和"另存为"命令来保存程序，如图 7-20 所示。

"保存"允许在程序中快速保存所有改动。初次保存一个项目时，会被提示核实或修改当前项目名称和目录的默认选项。

"另存为"允许修改当前项目的名称和目录位置。

当首次建立项目时，STEP 7-Micro/Win 提供默认名称"Project1.mwp"，可以接受或修改该名称；如果接受该名称，下一个项目的默认名称将自动递增为"Project2.mwp"。

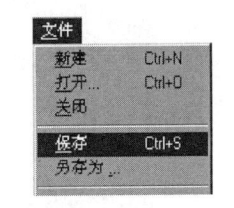

图 7-20 "保存"命令

STEP 7-Micro/Win 项目的默认目录位于"Microwin"目录中称为"项目"的文件夹中，可以不接受该默认目录位置。

步骤三：通信设置。

（1）使用 PC/PPI 连接，可以接受安装 STEP 7-Micro/Win 时在"设置 PG/PC 接口"对话框中提供的默认通信协议。否则，在"设置 PG/PC 接口"对话框为个人计算机选择另一个通信协议，并核实参数（单元地址、传输速率等）。在 STEP 7-Micro/Win 中，单击操作栏中的"通信"图标，或从菜单选择"检视"→"组件"→"通信"命令，如图 7-21 所示。

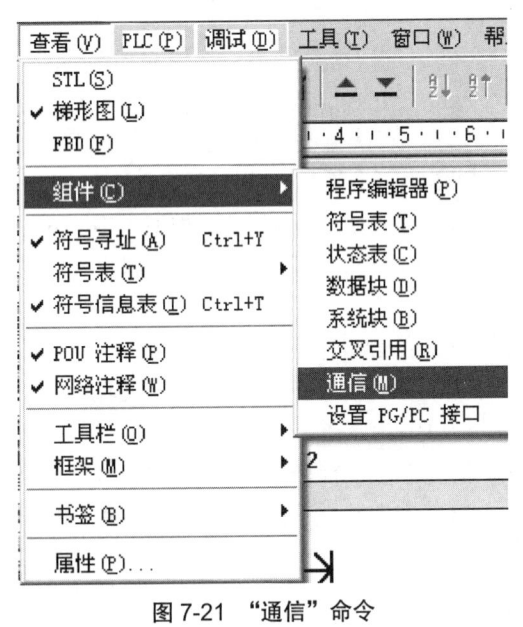

图 7-21 "通信"命令

（2）在"通信"对话框的右侧窗格，单击"双击刷新"蓝色文字，如图 7-22 所示。如果成功地将网络上的个人计算机与设备之间建立了通信，会显示一个设备列表及其模型类型和单元地址。

（3）STEP 7-Micro/Win 在同一时间仅与一个 PLC 通信。在通信时，会在该 PLC 周围显示一个红色方框，说明该 PLC 目前正在与 STEP 7-Micro/Win 通信。可以双击另一个 PLC，更改为与该 PLC 通信。

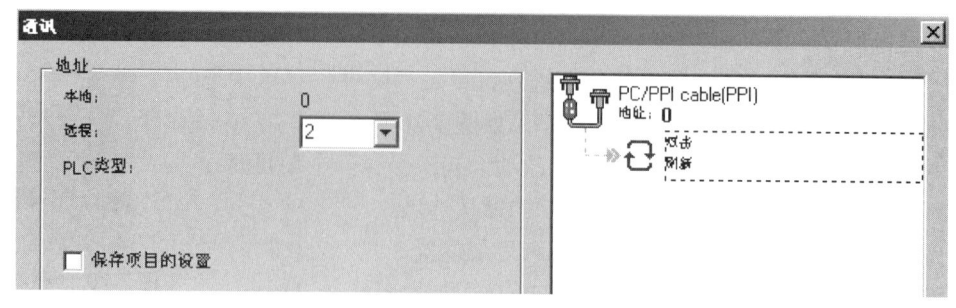

图 7-22　通信操作

（4）程序下载。

① 从个人计算机将程序块、数据块或系统块下载至 PLC 时，下载的块内容覆盖目前在 PLC 中的块内容（如果 PLC 中已有）。在开始下载之前，核实希望覆盖 PLC 中的块。

② 下载至 PLC 之前，必须核实 PLC 位于"停止"模式。检查 PLC 上的模式指示灯，如果 PLC 未设为"停止"模式，单击工具条中的"停止"按钮，或选择"PLC"→"停止"命令。

③ 单击工具条中的"下载"按钮，或选择"文件"→"下载"命令，出现"下载"对话框。

④ 根据默认值，在初次发出下载命令时，"程序代码块""数据块"和"CPU 配置"（系统块）复选框被选中。如果不需要下载某一特定的块，则不选中该复选框。

⑤ 单击"确定"按钮，开始下载程序。

⑥ 如果下载成功，一个确认对话框会显示"下载成功"信息。

⑦ 如果 STEP 7-Micro/Win 中使用的 PLC 类型的数值与实际使用的 PLC 不匹配，会显示以下警告信息："为项目所选的 PLC 类型与远程 PLC 类型不匹配。继续下载吗？"

⑧ 欲纠正 PLC 类型，单击"否"按钮，中止下载程序。

⑨ 选择"PLC"→"类型"命令，打开"PLC 类型"对话框。

⑩ 可以从下拉列表框中选择纠正类型，或单击"读取 PLC"按钮，由 STEP 7-Micro/Win 自动读取正确的数值。

⑪ 单击"确定"按钮，确认 PLC 类型，并关闭对话框。

⑫ 单击工具条中的"下载"按钮，或从菜单选择"文件"→"下载"命令，重新开始下载程序。

⑬ 一旦下载成功，在 PLC 中运行程序之前，必须将 PLC 从 STOP（停止）模式转换回 RUN（运行）模式。单击工具条中的"运行"按钮，或选择"PLC"→"运行"命令，转换回 RUN（运行）模式。

（5）调试和监控。

① 当成功地在运行 STEP 7-Micro/Win 的编程设备和 PLC 之间建立通信并向 PLC 下载程序后，就可以利用"调试"工具栏的诊断功能了。可单击工具栏中相应按钮或从"调试"菜单列表中选择调试工具，如图 7-23 所示。

② 在程序编辑器窗口中采集状态信息，如图 7-24 所示。

单击"切换程序状态监控"按钮，或选择菜单"调试（Debug）"→"程序状态（Program Status）"命令，在程序编辑器窗口中显示 PLC 数据状态。

LAD 和 FBD 程序有两种不同的程序状态数据采集模式。选择"调试（Debug）"→"使用执行状态（Use Execution Status）"命令会在打开和关闭之间切换状态模式，必须在程序状态监控操作开始之前选择状态模式。

图 7-23 调试工具

图 7-24 采集状态信息

③ STL 中程序状态监控。

打开 STL 中的状态监控时，程序编辑器窗口被分为一个代码区（左侧）和一个状态区（右侧），可以根据希望监控的数值类型定制状态区。

在 STL 状态监控中共有三个可用的数据类别：

- 操作数　每条指令最多可监控 3 个操作数。
- 逻辑堆栈　最多可监控 4 个来自逻辑堆栈的最新数值。

● 指令状态位　最多可监控 12 个状态位。

"选项（Options）"对话框的 STL 状态标记允许选择或取消选择任何此类数值类别。如果选择一个项目，该项目不会在"状态"显示中出现。

指令状态图和指令状态位分别如图 7-25 和图 7-26 所示。

图 7-25　指令状态图

图 7-26　指令状态位

任务检查

（1）学生自评：每组选出代表，对本组答案或方案进行说明。

（2）小组互评：根据各组完成情况，各组间对彼此的答案或设计方案做出评价，提出意见和建议。

（3）教师评价：对整个实施过程进行综合评价。首先肯定大家的成绩，同时对任务实施过程中的问题进行评析。对评选出的优秀小组和表现突出的个人进行口头表扬或加分。

对于重点项目、任务，要根据每个人的表现给出比较合理的成绩，填写成绩评价表（见表 7-1）。

表 7-1　PLC 软件操作的成绩评价表

班级：_____　组别：_____　学号：_____　姓名：_____　日期：_____

情境名称					
任务名称		地点		学时	
明确任务					
任务实施与评价	1. 设备工具材料		评价标准	学生互评	教师评价
			10		
	2. 实施步骤		60		
	3. 结果		10		
素质评价	项目管理、分析和解决问题、创新等专业能力		5		
	团结协作、吃苦耐劳、科学严谨等工作作风		5		
	安全文明生产、时间管理、7S 管理等企业素养		10		
总评			100		
自我总结					

任务二　PLC 的接线操作

任务目标

（1）了解 PLC 在实际生产、生活中的应用。
（2）直观认识 PLC，包括 PLC 的实物外形、品牌、种类、主要技术指标及特点。
（3）通过 PLC 与继电器控制系统的实际安装与运行，比较 PLC 控制方式与继电器控制方式，直观认识 PLC 的控制方式。

任务资讯

一、PLC 的定义及名称演变

1. PLC 的定义

可编程序控制器是一种数字运算操作的电子系统，专为在工业环境的应用而设计。它采用一类可编程的存储器，用于其内部存储程序，执行逻辑运算、顺序控制、定时、计数与算术操作等面向用户的指令，并通过数字或模拟式输入/输出控制各种类型的机械或生产过程。

2. PLC 的名称演变

可编程序控制器的早期名称为 Programmable Logic Controller（可编程序逻辑控制器），简称 PLC。

1980 年，美国电气制造商协会给它一个新的名称 Programmable Controller，简称 PC。

我国为避免与个人计算机（PC，Personal Computer）的代名词混淆，仍沿用早期的简写名称 PLC。

二、PLC 的特点

（1）可靠性高、抗干扰能力强。
（2）功能完善、通用性强、使用方便。
（3）编程方法简单、容易掌握。
（4）设计容易、安装快捷、维护方便。
（5）体积小、重量轻、功耗低。
（6）各公司的 PLC 互不兼容。

三、PLC 的主要技术指标

（1）输入/输出点数（I/O 点数）。
（2）存储容量。
（3）扫描速度。
（4）编程指令的种类和条数。
（5）扩展能力和功能模块的种类。

四、PLC 的分类

（1）按结构形式分类——整体式、模块式。
（2）按数字量 I/O 点数分类——小型、中型、大型。

（3）按功能分类——高档机、中档机、低档机。

（4）按用途分类——顺序逻辑控制、闭环过程控制、多级分布式、集散控制系统、数字控制、机器人控制。

（5）按流派分类——美国流派、欧洲流派、日本流派。

五、常用 PLC 介绍

1. 美国的 PLC 产品

包括 AB 公司、GE 公司、Modicon 公司、TI 公司、西屋电气公司等生产的 PLC 产品。

2. 欧洲的 PLC 产品

包括德国的西门子公司、AEG 公司和法国施耐德公司旗下的 TE（Telemecanique）公司生产的 PLC 产品。

3. 日本的 PLC 产品

日本 PLC 产品在小型机领域颇具盛名，约占 70%的市场份额，著名的有三菱、欧姆龙、松下、富士、日立、东芝等公司生产的 PLC 产品。

六、S7-200 PLC 硬件组成

S7-200 PLC 硬件包括 CPU 模块和扩展模块。

1. CPU 模块

CPU 模块常称 PLC 主机、本机或基本单元。

S7-200 CPU 模块是将微处理器（CPU）、集成电源、输入/输出电路集成在一个紧凑的外壳中，从而形成了一个整体式小型 PLC。

S7-200 CPU 模块主要有 CPU221、CPU222、CPU224 和 CPU226 四种基本型号。

2. 扩展模块

S7-200 扩展模块主要有数字量 I/O 模块、模拟量 I/O 模块和智能模块。

七、S7-200 CPU226 模块

如图 7-27 所示为 S7-200 CPU226 模块的外形特征。

① 接线端子。在 CPU 模块的面板底部、顶部分别有一排接线端子。底部一排接线端子是输入信号的接入端子及传感器电源端子；顶部一排接线端子是输出信号的输出端子及 PLC 的供电电源端子。

② I/O 状态指示灯。在 CPU 模块的面板下方、上方分别有一排状态指示灯（LED），分别指示输入和输出的逻辑状态。当输入或输出为高电平时，LED 亮，否则不亮。

③ 运行状态指示灯。在 CPU 模块的左侧有 3 个运行状态指示灯（LED），分别指示系统

故障/诊断（SF/DIAG）状态、运行（RUN）状态和停止（STOP）状态。S7-200 CPU226 的工作模式有停止（STOP）模式和运行（RUN）模式两种。

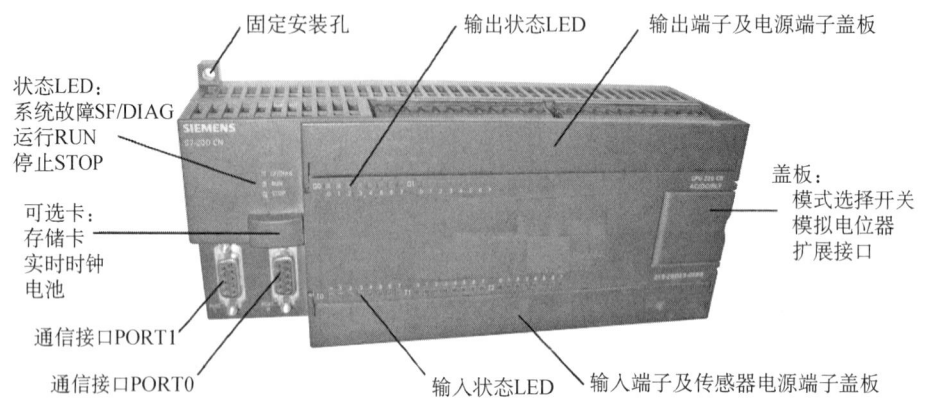

图 7-27　S7-200 CPU226 模块的外形特征

改变工作模式有两种方法：使用 CPU 模块上的模式开关，将模式开关拨到 RUN 或 TERM；在程序中插入 STOP 指令。

④ 通信端口和扩展 I/O 端口。CPU 模块左侧的通信端口是连接编程器或其他外部设备的接口，S7-200 PLC 的通信端口为 RS-485 口。扩展 I/O 端口位于 CPU 模块右侧的前盖板下面，它是连接各种扩展模块的接口。

⑤ 模拟电位器。

⑥ 可选卡插槽与可选卡。

任务计划

本任务是参观工厂、实训室，记录 PLC 的品牌及型号，并查阅相关资料，了解 PLC 的主要技术指标及特点并填写在相关表格中。

任务实施

1. 设备安装

S7-200 PLC 既可以安装在一块面板上，又可以安装在一个 DIN 导轨上。可以把 S7-200 PLC 以垂直或水平的方向固定起来。

2. S7-200 CPU 接线

S7-200 CPU 和扩展模块采用自然对流散热方式，在每个单元的上方和下方都必须留有 25mm（1 in）的空间，板间深度保持为 7.5 mm，以便于正常的散热，如图 7-28 所示。

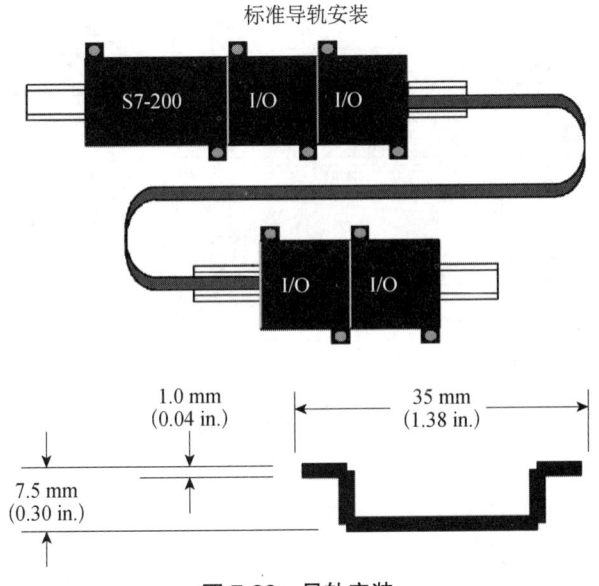

图 7-28 导轨安装

（1）电源接线

S7-200 CPU 的型号规格如图 7-29 所示。

CPU			定货号
CPU 221	DC/DC/DC	6 输入 /4 输出	6ES7 211—0AA21—0XB0
CPU 221	AC/DC/继电器	6 输入 /4 输出	6ES7 211—0BA21—0XB0
CPU 222	DC/DC/DC	8 输入 /6 输出	6ES7 212—1AB21—0XB0
CPU 222	AC/DC/继电器	8 输入 /6 输出	6ES7 212—1BB21—0XB0
CPU 224	DC/DC/DC	14 输入 /10 输出	6ES7 214—1AD21—0XB0
CPU 224	AC/DC/继电器	14 输入 /10 输出	6ES7 214—1BD21—0XB0
CPU 226	DC/DC/DC	24 输入 /16 输出	6ES7 216—2AD21—0XB0
CPU 226	AC/DC/继电器	24 输入 /16 输出	6ES7 216—2BD21—0XB0

图 7-29 S7-200 CPU 的型号规格

在安装和接线时，对于 CPU224、CPU226 可以将现场接线端子排拆下后进行安装。采用现场接线端子排可以保证当拆卸和重新安装 S7-200 CPU 和 I/O 模块时现场接线固定不变，如图 7-30 所示。

（2）输入、输出接线

输入接线的低压为 24V（允许范围为 20.4～28.8V）直流电压，对大电感或频繁开关的感性负载可以使用外部负载抑制二极管来防止击穿内部二极管，如图 7-31 所示。

3. S7-200 PLC 扩展模块接线

S7-200 PLC 的扩展模块主要有数字量扩展模块，模拟量扩展模块，热电偶、热电阻扩展模块和通信扩展模块几种，这里主要介绍前两种。

（1）数字量扩展模块

输入接线有 24V 直流输入、120/230V 交流输入。输出接线有 DC 输出和继电器输出两种。输入、输出模块接线有 24V 直流输入、24V 直流输出模块和 24V 直流输入、继电器输出模块两种。

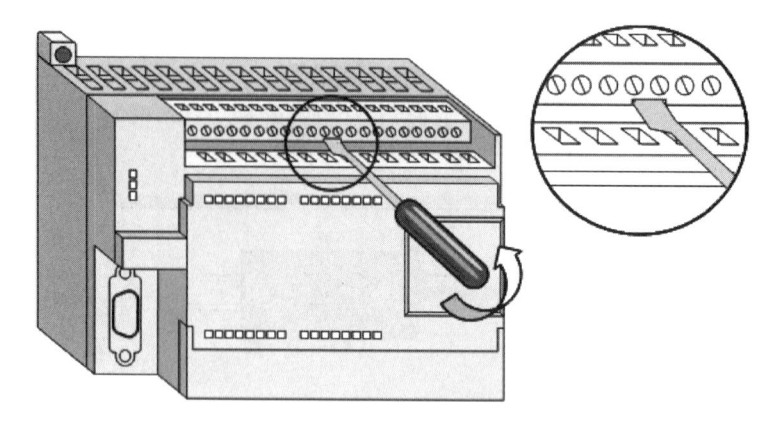

图 7-30 接线端子排安装

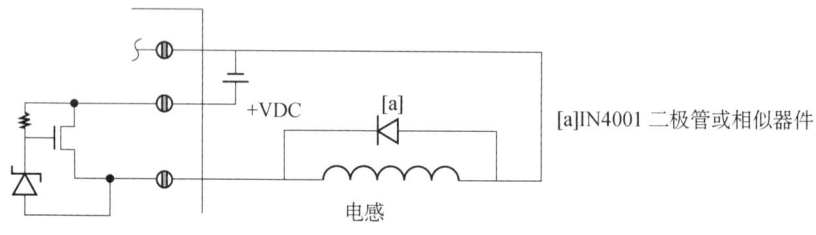

图 7-31 使用外部负载抑制二极管

[a]IN4001 二极管或相似器件
电感

（2）模拟量扩展模块

模拟量扩展模块的电源为 24V DC（范围为 20.4～28.8V DC）。

每路输入均可接电压输入或电流输入。电压输入：0～10V DC（单极性）、0～5V DC（单极性）、±5V DC（双极性）、±2.5V DC（双极性）；电流输入：0～20mA。

每路输出有三个端子（公共端、电压输出端、电流输出端），电压输出端或电流输出端只接其中一路。电压输出：±10V；电流输出：0～20mA。

输入、输出模块的电压输入单极性：0～10V DC，0～5V DC，0～1V DC，0～500mV DC，0～100mV DC，0～50mV DC。电压输入双极性：±10V DC，±5V DC，±2.5V DC，±1V DC，±500mV DC，±250mV DC，±100mV DC，±50mV DC，±25mV DC。电流输入：0～20mA；电压输出：±10V；电流输出：0～20mA。

任务检查

（1）学生自评：每组选出代表，对本组答案或方案进行说明。

（2）小组互评：根据各组完成情况，各组间对彼此的答案或设计方案做出评价，提出意见和建议。

（3）教师评价：对整个实施过程进行综合评价。首先肯定大家的成绩，同时对任务实施过程中的问题进行评析。对评选出的优秀小组和表现突出的个人进行口头表扬或加分。对于重点项目、任务，要根据每个人的表现给出比较合理的成绩，填写成绩评价表（见表 7-2）。

表 7-2 PLC 接线操作成绩评价表

班级：_____ 组别：_____ 学号：_____ 姓名：_____ 日期：_____

			评价标准	学生互评	教师评价
	情境名称				
	任务名称		地点	学时	
	明确任务				
任务实施与评价	1. 设备工具材料		10		
	2. 实施步骤		60		
	3. 结果		10		
素质评价		项目管理、分析和解决问题、创新等专业能力	5		
		团结协作、吃苦耐劳、科学严谨等工作作风	5		
		安全文明生产、时间管理、7S 管理等企业素养	10		
总评			100		
自我总结					

任务三 变频器的基本操作和参数设置

任务目标

（1）了解变频器基本操作面板（BOP）的功能。
（2）掌握用基本操作面板（BOP）改变变频器参数的步骤。
（3）掌握用基本操作面板（BOP）快速调试变频器的方法。

一、变频器的用途

变频器的用途有无级调速、节能、缓速启动、直流制动、提高自动化控制水平，其原理图如图 7-32 所示。

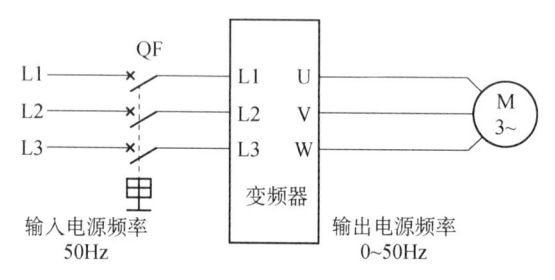

图 7-32 变频器的原理图

二、变频器的结构

变频器的结构示意图如图 7-33 所示。

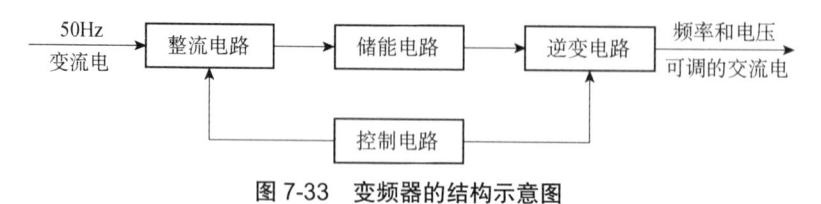

图 7-33 变频器的结构示意图

三、选型

西门子 MM420 是用于控制三相交流电动机速度的变频器系列。该系列变频器从单相电源电压、额定功率 120W 到三相电源电压、额定功率 11kW 有多种型号可供用户选用。

SRS-ME05 选用的 MM420 变频器的额定参数如下。

电源电压：220～230V，单相交流。

额定输出功率：0.75kW。

额定输入电流：9.9A。

额定输出电流：3.9A。

外形尺寸：A 型。

操作面板：基本操作板（BOP）。

MM420 变频器电路方框图如图 7-34 所示。

进行主电路接线时，变频器模块面板上的 L1、L2 插孔接单相电源，接地插孔接保护地线；三个电动机插孔 U、V、W 连接到三相电动机（千万不能接错电源，否则会损坏变频器）。

MM420 变频器操作面板上引出了 MM420 变频器的数字输入点：DIN1（端子 5），DIN2

（端子 6），DIN3（端子 7），内部电源+24V（端子 8），内部电源 0V（端子 9）。数字输入端子可连接到 PLC 的输出点（端子 8 接一个输出公共端，例如 2L）。当变频器命令参数 P0700 = 2（外部端子控制）时，可由 PLC 控制变频器的启动、停止以及变速运行等。

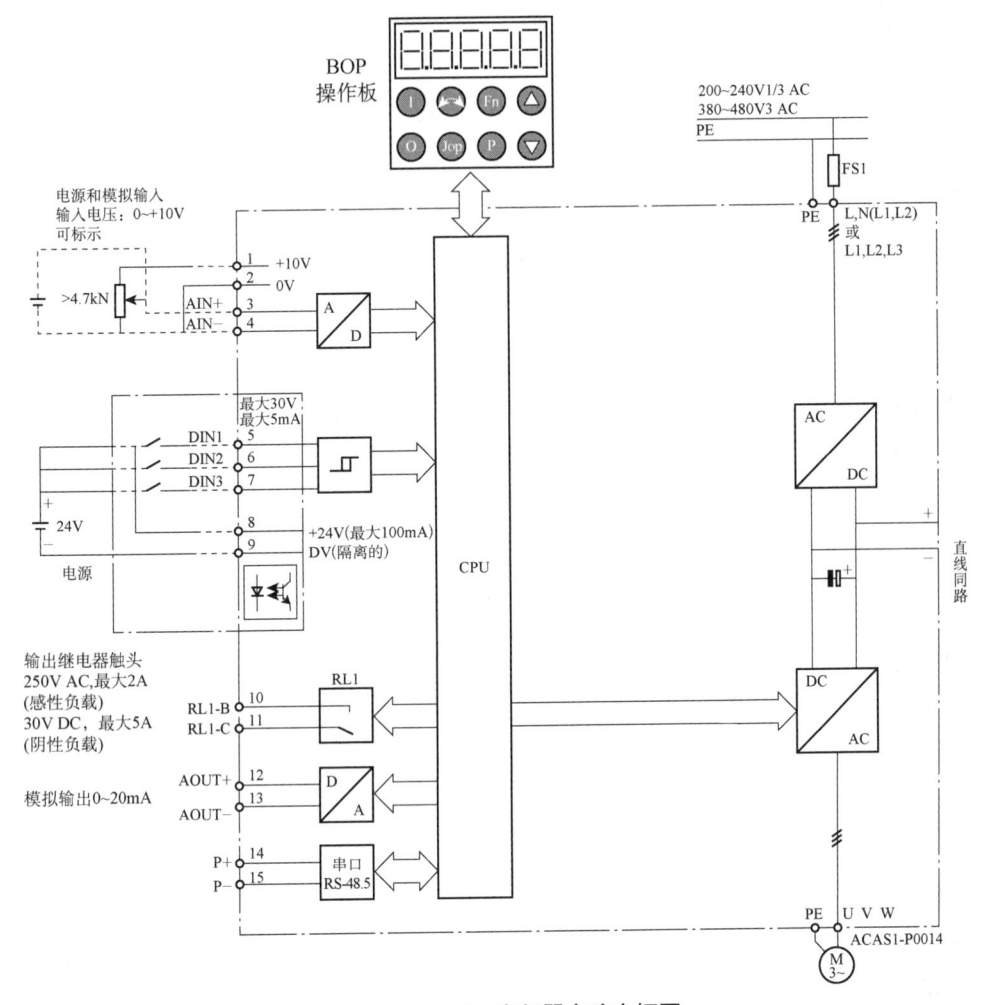

图 7-34 MM420 变频器电路方框图

四、MM420 变频器的 BOP 功能概述

图 7-35 是 MM420 变频器的基本操作面板（BOP），利用 BOP 可以修改变频器的各个参数。

BOP 具有 7 段显示的 5 位数字，可以显示参数的序号和数值、报警和故障信息以及设定值和实际值。参数的信息不能用 BOP 存储。

基本操作面板（BOP）上的按钮及其功能见表 7-3。

图 7-35 MM420 变频器的基本操作面板

表 7-3　BOP 上的按钮及其功能

显示/按键	功能	功能的说明
r0000	状态显示	LCD 显示变频器当前的设定值
I	启动变频器	按此按钮启动变频器。默认运行时此键是被封锁的，为了使此按钮的操作有效，应设定 P0700 = 1
O	停止变频器	OFF1：按此按钮，变频器将按选定的加速度减速停车，默认运行时此按钮被封锁；为了允许此按钮操作，应设定 P0700 = 1。 OFF2：按此按钮两次（或一次，但时间较长），电动机将在惯性作用下自由停车。此功能总是"使能"的
↻	改变电动机的转动方向	按此按钮可以改变电动机的转动方向，电动机反向时，用负号表示或用闪烁的小数点表示。默认运行时此按钮是被封锁的，为了使此按钮的操作有效应设定 P0700 = 1
jog	电动机点动	在变频器无输出的情况下按此按钮，将使电动机启动，并按预设定的点动频率运行。释放此键时，电动机停车。如果变频器/电动机正在运行，按此按钮将不起作用
Fn	功能	此按钮用于浏览辅助信息。 变频器运行过程中，在显示任何一个参数时按下此按钮并保持不动 2 s，将显示以下参数值（在变频器运行中从任何一个参数开始）： （1）直流回路电压（用 d 表示，单位为 V）； （2）输出电流（A）； （3）输出频率（Hz）； （4）输出电压（用 o 表示，单位为 V）； （5）由 P0005 选定的数值［如果 P0005 选择显示上述参数中的任何一个（3、4 或 5），这里将不再显示］。 连续多次按下此按钮将轮流显示以上参数。 跳转功能：在显示任何一个参数（rXXXX 或 PXXXX）时短时间按下此按钮，将立即跳转到 r0000，如果需要的话，可以接着修改其他参数。跳转到 r0000 后，按此按钮将返回原来的显示点
P	访问参数	按此按钮即可访问参数
▲	增加数值	按此按钮即可增加操作面板上显示的参数数值
▼	减少数值	按此按钮即可减少操作面板上显示的参数数值

五、MM420 变频器的参数设置

1. 参数号和参数名称

参数号是指该参数的编号。参数号用 0000 到 9999 的 4 位数字表示。在参数号的前面冠以一个小写字母"r"时，表示该参数是"只读"参数。除只读参数外，其他所有参数在参数号的前面都冠以一个大写字母"P"。这些参数的设定值可以直接在标题栏的"最小值"和"最大值"范围内进行修改。

"下标"表示该参数是一个带下标的参数，并且指定了下标的有效序号。

2. 更改参数设定值的例子

用 BOP 可以修改和设定系统参数，使变频器具有期望的特性，例如修改和设定加速时间、最小和最大频率等参数。选择的参数号和设定的参数值在 5 位数字的 LCD 上显示。

更改参数设定值的步骤可大致归纳为：查找所选定的参数号；进入参数设定值访问级；修改参数设定值；确认并存储修改好的参数值。

图 7-36 说明了如何修改参数 P0004 的设定值。按照图中说明的类似方法，可以用 BOP 设定常用的参数。

参数 P0004（参数过滤器）的作用是根据所选定的一组功能，对参数进行过滤（或筛选），并集中对过滤出的一组参数进行访问，从而可以更方便地进行调试。P0004 可能的设定值见表 7-4，默认的设定值为 0。

表 7-4　P0004 的设定值

设定值	所指定参数组意义	设定值	所指定参数组意义
0	全部参数	12	驱动装置的特征
2	变频器参数	13	电动机的控制
3	电动机参数	20	通信
7	命令，二进制 I/O	21	报警/警告/监控
8	模数转换和数模转换	22	工艺参量控制器（例如 PID）
10	设定值通道/ RFG（加减速函数发生器）		

假设参数 P0004 设定值为 0，需要把设定值改变为 7。修改参数设定值的步骤如图 7-36 所示。

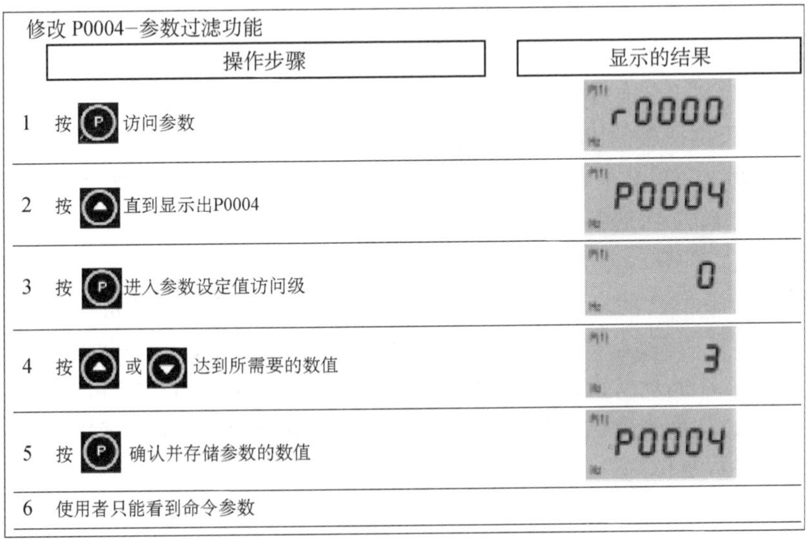

	操作步骤	显示的结果
1	按 P 访问参数	r0000
2	按 ▲ 直到显示出P0004	P0004
3	按 P 进入参数设定值访问级	0
4	按 ▲ 或 ▼ 达到所需要的数值	3
5	按 P 确认并存储参数的数值	P0004
6	使用者只能看到命令参数	

图 7-36　改变参数 P0004 设定值的步骤

3. 常用参数的设置

表 7-5 中给出了 SRS-ME05 上常用到的变频器参数，如果希望设置更多的参数，请参考 MM420 用户手册。

表 7-5　常用变频器参数

序号	参数号	设置值	说明
1	P0010	30	
2	P0970	1	恢复出厂值
3	P0003	3	
4	P0004	7	
5	P0010	1	快速调试
6	P0304	230	电动机的额定电压
7	P0305	0.22	电动机的额定电流
8	P0307	0.11	电动机的额定功率
9	P0310	50	电动机的额定频率
10	P0311	1500	电动机的额定速度
11	P1000	3	选择频率设定值
12	P1080	0	电动机最小频率
13	P1082	50.00	电动机最大频率
14	P1120	2	加速时间
15	P1121	2	减速时间
16	P3900	1	结束快速调试
17	P0003	3	

4. 部分常用参数设置说明（更详细的参数设置说明请参考 MM420 变频器用户手册）

（1）参数 P0003 用于定义用户访问参数组的等级，设置范围为 0~4。

① 标准级：可以访问最经常使用的参数。

② 扩展级：允许扩展访问参数的范围，例如变频器的 I/O 功能。

③ 专家级：只供专家使用。

④ 维修级：只供授权的维修人员使用，具有密码保护功能。

该参数默认设置为等级 1（标准级），SRS-ME05 装备中预设置为等级 3（专家级），目的是允许用户可访问 1、2 级的参数及参数范围和定义用户参数，并对复杂的功能进行编程。用户可以修改设置值，但建议不要设置为等级 4（维修级）。

（2）参数 P0010 的功能是调试参数过滤器，对于调试相关的参数进行过滤，只筛选出那些与特定功能组有关的参数。P0010 的可能设定值为：0（准备）、1（快速调试）、2（变频器）、29（下载）、30（工厂的默认设定值）；默认设定值为 0。当 P0010 = 1 时，进行快速调试；若 P0010 = 30，则进行把所有参数复位为工厂的默认设定值的操作。应注意的是，在变频器投入运行之前应将本参数复位为 0。

任务计划

通过本任务的学习，应了解 MM420 变频器 BOP 的操作模式及参数设置；学会正确设置变频器输出的额定频率、额定电压、额定电流、额定功率、额定转速的方法；通过基本操作面板控制电动机启动/停止、正转/反转、加速/减速。

任务实施

（1）变频器的参数设置，见表 7-6。

表 7-6 变频器的参数设置

序号	变频器参数	出厂值	设定值	功能说明
1	P0003	1	2	用户访问等级为扩展级
2	P0010	0	1	快速调试
3	P0100	0	0	功率单位为kW，频率默认值为50Hz
4	P0304	230	380	电动机的额定电压（380V）
5	P0305	3.25	0.35	电动机的额定电流（0.35A）
6	P0307	0.75	0.06	电动机的额定功率（60W）
7	P0310	50.00	50.00	电动机的额定频率（50Hz）
8	P0311	0	1430	电动机的额定转速（1430 r/min）
9	P0700	2	2	选择命令源（由端子排输入）
10	P1000	2	1	用基本操作面板（BOP）控制频率的升降
11	P1080	0	0	电动机的最小频率（0Hz）
12	P1082	50	50.00	电动机的最大频率（50Hz）
13	P1120	10	10	加速时间（10s）
14	P1121	10	10	减速时间（10s）
15	P0010	0	0	准备运行
16	P0701	1	1	ON/OFF（接通正转/停车命令1）
17	P0702	12	12	反转

注：设置参数前先将变频器参数复位为工厂的默认设定值。

（2）连接变频器外部接线，如图 7-37 所示。

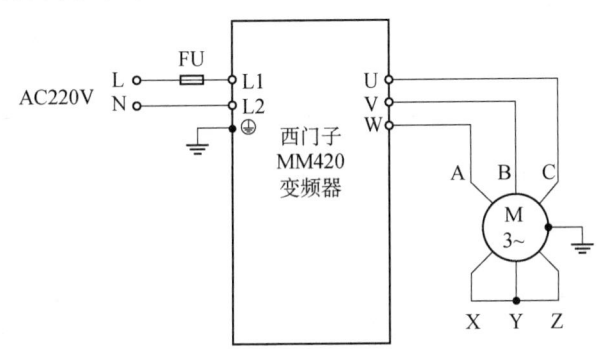

图 7-37 变频器外部接线

（3）检查器材是否齐全。
（4）按照变频器外部接线图完成变频器的接线，认真检查，确保正确无误。

（5）打开电源开关，按照参数功能表正确设置变频器参数。

（6）按下操作面板上的"◉"键，启动变频器。

（7）按下操作面板上的"▲"键，增加变频器输出频率，观察并记录电动机的运转情况。

（8）按下操作面板上的"▼"键，减小变频器输出频率，观察并记录电动机的运转情况。

（9）按下操作面板上的"↻"键，改变电动机运转方向，观察并记录电动机的运转情况。

（10）按下操作面板上的"◎"键，停止变频器。

任务检查

（1）学生自评：每组选出代表，对本组答案或方案进行说明。

（2）小组互评：根据各组完成情况，各组间对彼此的答案或设计方案做出评价，提出意见和建议。

（3）教师评价：对整个实施过程进行综合评价。首先肯定大家的成绩，同时对任务实施过程中的问题进行评析。对评选出的优秀小组和表现突出的个人进行口头表扬或加分。对于重点项目、任务，要根据每个人的表现给出比较合理的成绩，填写成绩评价表（见表7-7）。

表7-7 变频器的基本操作成绩评价表

班级：_____ 组别：_____ 学号：_____ 姓名：_____ 日期：_____

			情境名称			
			任务名称		地点		学时	
			明确任务			
任务实施与评价	1. 设备工具材料			评价标准	学生互评	教师评价
				10		
	2. 实施步骤					
				60		
	3. 结果					
				10		
素质评价	项目管理、分析和解决问题、创新等专业能力			5		
	团结协作、吃苦耐劳、科学严谨等工作作风			5		
	安全文明生产、时间管理、7S管理等企业素养			10		
总评				100		
自我总结						

任务四 变频器多段速调速控制

任务目标

了解通用变频器的用途和构造，熟悉变频器端子连接方法以及各端子的功能。

任务资讯

一、MM420 变频器的外部端子分配

MM420 变频器的输入端口分为模拟输入端口和数字输入端口，其中包括 3 个数字输入端口（DIN1、DIN2、DIN3），即端口 5、6、7。每个数字输入端口的功能很多，可以根据实际需要进行设置。P0701~P0703 为数字输入端口 5~7 的功能，每个数字输入端口的参数值范围均为 0~99，默认值为 1，其各个参数的意义如下。

0——禁止数字输入；
1——ON/OFF1 接通正转／停车命令 1；
2——ON reverse /OFF1 接通反转／停车命令 1；
3——OFF2 停车命令 2，按惯性自由停车；
4——OFF3 停车命令 3，按加速度函数曲线快速降速停车；
9——故障确认；
10——正向点动；
11——反向点动；
12——反转；
13——MOP 升速增加频率；
14——MOP 降速减小频率；
15——固定频率设定值直接选择；
16——固定频率设定值直接选择+ON 命令；
17——固定频率设定值二进制编码选择+ON 命令；
25——直流注入制动；
29——由外部信号触发跳闸；
33——禁止附加频率设定值；
99——使能 BICO 参数化。

二、变频开环调速

输入端的控制信号经过程序运算后由通信端口控制变频器运行。打开启动开关，变频器开始运行。

首先应对变频器的参数进行设置，见表7-8。

表7-8 变频器的参数设置

序号	变频器参数	出厂值	设定值	功能说明
1	P0304	230	380	电动机的额定电压（380V）
2	P0305	3.25	0.35	电动机的额定电流（0.35A）
3	P0307	0.75	0.06	电动机的额定功率（60W）
4	P0310	50.00	50.00	电动机的额定频率（50Hz）
5	P0311	0	1430	电动机的额定转速（1430 r/min）
6	P1000	2	3	固定频率设定
7	P1080	0	0	电动机的最小频率（0Hz）
8	P1082	50	50.00	电动机的最大频率（50Hz）
9	P1120	10	10	加速时间（10s）
10	P1121	10	10	减速时间（10s）
11	P0700	2	2	选择命令源（由端子排输入）
12	P0701	1	17	固定频率设定值（二进制编码选择+ON 命令）
13	P0702	12	17	固定频率设定值（二进制编码选择+ON 命令）
14	P0703	9	17	固定频率设定值（二进制编码选择+ON 命令）
15	P1001	0.00	5.00	固定频率1
16	P1002	5.00	10.00	固定频率2
17	P1003	10.00	20.00	固定频率3
18	P1004	15.00	25.00	固定频率4
19	P1005	20.00	30.0	固定频率5
20	P1006	25.00	40.00	固定频率6
21	P1007	30.00	50.00	固定频率7

其中：在设置参数前先将变频器参数复位为工厂的默认设定值；设定 P0003 = 2，允许访问扩展参数；设定电动机参数时先设定 P0010 = 1（快速调试），电动机参数设置完成后设 P0010 = 0（准备）。

根据系统分析，需要9个输入量，输出端由3-8通信线实现，其 I/O 分配见表7-9。

表7-9 系统的 I/O 分配

序号	PLC 地址（PLC 端子）	电气符号（面板端子）	功能说明
1	I0.0	启动开关	变频器开始运行
2	I0.1	停止开关	变频器停止运行
3	I0.2	急停开关	变频器紧急停止

（续表）

序号	PLC 地址（PLC 端子）	电气符号（面板端子）	功能说明
4	I0.3	复位开关	变频器错误复位
5	I0.4	反转开关	变频器反转运行
6	I0.5	减速开关	变频器减速运行
7	I0.6	加速开关	变频器加速运行
8	I0.7	全速开关	变频器全速运行
9	I1.0	归零开关	变频器频率归零

变频开环调速外部接线图如图 7-38 所示。

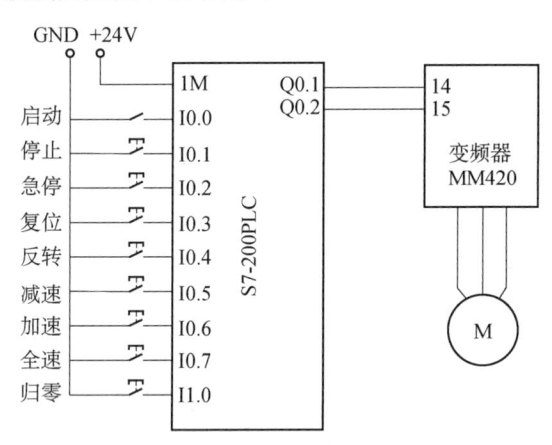

图 7-38 变频开环调速外部接线图

三、数字量方式多段速控制

MM420 变频器通过数字量输入端口 DIN1、DIN2、DIN3 不同的组合方式可实现 7 种不同的输出频率，从而实现多段速的控制。变频器的参数设置见表 7-10。

表 7-10 变频器的参数设置

序号	变频器参数	出厂值	设定值	功能说明
32	P0700	2	2	选择命令源（由端子排输入）
33	P0701	1	17	固定频率设定值（二进制编码选择+ON 命令）
34	P0702	12	17	固定频率设定值（二进制编码选择+ON 命令）
35	P0703	9	17	固定频率设定值（二进制编码选择+ON 命令）
36	P1001	0.00	5.00	固定频率 1
37	P1002	5.00	10.00	固定频率 2
38	P1003	10.00	20.00	固定频率 3
39	P1004	15.00	25.00	固定频率 4
40	P1005	20.00	30.0	固定频率 5
41	P1006	25.00	40.00	固定频率 6
42	P1007	30.00	50.00	固定频率 7

系统的 I/O 分配见表 7-11。

表 7-11　系统的 I/O 分配

序号	PLC 地址（PLC 端子）	电气符号（面板端子）
1	I0.0	K1
2	I0.1	K2
3	I0.2	K3
4	I0.3	K4
5	Q0.0	DIN1
6	Q0.1	DIN2
7	Q0.2	DIN3

数字量方式多段速控制外部接线图如图 7-39 所示。

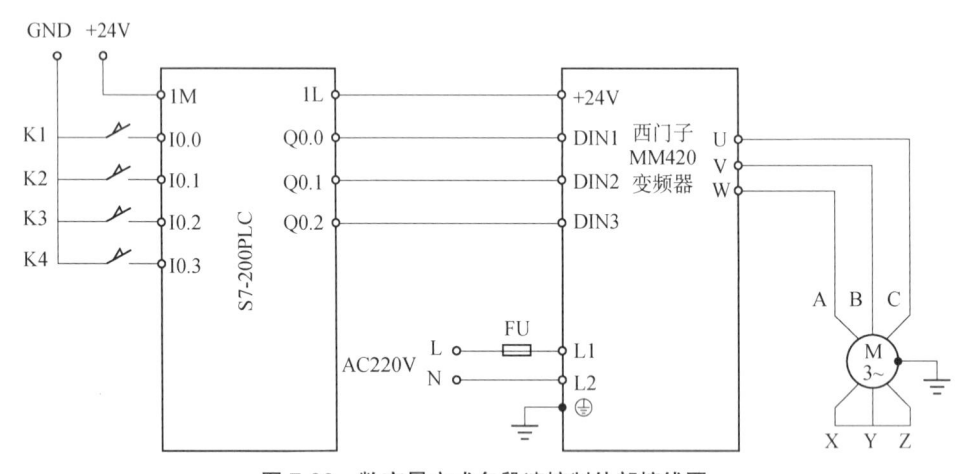

图 7-39　数字量方式多段速控制外部接线图

由图 7-39 可知，通过切断开关的通断控制 PLC 输出点 Q0.0、Q0.1、Q0.2 的不同组合，来控制变频器的不同频率。

四、PLC、触摸屏及变频器通信控制

此部分主要介绍在触摸屏上进行的操作，通过通信方式对 PLC 进行控制，实现电动机的速度调节。变频器参数设置见表 7-12。

表 7-12　变频器的参数设置

序号	变频器参数	出厂值	设定值	功能说明
1	P0304	230	380	电动机的额定电压（380V）
2	P0305	3.25	0.35	电动机的额定电流（0.35A）
3	P0307	0.75	0.06	电动机的额定功率（60W）
4	P0310	50.00	50.00	电动机的额定频率（50Hz）
5	P0311	0	1430	电动机的额定转速（1430 r/min）
6	P1000	2	3	固定频率设定
7	P1080	0	0	电动机的最小频率（0Hz）
8	P1082	50	50.00	电动机的最大频率（50Hz）

(续表)

序号	变频器参数	出厂值	设定值	功能说明
9	P1120	10	10	加速时间（10s）
10	P1121	10	10	减速时间（10s）
11	P0700	2	2	选择命令源（由端子排输入）
12	P0701	1	17	固定频率设定值（二进制编码选择+ON 命令）
13	P0702	12	17	固定频率设定值（二进制编码选择+ON 命令）
14	P0703	9	17	固定频率设定值（二进制编码选择+ON 命令）

触摸屏与变频器通信控制外部接线图如图 7-40 所示。

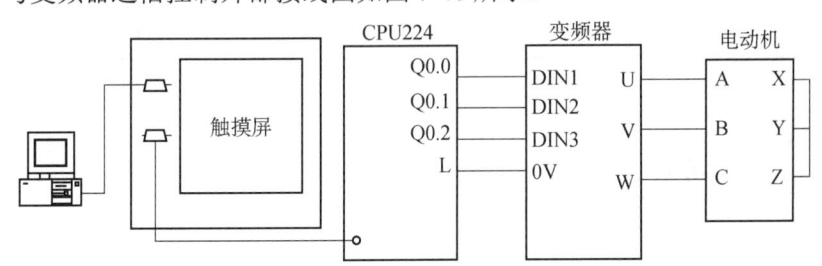

图 7-40 触摸屏与变频器通信控制外部接线图

任务计划

通过本任务的学习，应了解异步电动机的三种调速方式，由于变频器参数设置的不同，调速方式也有所不同，分别为变频开环调速、数字量方式多段速控制和 PLC、触摸屏及变频器通信控制。

任务实施

（1）检查实训器材是否齐全。
（2）按照变频器外部接线图（见图 7-41）完成变频器的接线，认真检查，确保正确无误。
（3）打开电源开关，按照参数功能表正确设置变频器参数。
（4）按表 7-13 切换按钮 SB1、SB2、SB3 的通断，观察并记录变频器的输出频率。

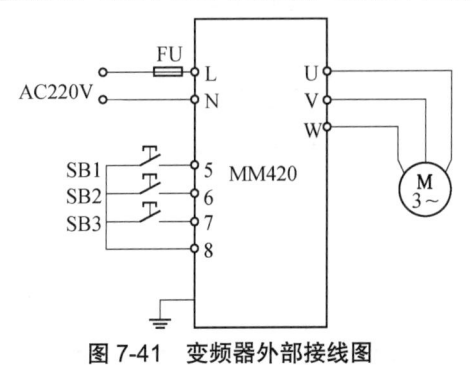

图 7-41 变频器外部接线图

表 7-13 多段频率控制

K1	K2	K3	输出频率
OFF	OFF	OFF	OFF
ON	OFF	OFF	固定频率 1
OFF	ON	OFF	固定频率 2
ON	ON	OFF	固定频率 3
OFF	OFF	ON	固定频率 4
ON	OFF	ON	固定频率 5
OFF	ON	ON	固定频率 6
ON	ON	ON	固定频率 7

任务检查

（1）学生自评：每组选出代表，对本组答案或方案进行说明。

（2）小组互评：根据各组完成情况，各组间对彼此的答案或设计方案做出评价，提出意见和建议。

（3）教师评价：对整个实施过程进行综合评价。首先肯定大家的成绩，同时对任务实施过程中的问题进行评析。对评选出的优秀小组和表现突出的个人进行口头表扬或加分。对于重点项目、任务，要根据每个人的表现给出比较合理的成绩，填写成绩评价表（见表 7-14）。

表 7-14 变频器多段速调速控制成绩评价表

班级：_____ 组别：_____ 学号：_____ 姓名：_____ 日期：_____

			评价标准	学生互评	教师评价
情境名称					
任务名称		地点		学时	
明确任务					
任务实施与评价	1. 设备工具材料		10		
	2. 实施步骤		60		
	3. 结果		10		
素质评价	项目管理、分析和解决问题、创新等专业能力		5		
	团结协作、吃苦耐劳、科学严谨等工作作风		5		
	安全文明生产、时间管理、7S 管理等企业素养		10		
总评			100		
自我总结					

任务五 触摸屏组态软件操作

任务目标

触摸屏作为一种新型的人机界面,从一出现就受到关注,它的简单易用、强大的功能及优异的稳定性使它非常适合用于工业环境,比如自动化停车设备、自动洗车机、天车升降控制、生产线监控等,甚至可以用于智能大厦管理、会议室声光控制、温度调节等。

在本任务中,通过学习应了解人机界面与触摸屏的原理,熟悉 WinCC flexible 的组态,掌握电动机启动/停止控制的运行过程。

任务资讯

如图 7-42 所示,如果希望使用触摸屏和按钮都可以实现对电动机的启动/停止控制,则可以通过应用 WinCC flexible 触摸屏来实现,电动机启动和停止控制界面如图 7-43 所示。

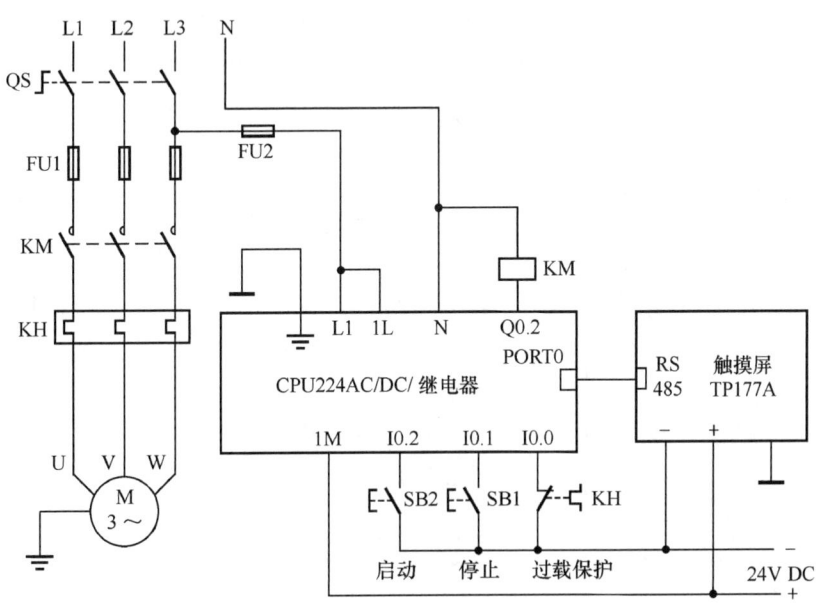

图 7-42 电动机启动/停止控制电路

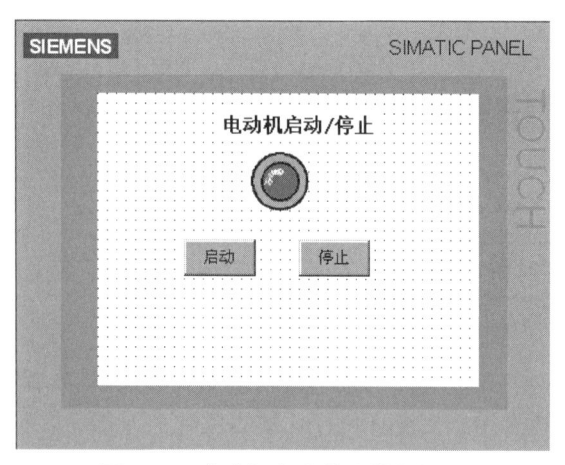

图 7-43 电动机启动/停止控制界面

一、控制系统上位机监控软件采用 SIMATIC WinCC

WinCC 是 Windows Control Center 的缩写，它是在生产和过程自动化中解决可视化和控制任务的监控系统，它提供了适用于工业的图形显示、消息、归档以及报表的功能模板。高性能的功能耦合、快速的界面更新以及可靠的数据交换使其具有高度的实用性。

WinCC 是基于 Windows NT 32 位操作系统的，在 Windows NT 或 Windows 2000 标准环境中，WinCC 具有控制自动化过程的强大功能，它是基于个人计算机的，同时具有极高性价比的操作监视系统。WinCC 的显著特性就是全面开放，它很容易结合用户的下位机程序建立人机界面，精确地满足控制系统的要求。不仅如此，WinCC 还建立了如 DDE、OLE 等在 Windonws 程序间交换数据的标准接口，因此能毫无困难地集成 ActiveX 控件和 OPC 服务器、客户端功能。

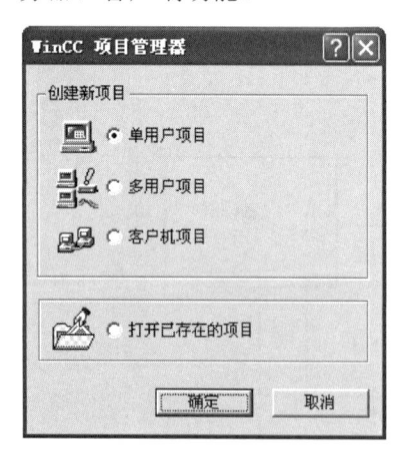

图 7-44 单用户项目

二、新建工程

打开 WinCC 界面，新建一工程，在弹出的"WinCC 项目管理器"对话框中选中"单用户项目"单选按钮，单击"确定"按钮，如图 7-44 所示。

在创建新项目对话框中输入项目名称并选择路径，单击"创建"按钮。

三、新建变量

右击 NewConnection，在弹出的快捷菜单中选择"新建变量"命令，如图 7-45 所示。

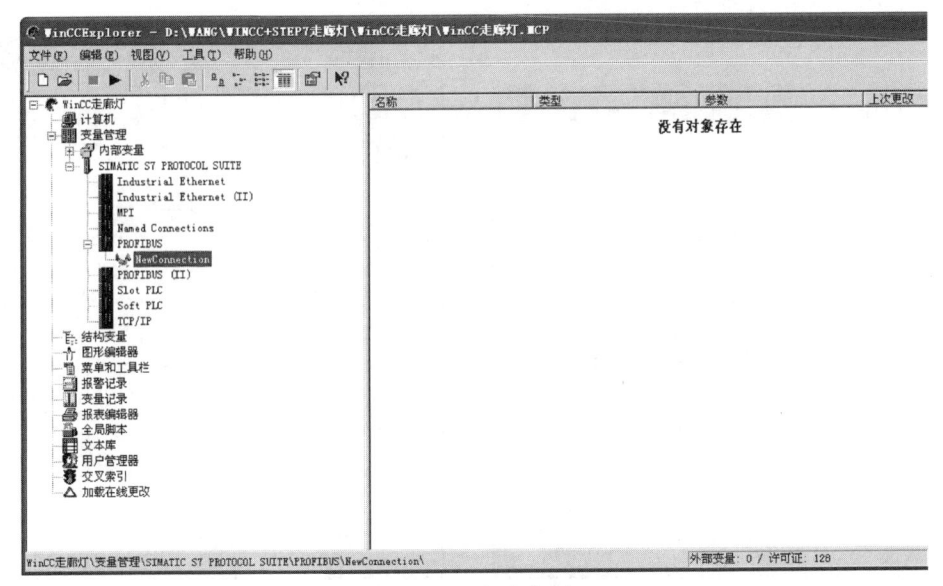

图 7-45 新建变量

在弹出的"变量属性"对话框中设置变量属性，如图 7-46 所示。

图 7-46 变量属性设置

在"地址属性"对话框中设置变量地址，如图 7-47 所示。
建立好的变量如图 7-48 所示。
新建变量如图 7-49 所示。

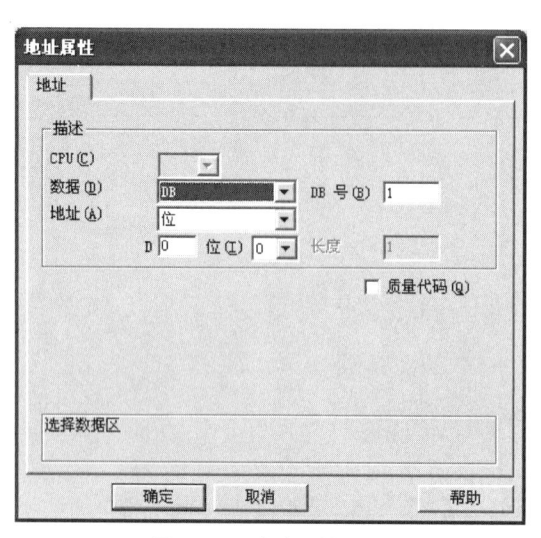

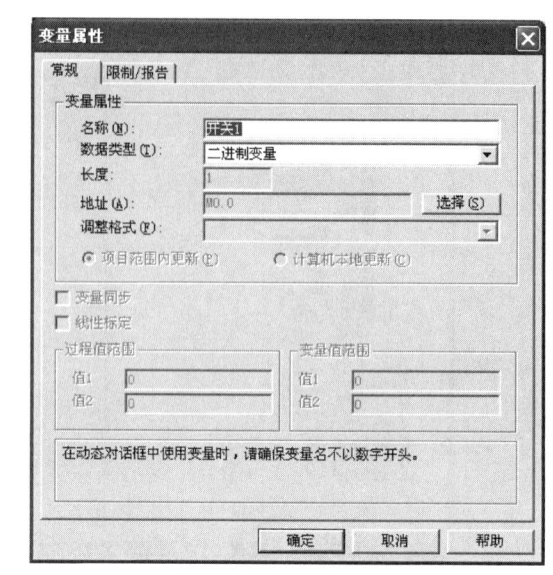

图 7-47 地址属性设置　　　　　　　　图 7-48 建立好的变量

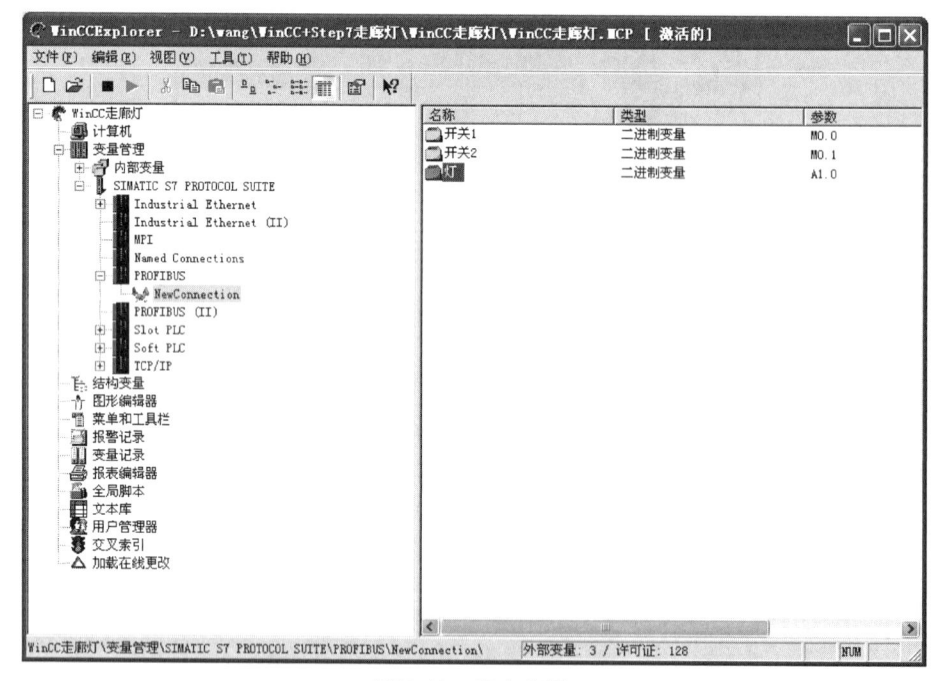

图 7-49 新建变量

四、组态按钮

右击图形编辑器，在弹出的快捷菜单中选择"新建画面"命令，打开图形编辑器，可自定义名称，如图 7-50 所示。

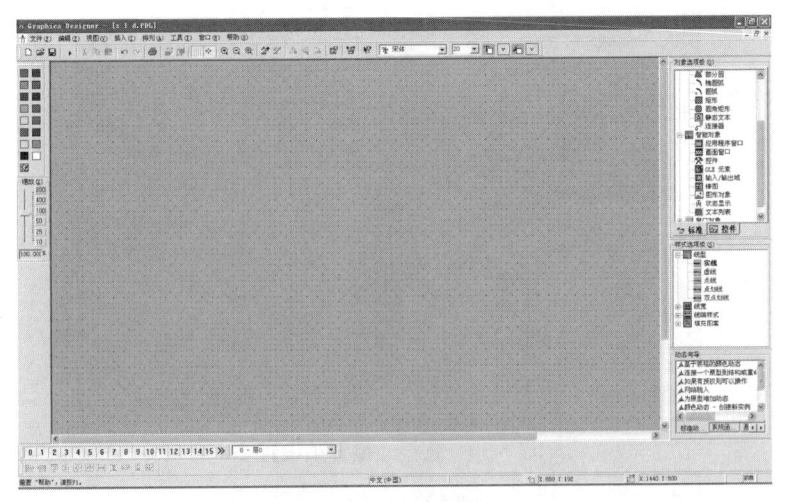

图 7-50　图形编辑器

选择右侧窗口中的"圆形按钮",如图 7-51 所示,并拖放至合适位置。

双击"图形按钮"或右键选择"属性"命令,在弹出的"对象属性"对话框中,单击"事件",在左侧窗口中选择"鼠标",在右侧窗口中选择"按左键";右键单击"动作"下方的箭头,在弹出的快捷菜单中选择"直接连接"命令,如图 7-52 所示。

在弹出的"直接连接"对话框中,在"来源"下选中"常数"单选按钮并输入"1"(说明当鼠标左键动作时变量置1),在"目标"下选中"变量"单选按钮,选择"开关1",如图 7-53 所示。单击"确定"按钮,可看到"动作"下箭头变为蓝色。

再定义一个开关,参数设置如图 7-54 所示。

图 7-51　选择"图形按钮"

双击按钮1,在"对象属性"对话框中单击"属性"标签,选择"其它",选择"显示",右击动态下的灯泡,在弹出的快捷菜单中选择"动态"命令,如图 7-55 所示。

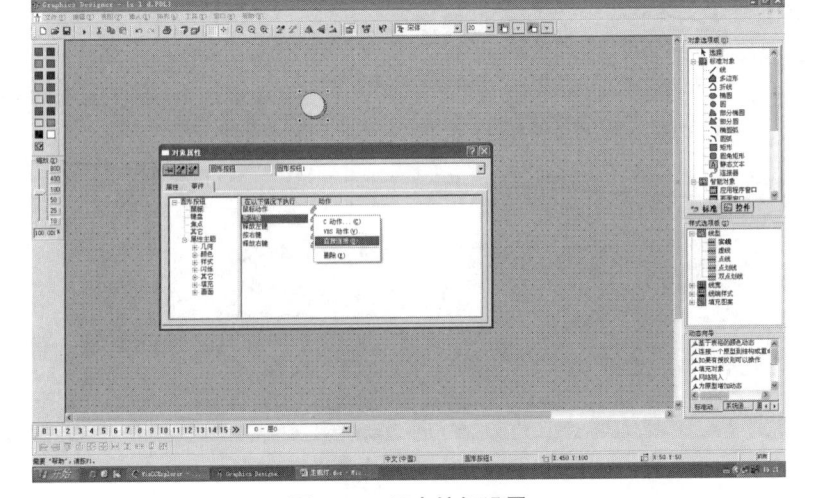

图 7-52　组态按钮设置

- 245 -

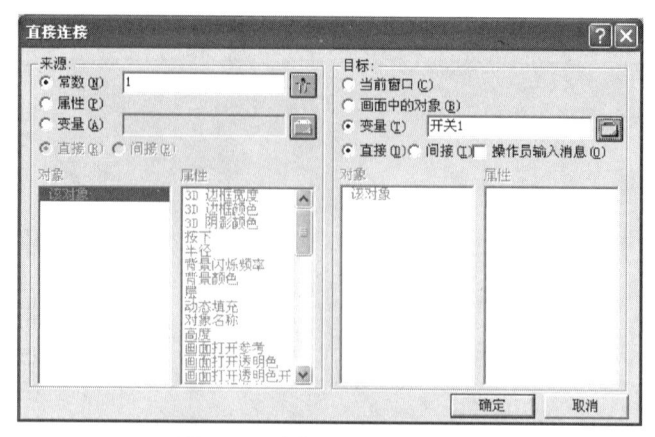

图 7-53 直接连接开关设置 1

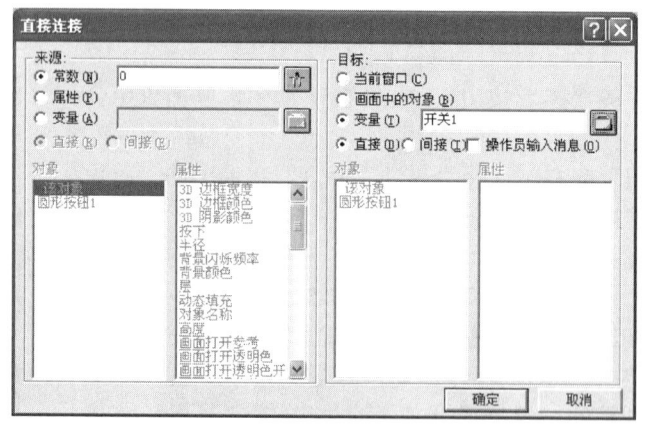

图 7-54 直接连接开关设置 2

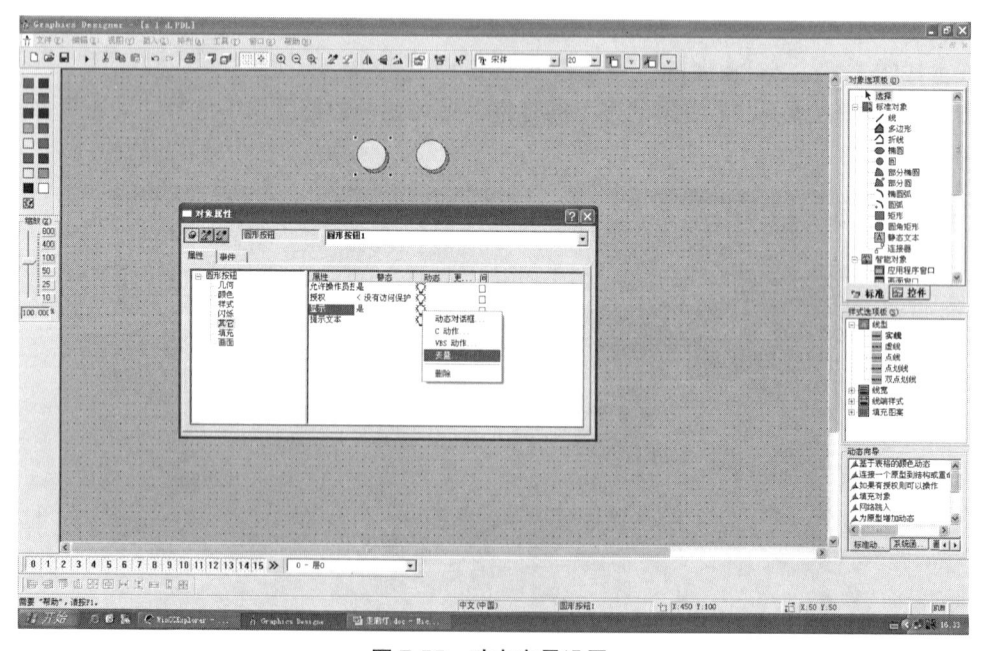

图 7-55 动态变量设置

在弹出的"动态值范围"对话框中,在"表达式/公式"中选择"'开关1'",在"数据类型"中选中"布尔型"单选按钮,在"表达式/公式的结果"中设置"是/真"为"否",单击"应用"按钮,此时箭头变成红色,如图7-56所示。

同样编辑按钮2,动态值范围如图7-57所示。把按钮1、2重合到一起。

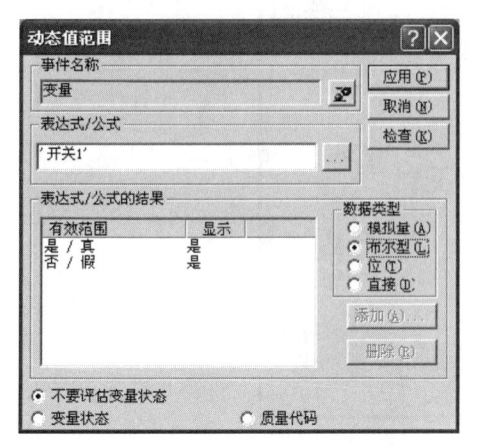

图7-56 按钮1动态值范围设置 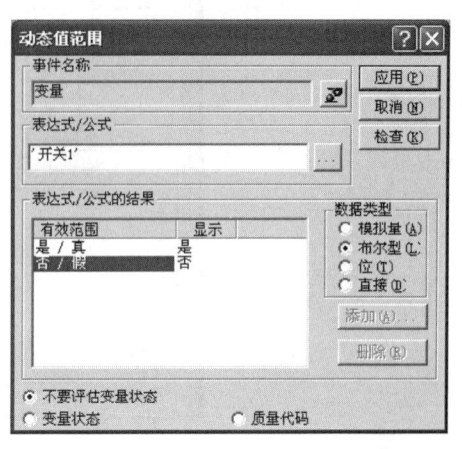　　　图7-57 按钮2动态值范围设置

五、组态一个灯

在"标准对象"中选择"圆",拖放至合适位置并设置为合适的大小。双击"圆",弹出"对象属性"对话框,选择颜色及背景颜色,右击"动态"下的箭头并在弹出的快捷菜单中选择"动态对话框"命令,如图7-58所示。

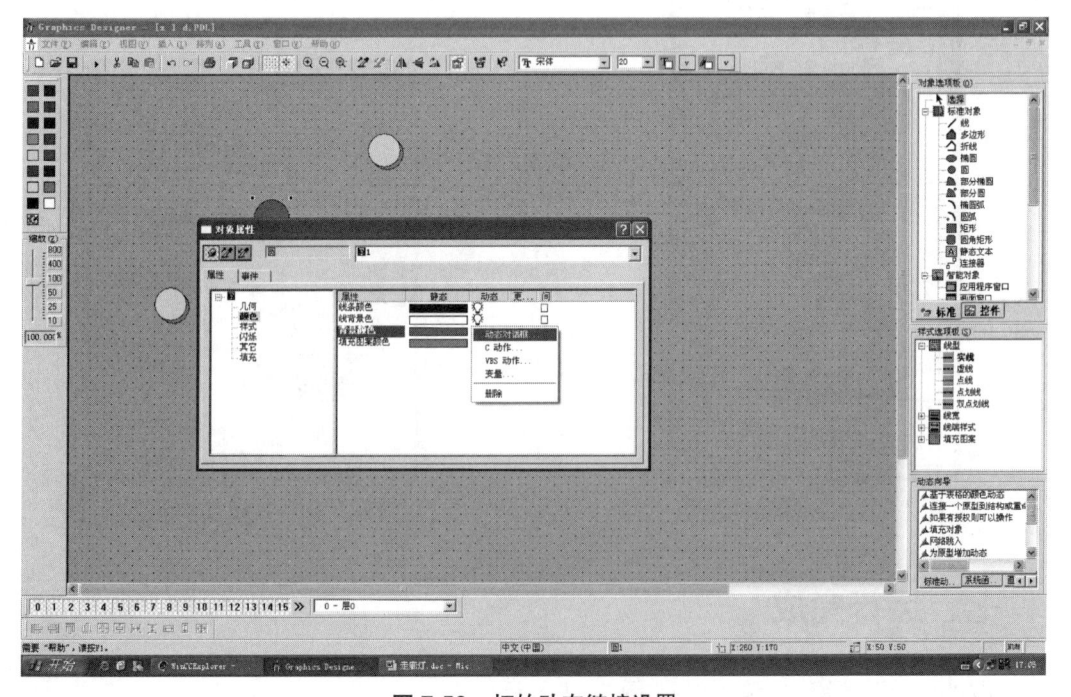

图7-58 灯的动态链接设置

在"动态值范围"对话框中设置动态值范围，如图 7-59 所示。

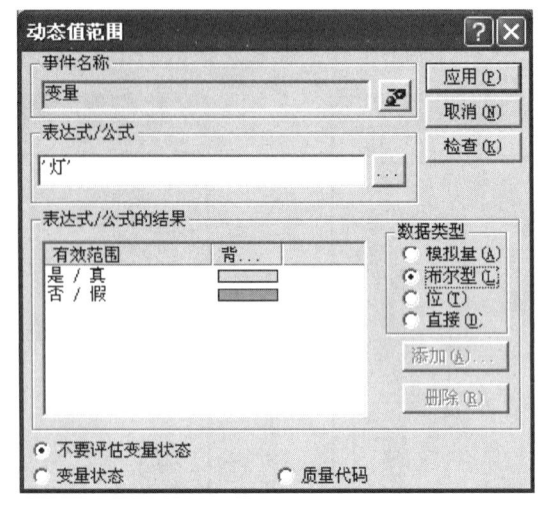

图 7-59 动态值范围设置

六、添加退出 WinCC 运行按钮

在"对象"对话框中选择"按钮"，如图 7-60 所示。双击"按钮"，在弹出的"按钮组态"对话框的"文本"中输入"退出"，选择字体为宋体、红色，如图 7-61 所示。

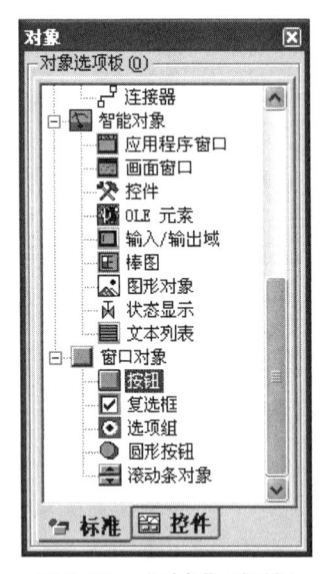

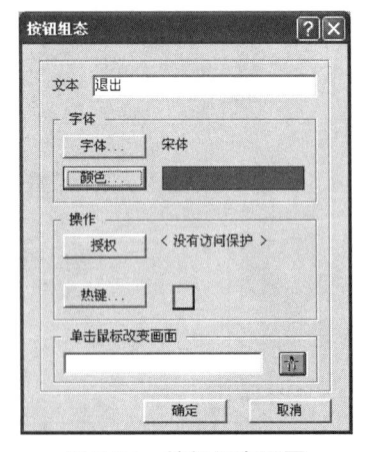

图 7-60 "对象"对话框　　　　　　图 7-61 按钮组态设置

七、运行完成

单击"激活"按钮，运行状态如图 7-62 所示。

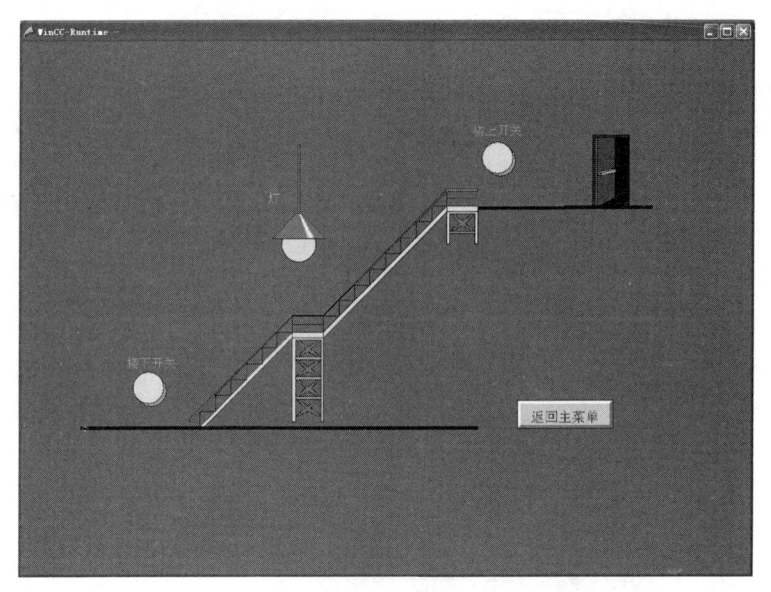

图 7-62 运行状态

任务计划

通过本任务的学习,应熟悉和掌握西门子 WinCC 的组态和工业自动控制、西门子 WinCC 的过程可视化系统、西门子 WinCC 的选件和附加件,掌握 STEP7 编程软件的使用方法。

任务实施

(1) 创建项目。
(2) 创建通信连接(见图 7-63)。

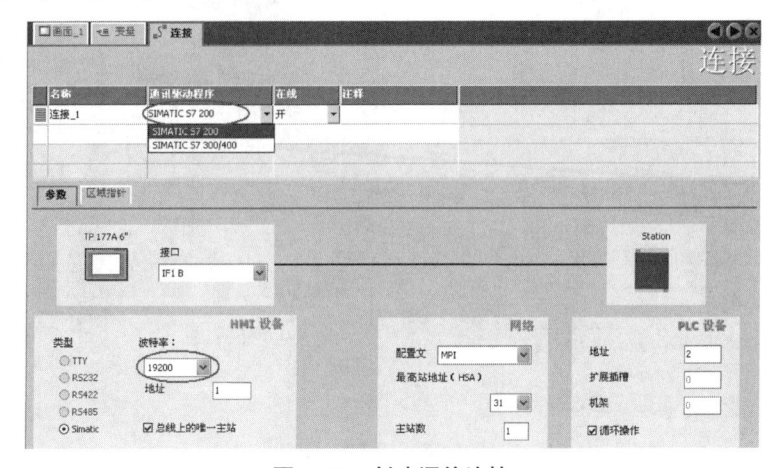

图 7-63 创建通信连接

（3）创建变量（见图 7-64）。

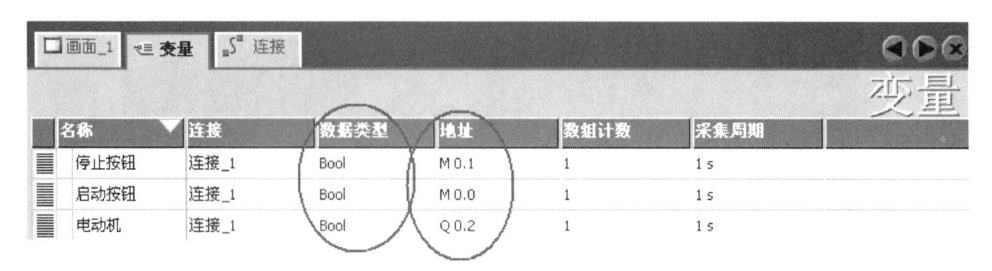

图 7-64　创建变量

（4）组态文本

选择右侧工具箱中的"文本域"，将其拖入组态界面中，默认的文本为"Text"，在属性视图中更改为"电动机启动/停止"。选中"属性"下的"文本"可以更改文本的样式。

（5）组态指示灯（其操作见图 7-65 和图 7-66）。

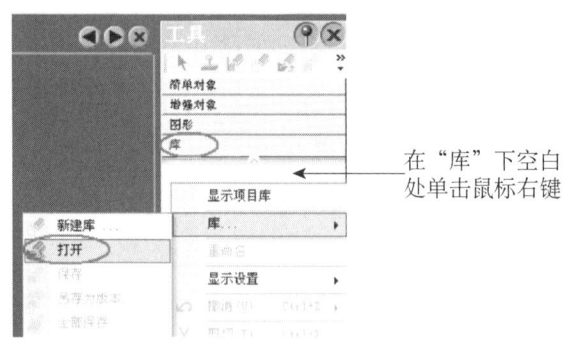

图 7-65　打开"库"文件

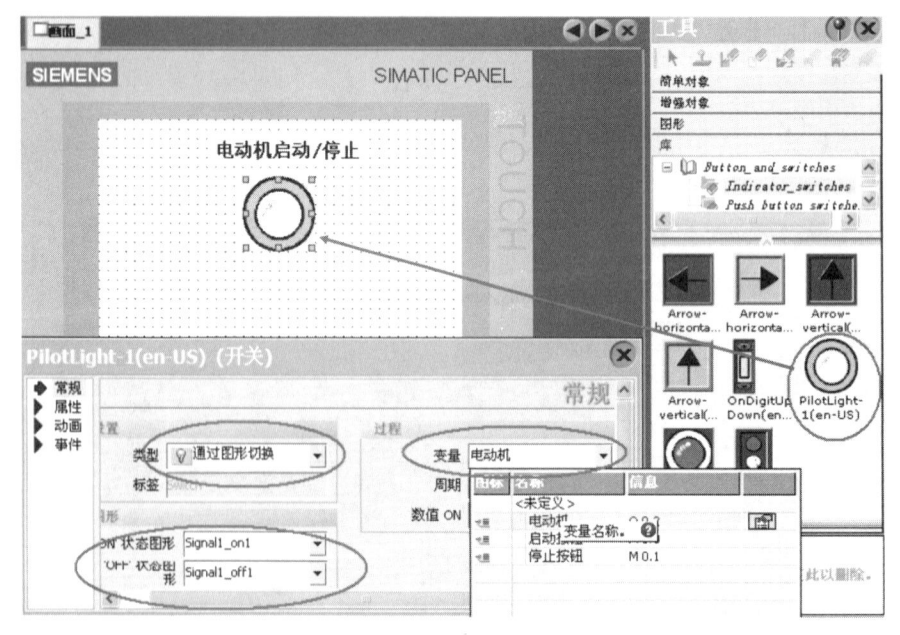

图 7-66　组态指示灯

（6）组态按钮（见图 7-67）。

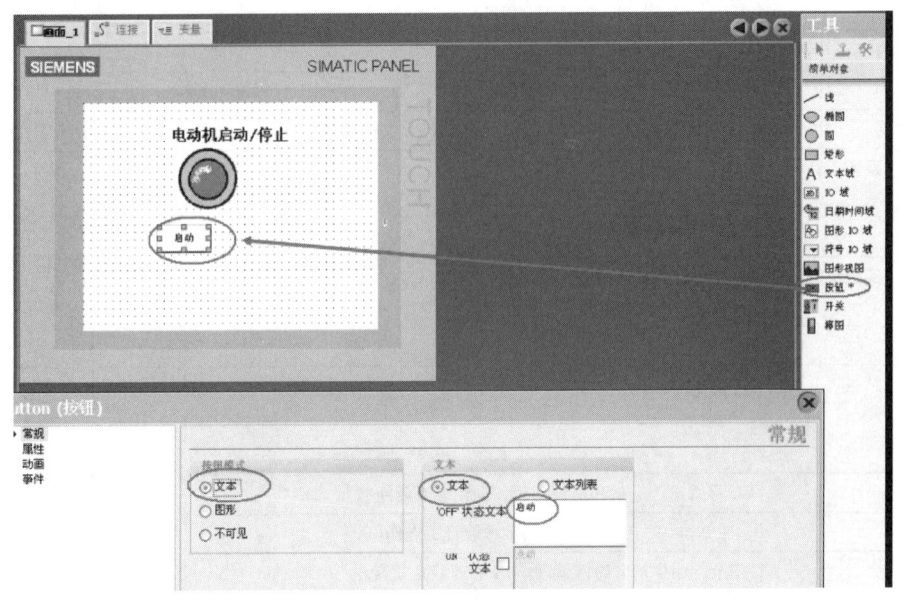

图 7-67　组态按钮

（7）编写 PLC 程序（见图 7-68）。

图 7-68　PLC 程序

（8）将组态界面下载到触摸屏，运行监控。

任务检查

（1）学生自评：每组选出代表，对本组答案或方案进行说明。

（2）小组互评：根据各组完成情况，各组间对彼此的答案或设计方案做出评价，提出意见和建议。

（3）教师评价：对整个实施过程进行综合评价。首先肯定大家的成绩，同时对任务实施过程中的问题进行评析。对评选出的优秀小组和表现突出的个人进行口头表扬或加分。对于重点项目、任务，要根据每个人的表现给出比较合理的成绩，填写成绩评价表（见表 7-15）。

表 7-15　触摸屏组态软件操作成绩评价表

班级：_____　组别：_____　学号：_____　姓名：_____　日期：_____

<table>
<tr><td colspan="2">情境名称</td><td colspan="3"></td><td></td><td></td></tr>
<tr><td colspan="2">任务名称</td><td colspan="2"></td><td>地点</td><td></td><td>学时</td><td></td></tr>
<tr><td colspan="2">明确任务</td><td colspan="5"></td></tr>
<tr><td rowspan="3">任务实施与评价</td><td colspan="2">1. 设备工具材料</td><td colspan="2"></td><td>评价标准</td><td>学生互评</td><td>教师评价</td></tr>
<tr><td colspan="4"></td><td>10</td><td></td><td></td></tr>
<tr><td colspan="2">2. 实施步骤</td><td colspan="2"></td><td>60</td><td></td><td></td></tr>
<tr><td colspan="2" rowspan="2"></td><td colspan="2">3. 结果</td><td colspan="2"></td><td></td><td></td></tr>
<tr><td colspan="4"></td><td>10</td><td></td><td></td></tr>
<tr><td rowspan="3">素质评价</td><td colspan="4">项目管理、分析和解决问题、创新等专业能力</td><td>5</td><td></td><td></td></tr>
<tr><td colspan="4">团结协作、吃苦耐劳、科学严谨等工作作风</td><td>5</td><td></td><td></td></tr>
<tr><td colspan="4">安全文明生产、时间管理、7S 管理等企业素养</td><td>10</td><td></td><td></td></tr>
<tr><td colspan="2">总评</td><td colspan="4"></td><td>100</td><td></td><td></td></tr>
<tr><td colspan="2">自我总结</td><td colspan="6"></td></tr>
</table>

任务六　PLC、触摸屏和变频器控制电动机调速程序设计

任务目标

（1）电动机调速控制系统由 PLC、模拟量扩展模块、变频器构成，要求控制功能强、操作方便。

（2）可以通过修改和设定电动机的转速来实现电动机调速控制。

任务资讯

（1）本系统采用的编程软件是 STEP 7-Micro/Win，该编程软件可以方便地在 Windows 环境下进行 PLC 编程、调试、监控，使得 PLC 编程更加方便、快捷。

（2）项目的组成。

① 程序块。程序块由可执行的代码和注释组成，可执行的代码由主程序（OB1）、可选的子程序和中断程序组成。代码被编译并下载到 PLC。

② 数据块。数据块由数据（变量存储器的初始值）和注释组成。数据被编译并下载到 PLC。

③ 系统块。系统块用来设置系统的参数，例如存储器的断电保持范围密码、STOP 模式时 PLC 的输出状态模拟量与数字量输入滤波值脉冲捕捉位等，系统模块中的信息需要下载到 PLC。

④ 符号表。符号表允许程序员用符号来代替存储器的地址，符号地址便于记忆，使程序更容易理解。程序编译下载到 PLC 时，所有符号地址被转换为绝对地址，符号表中的信息不会下载到 PLC。

⑤ 状态表。状态表用来观察程序执行时指定的内部变量的状态，状态表并不下载到 PLC，仅仅是监控用户程序运行情况的一种工具。

⑥ 交叉引用表。交叉引用表列举出程序中使用的各操作数在哪一个程序块的哪一个网络中出现，以及使用它们的指令助记符。还可以查看哪些内存区域已经被使用，是作为单位使用还是作为字节使用。在运行模式下编译程序时，可以查看程序当前正在使用的跳变触点的编号。交叉引用表并不下载到 PLC，程序编译成功后才能看到交叉引用表的内容。在交叉引用表中双击某操作数，可以显示出包含该操作数的那一部分程序。

任务计划

通过本任务的学习，要求掌握数字量方式多段速控制的原理及程序设计。

任务实施

（1）基于 PLC 数字量方式多段速控制。

多段速控制程序如图 7-69 所示。

```
网络1    网络标题
网络注释

   I0.0      M0.0                    T37
───┤ ├──────┤/├──────────────────┤IN   TON├
                              +5 ─┤PT  100 ms│
```

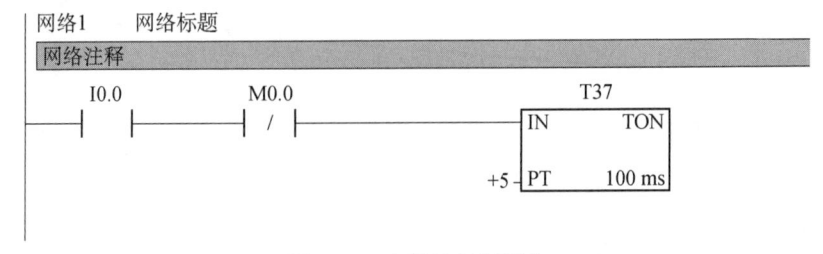

图 7-69 多段速控制程序

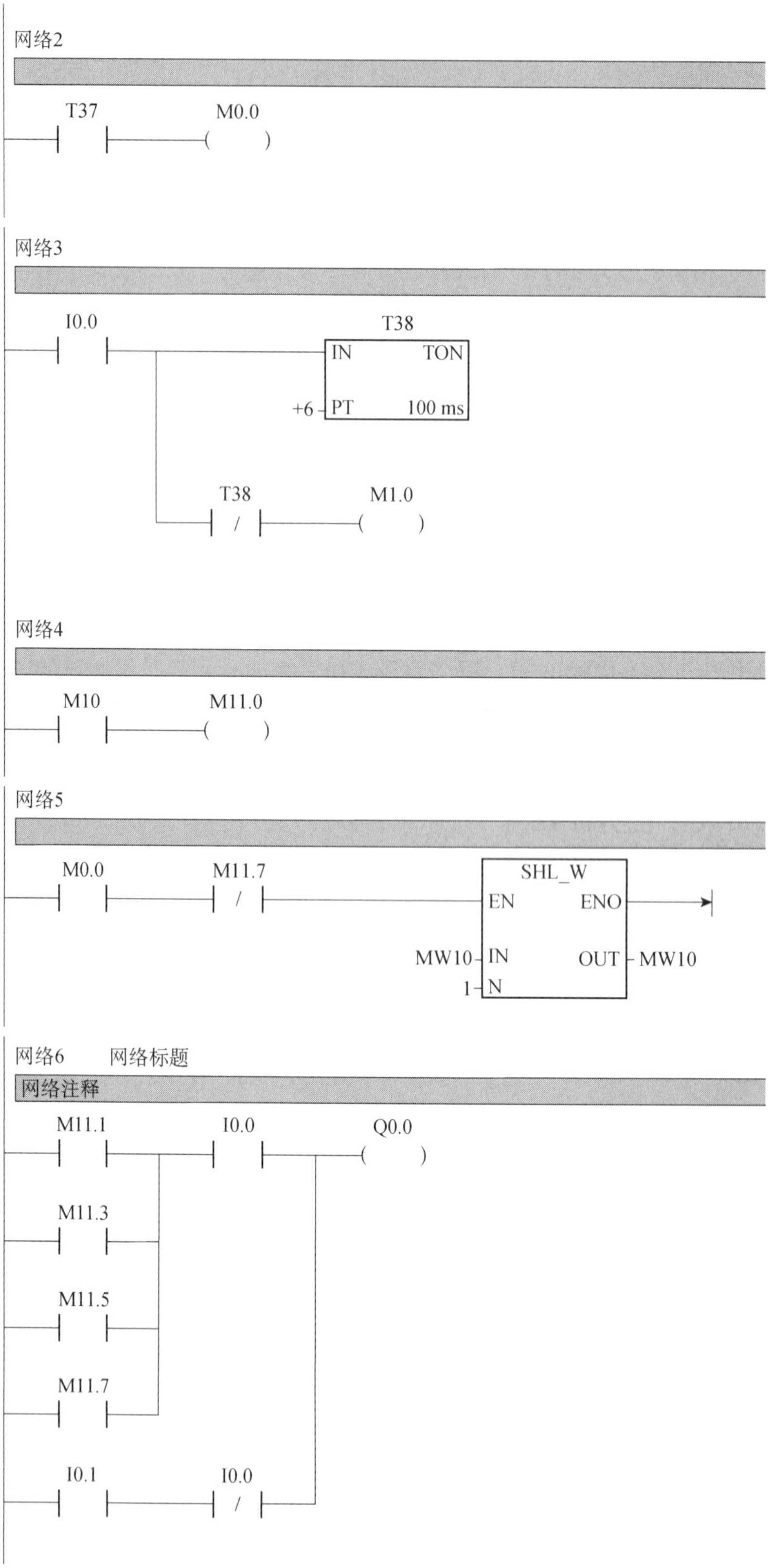
网络2
T37
M0.0
网络3
I0.0
T38
IN
TON
+6
PT
100 ms
T38
M1.0
网络4
M10
M11.0
网络5
M0.0
M11.7
SHL_W
EN
ENO
MW10
IN
OUT
MW10
1
N
网络6
网络标题
网络注释
M11.1
I0.0
Q0.0
M11.3
M11.5
M11.7
I0.1
I0.0

图 7-69　多段速控制程序（续）

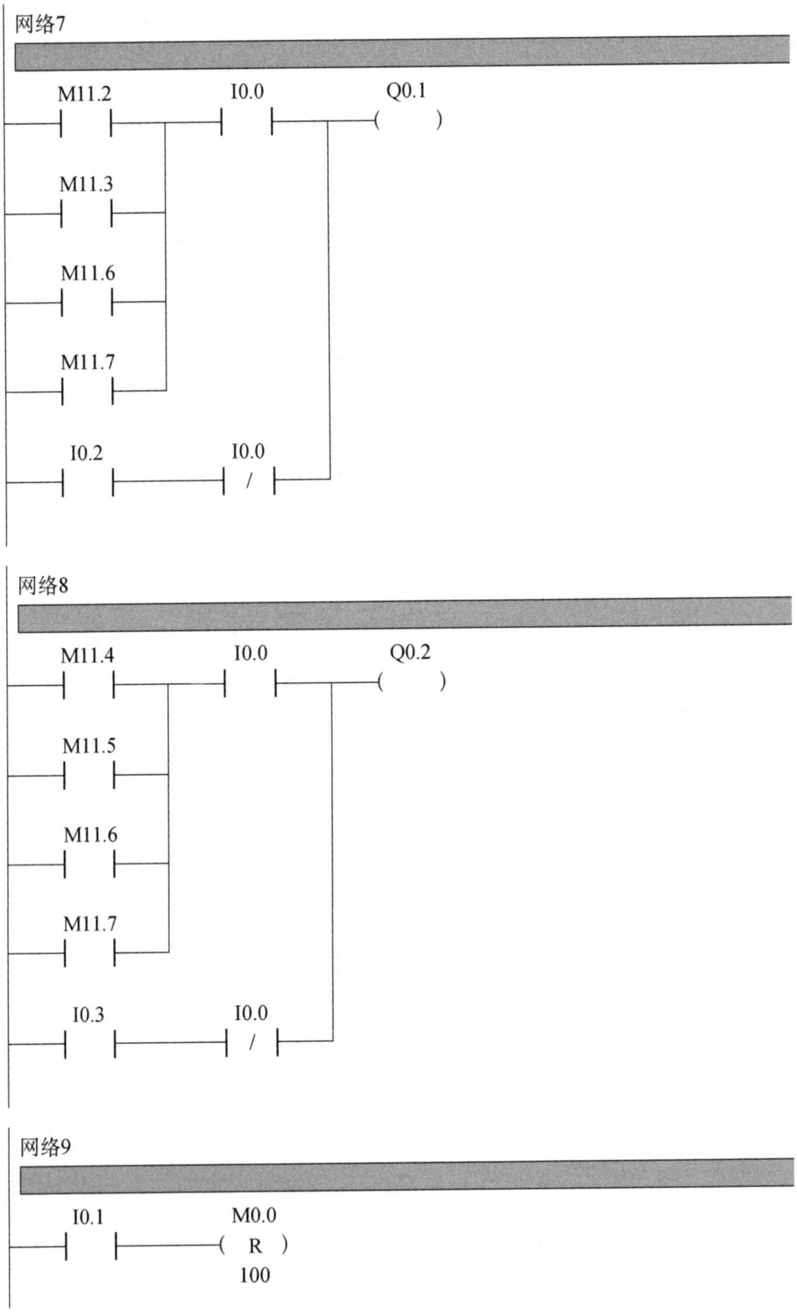

网络7

```
    M11.2      I0.0         Q0.1
——| |———————| |————————————( )
    |
    M11.3
——| |——|
    |
    M11.6
——| |——|
    |
    M11.7
——| |——|
    |
    I0.2      I0.0
——| |———————|/|
```

网络8

```
    M11.4      I0.0         Q0.2
——| |———————| |————————————( )
    |
    M11.5
——| |——|
    |
    M11.6
——| |——|
    |
    M11.7
——| |——|
    |
    I0.3      I0.0
——| |———————|/|
```

网络9

```
    I0.1          M0.0
——| |—————————( R )
                  100
```

图 7-69 多段速控制程序（续）

程序分析：

本系统主要是通过 I0.0 控制系统的启动，通过 I0.1、I0.2、I0.3 的通断来控制输出 Q0.0、Q0.1、0.2 的组合方式，经过调试得到表 7-16 所列的控制结果。

表 7-16 控制结果

K1	K2	K3	输出频率
OFF	OFF	OFF	OFF

（续表）

K1	K2	K3	输出频率
ON	OFF	OFF	固定频率 1
OFF	ON	OFF	固定频率 2
ON	ON	OFF	固定频率 3
OFF	OFF	ON	固定频率 4
ON	OFF	ON	固定频率 5
OFF	ON	ON	固定频率 6
ON	ON	ON	固定频率 7

（2） 基于 PLC 通信方式变频开环调速。

变频开环调速控制程序如图 7-70 所示。

网络1

```
     %SM0.1              USS_INIT
    ──┤ ├──              EN
                    1 ─ Mode   Done ─ %Q0.0
                 9600 ─ Baud   Error ─ %VB1
         16#00040000 ─ Active
```

网络2

```
  %I0.6      %M3.3
 ──┤ ├────────( )──
  %I0.5      %M2.1              %T32
 ──┤ ├────────┤ ├──────────── IN    TON
                         +100 ─ PN    Q ─ %M2.0
                            1   1 ms  ET ─ %Q0.0
```

网络3 网络标题
网络注释

```
  %M3.3      %M2.1              %T32
 ──┤ ├────────┤ ├──────────── IN    TON
                         +100 ─ PN    Q ─ %M2.0
                                1 ms  ET ─ %VW20
```

网络4

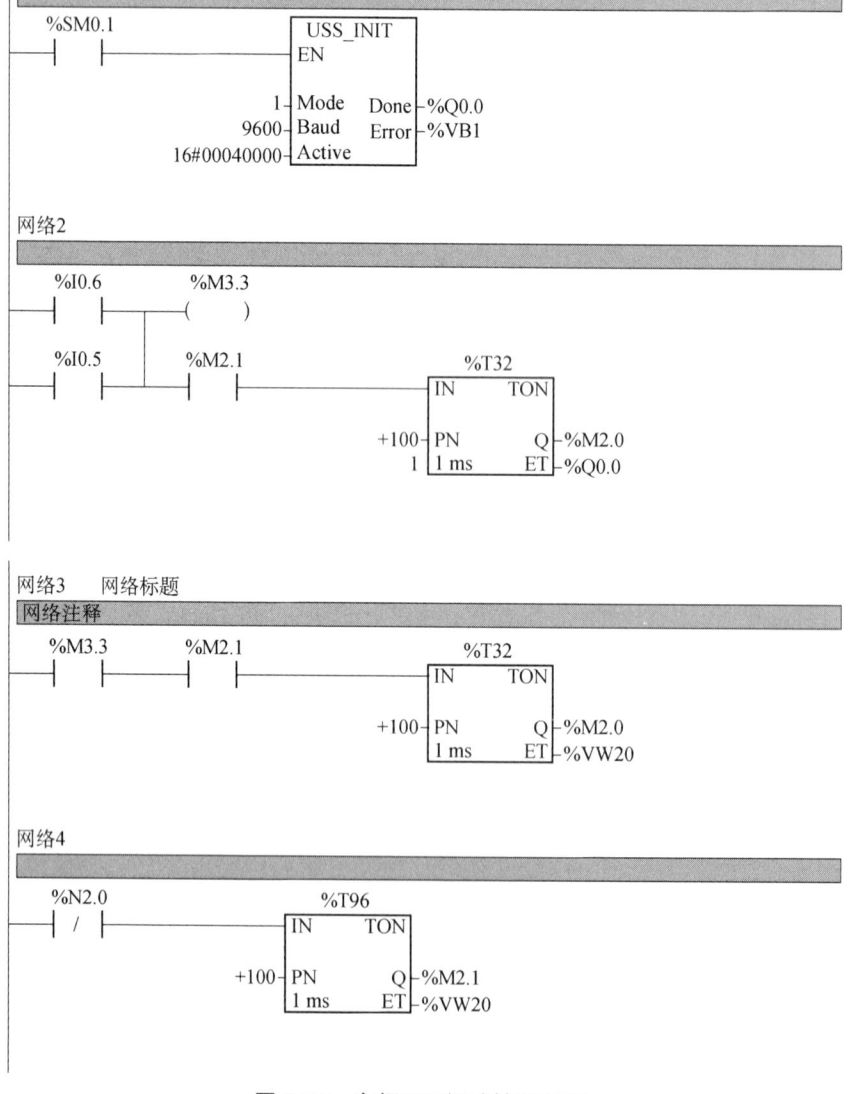

```
   %N2.0                        %T96
 ──┤ / ├──────────────────── IN    TON
                         +100 ─ PN    Q ─ %M2.1
                                1 ms  ET ─ %VW20
```

图 7-70 变频开环调速控制程序

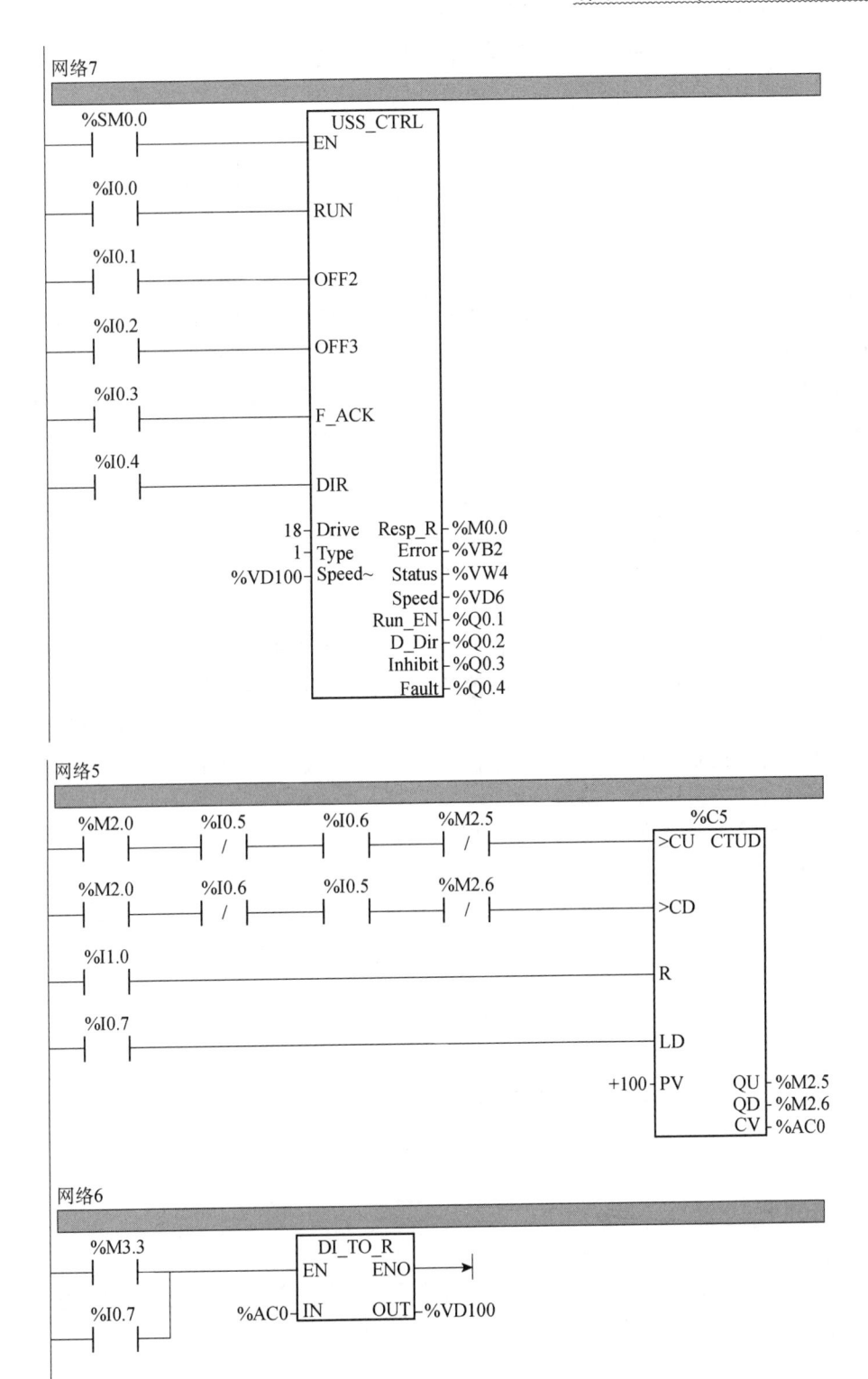

图 7-70 变频开环调速控制程序（续）

程序分析：
由图 7-70 所示程序可知，在实现通信的过程中使用了 USS 指令，如图 7-71 所示。

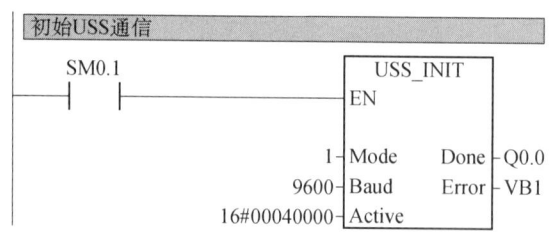

```
初始USS通信
SM0.1                    USS_INIT
──┤├──────────────────────EN
                      1 ─ Mode    Done ─ Q0.0
                   9600 ─ Baud    Error ─ VB1
              16#00040000 ─ Active
```

图 7-71 USS 指令

USS_INIT 指令：用于启用和初始化或禁止 MicroMaster 驱动器通信。在使用任何其他 USS 协议指令之前，必须先执行 USS_INIT 指令，才能继续执行下一条指令。

EN：输入打开时，在每次扫描时执行该指令。仅限为通信状态的每次改动执行一次 USS_INIT 指令。使用边缘检测指令，以脉冲方式打开 EN 输入。欲改动初始化参数，执行一条新 USS_INIT 指令。

MODE（模式）：输入值为 1 时将端口 0 分配给 USS 协议，并启用该协议；输入值为 0 时将端口 0 分配给 PPI 协议，并禁止 USS 协议。

BAUD（波特率）：将波特率设为 1200、2400、4800、9600、19200、38400、57600 或 115200bps。

ACTIVE（激活）：表示激活的驱动器。

按启动开关 I0.0 变频器启动，电动机开始运行。变频器在运行的时候按开关 I0.6，变频器提高运行频率，电动机转速加快。按减速开关 I0.5，变频器降低运行频率，转速降低。按反转开关 I0.4，变频器先停止运行，再反方向运行。按停止开关 I0.1，变频器惯性停止。变频器在出现错误时，按复位开关 I0.3，清除错误信号，变频器重新运行。

（3）PLC、触摸屏及变频器通信控制。

PLC、触摸屏及变频器通信控制程序如图 7-72 所示。

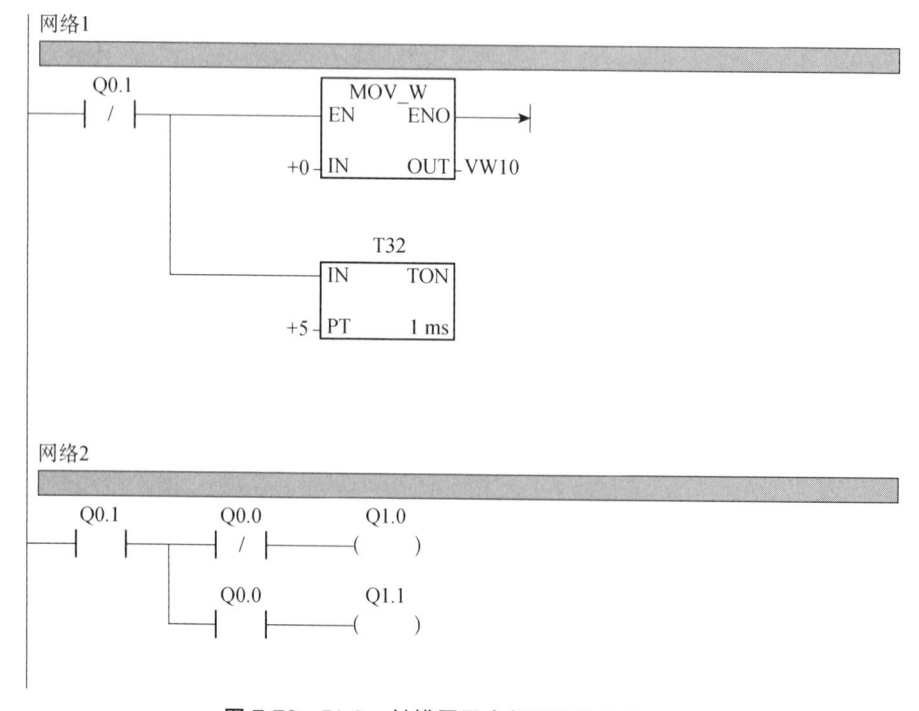

```
网络1
Q0.1                MOV_W
──┤/├──────────────EN    ENO──
           │
           │    +0 ─ IN    OUT ─ VW10
           │
           │                T32
           └──────────────IN   TON
                     +5 ─ PT   1 ms

网络2
Q0.1   Q0.0   Q1.0
──┤├────┤├────┤/├───( )
        │
        │    Q0.0   Q1.1
        └────┤├─────( )
```

图 7-72 PLC、触摸屏及变频器通信控制程序

```
网络3    网络标题
网络注释
```

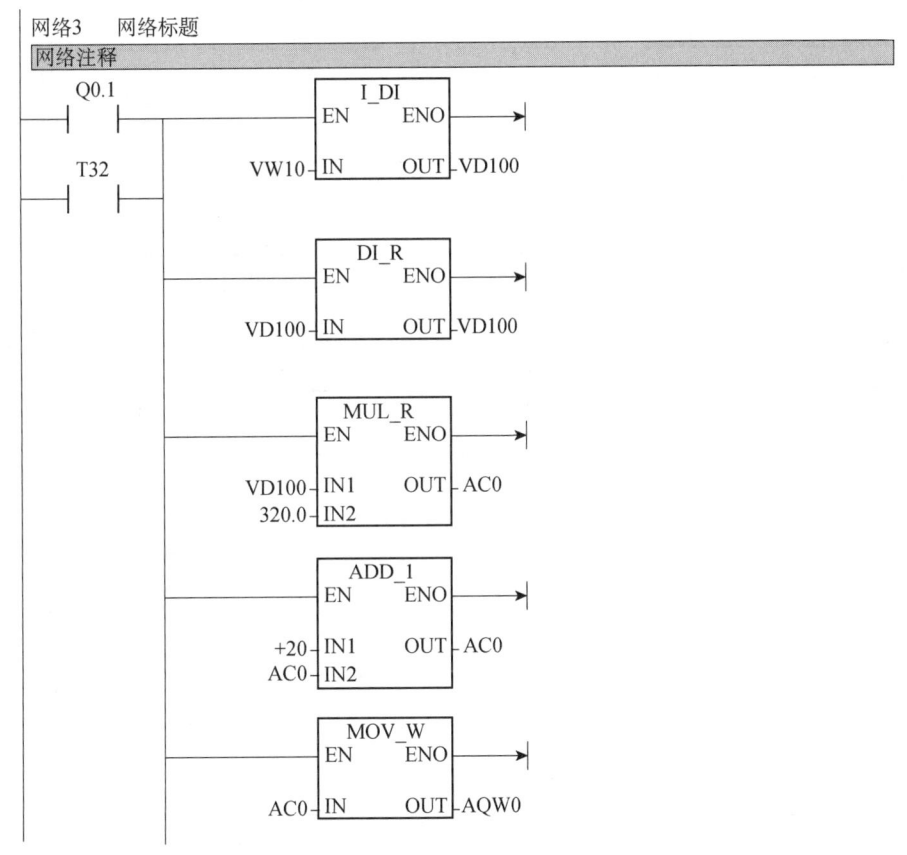

```
  Q0.1              ┌─────────┐
──┤├──┬──────────── EN  I_DI ENO ───▶
  T32 │        VW10─IN       OUT─VD100
──┤├──┘
      │             ┌─────────┐
      ├──────────── EN  DI_R ENO ───▶
      │       VD100─IN        OUT─VD100
      │
      │             ┌─────────┐
      ├──────────── EN  MUL_R ENO ──▶
      │       VD100─IN1       OUT─AC0
      │       320.0─IN2
      │
      │             ┌─────────┐
      ├──────────── EN  ADD_I ENO ──▶
      │         +20─IN1       OUT─AC0
      │         AC0─IN2
      │
      │             ┌─────────┐
      └──────────── EN  MOV_W ENO ──▶
                AC0─IN        OUT─AQW0
```

图 7-72 PLC、触摸屏及变频器通信控制程序（续）

任务检查

（1）学生自评：每组选出代表，对本组答案或方案进行说明。

（2）小组互评：根据各组完成情况，各组间对彼此的答案或设计方案做出评价，提出意见和建议。

（3）教师评价：对整个实施过程进行综合评价。首先肯定大家的成绩，同时对任务实施过程中的问题进行评析。对评选出的优秀小组和表现突出的个人进行口头表扬或加分。对于重点项目、任务，要根据每个人的表现给出比较合理的成绩，填写成绩评价表（见表 7-17）。

表 7-17 PLC、触摸屏及变频器通信控制成绩评价表

班级：_____ 组别：_____ 学号：_____ 姓名：_____ 日期：_____

情境名称					
任务名称		地点		学时	
明确任务					

（续表）

任务实施与评价	1. 设备工具材料	评价标准	学生互评	教师评价
		10		
	2. 实施步骤	60		
	3. 结果	10		
素质评价	项目管理、分析和解决问题、创新等专业能力	5		
	团结协作、吃苦耐劳、科学严谨等工作作风	5		
	安全文明生产、时间管理、7S 管理等企业素养	10		
总评		100		
自我总结				

参 考 文 献

[1] 李静梅. 电力拖动控制线路与技能训练[M]. 北京：中国劳动社会保障出版社，2014.
[2] 汪华. 维修电工与技能训练[M]. 北京：人民邮电出版社，2009.
[3] 王建. 维修电工实训[M]. 北京：中国劳动社会保障出版社，2014.
[4] 宋阳. 电工基本技能[M]. 北京：电子工业出版社，2016.
[5] 刘晓东. 普通机床电气控制线路故障诊断与维修[M]. 北京：北京师范大学出版社，2011.